GIS 软件实验案例精讲

——基于 ArcGIS 10

蒋国富　张海军　周　旗　张　森　编著

河南大学出版社
HENAN UNIVERSITY PRESS
·郑州·

图书在版编目(CIP)数据

GIS 软件实验案例精讲：基于 ArcGIS10/蒋国富等编著. --郑州:河南大学出版社,2020.12(2023.1重印)

ISBN 978-7-5649-4488-9

Ⅰ.①G… Ⅱ.①蒋… Ⅲ.①地理信息系统-高等学校-教材 Ⅳ.①P208

中国版本图书馆 CIP 数据核字(2020)第 270148 号

责任编辑　郑　鑫
责任校对　李亚涛
封面设计　马　龙

出版发行　河南大学出版社
　　　　　地址:郑州市郑东新区商务外环中华大厦2401号　邮编:450046
　　　　　电话:0371-86059750(高等教育与职业教育出版社分社)
　　　　　　　　0371-86059701(营销部)
　　　　　网址:hupress.henu.edu.cn
排　版　郑州市今日文教印制有限公司
印　刷　广东虎彩云印刷有限公司
版　次　2021年5月第1版　　　　　　　　　　印　次　2023年1月第2次印刷
开　本　890mm×1240mm　1/16　　　　　　　印　张　14.5
字　数　396千字　　　　　　　　　　　　　　定　价　45.00元

(本书如有印装质量问题,请与河南大学出版社营销部联系调换)

前 言

作为以地理空间数据库为基础,为地理研究和地理决策服务的计算机技术系统,地理信息系统(geographical information system,GIS)在物质的现实世界和虚拟的数字世界之间搭起了一座桥梁,通过对现实世界在抽象表达后的数字世界中的映像(时空数据)的处理、分析和挖掘,得出结论用于现实世界的辅助决策。

从其发展初期,GIS即显示出非常强的技术烙印,GIS平台的工具性特征非常明显,随着软件功能的逐渐拓展,GIS软件在诸如土地利用、林业调查、资源管理、城乡规划、环境保护、灾害评估、生态评价、交通运输、国防建设等众多领域的应用日益普遍。在众多的GIS平台软件中,ArcGIS以其丰富的功能、强大的地理处理和空间分析能力受到了广大用户的普遍青睐和广泛认可。

ArcGIS软件应用与实验教材建设是互哺相生的。因ArcGIS软件功能模块多、数据组织与管理结构比较严谨、空间分析方法众多且功能强大,因此,GIS基础知识相对薄弱同时缺乏同类软件操作经验的广大用户想要快速掌握ArcGIS软件的基本功能同时能应用较高级的空间分析功能解决实际问题无疑是困难的。当前市面上冠名"ArcGIS"的相关教材以基础操作或功能模块进行组织的居多,以实际应用案例为讲解单元进行组织的相对缺乏。鉴于此,在十余年的地理信息系统课程的理论教学和实践教学的基础上,本书作者设计和编写了本教材。读者通过实验案例的学习,可快速熟悉ArcGIS软件界面的基本操作,理解和掌握空间数据编辑、地图制作、空间数据处理和常用的空间分析方法及具体场景下的实际应用,以快速提升应用该软件处理空间数据的能力。

本教材共包含12个实验内容,内容上既包括软件操作、地图制图等基本功能,又涵盖了数据处理、空间分析、地理建模等高级功能。本书按章节编排顺序,内容上先易后难,遵循知识掌握的规律,章节之间尽量避免软件功能讲解上的重复,每个章节的案例均辅以实验数据,帮助读者对照学习。本教材的实用性和可读性均较好,可作为高等院校地理、环境、地质、测绘、生态、农林、气象、交通等专业本科生和研究生的参考教材,也可供相关学科各类专业技术人员进行自学,或者根据业务需求进行选读和参考。ArcGIS 10简介及实验一由周旗编写,实验二、实验三由张淼编写,实验四至实验九由蒋国富编写,实验十至实验十二由张海军编写。

编者
2021年5月

目 录

ArcGIS10 简介 ………………………………………………………………………（ 1 ）

实验一 ArcCatalog 模块的基本操作 ……………………………………………（ 4 ）
    一、实验目的 ……………………………………………………………………（ 4 ）
    二、实验说明 ……………………………………………………………………（ 4 ）
    三、实验过程 ……………………………………………………………………（ 4 ）
    四、实验总结 ……………………………………………………………………（ 15 ）

实验二 ArcMap 的基本操作 ……………………………………………………（ 16 ）
    一、实验目的 ……………………………………………………………………（ 16 ）
    二、实验说明 ……………………………………………………………………（ 16 ）
    三、实验过程 ……………………………………………………………………（ 16 ）
    四、实验总结 ……………………………………………………………………（ 32 ）

实验三 专题图制作 ………………………………………………………………（ 33 ）
    一、实验目的 ……………………………………………………………………（ 33 ）
    二、实验说明 ……………………………………………………………………（ 33 ）
    三、实验过程 ……………………………………………………………………（ 33 ）
    四、实验总结 ……………………………………………………………………（ 57 ）

实验四 DEM 分析与地形特征提取 ……………………………………………（ 58 ）
    一、实验目的 ……………………………………………………………………（ 58 ）
    二、实验说明 ……………………………………………………………………（ 58 ）
    三、实验过程 ……………………………………………………………………（ 58 ）
    四、实验总结 ……………………………………………………………………（ 77 ）

实验五 选址分析 …………………………………………………………………（ 78 ）
    一、实验目的 ……………………………………………………………………（ 78 ）
    二、实验说明 ……………………………………………………………………（ 78 ）

三、实验过程 …………………………………………………………………………（79）
　　四、实验总结 …………………………………………………………………………（95）

实验六　ArcScene 3D 可视化表达 ………………………………………………（96）
　　一、实验目的 …………………………………………………………………………（96）
　　二、实验说明 …………………………………………………………………………（96）
　　三、实验过程 …………………………………………………………………………（96）
　　四、实验总结 …………………………………………………………………………（106）

实验七　项目建设可行性分析 ……………………………………………………（107）
　　一、实验目的 …………………………………………………………………………（107）
　　二、实验说明 …………………………………………………………………………（107）
　　三、实验过程 …………………………………………………………………………（107）
　　四、实验总结 …………………………………………………………………………（116）

实验八　某休闲娱乐建设项目适宜性评价和综合选址 …………………………（117）
　　一、实验目的 …………………………………………………………………………（117）
　　二、实验说明 …………………………………………………………………………（117）
　　三、实验过程 …………………………………………………………………………（118）
　　四、实验总结 …………………………………………………………………………（135）

实验九　基于 GIS 的交通空间可达性量算 ………………………………………（136）
　　一、实验目的 …………………………………………………………………………（136）
　　二、实验说明 …………………………………………………………………………（136）
　　三、实验过程 …………………………………………………………………………（138）
　　四、实验总结 …………………………………………………………………………（156）

实验十　同时考虑供需双方的空间可达性量算 …………………………………（157）
　　一、实验目的 …………………………………………………………………………（157）
　　二、实验说明 …………………………………………………………………………（157）
　　三、实验过程 …………………………………………………………………………（158）
　　四、实验总结 …………………………………………………………………………（166）

实验十一　城市表层土壤重金属污染潜在生态风险评价 ………………………（167）
　　一、实验目的 …………………………………………………………………………（167）
　　二、实验说明 …………………………………………………………………………（167）

三、实验过程 …………………………………………………………………………（169）
　　四、实验总结 …………………………………………………………………………（182）

实验十二　某市交巡警服务平台的设置与调度 ……………………………………（183）
　　一、实验目的 …………………………………………………………………………（183）
　　二、实验说明 …………………………………………………………………………（183）
　　三、实验过程 …………………………………………………………………………（185）
　　四、实验总结 …………………………………………………………………………（220）

参考文献 ………………………………………………………………………………（223）

ArcGIS 10 简介

1. ArcGIS 发展历程

ArcGIS 是美国环境系统研究所 ESRI(Environmental Systems Research Institute,缩写为 ESRI)开发的新一代 GIS 软件。1978 年 Arc/Info 第一代产品诞生；1986 年,PC ARC/INFO 的出现是 ESRI 软件发展史上的一个里程碑,它是为基于 PC 的 GIS 工作站设计的。1991 年,ESRI 公司对工作站 Arc/Info 第 6 版进行了汉化,使其产品率先进入中国市场。1992 年,ESRI 推出了 ArcView 软件,它使人们用更少的投资就可以获得一套简单易用的桌面制图工具。在二十世纪九十年代中期,推出了基于 Windows NT 的 ArcInfo 产品,ESRI 公司也在世界 GIS 市场中占据了领先地位。

2000 年推出 Arc/GIS8.0,构造了一个革命性的数据模型,设计一个完全开放的体系结构；同时也推出 ArcIMS,这是当时第一个只要运用简单的浏览器界面,就可以将本地数据和 Internet 网上的数据结合起来的 GIS 软件。2004 年 4 月,ESRI 推出了新一代 9 版本 ArcGIS 软件,为构建完善的 GIS 系统提供了一套完整的软件产品。2010 年,ESRI 推出 ArcGIS 10。这是全球首款支持云架构的 GIS 平台,在 WEB2.0 时代实现了 GIS 由共享向协同的飞跃；同时 ArcGIS 10 具备了真正的 3D 建模、编辑和分析能力,并实现了由三维空间向四维时空的飞跃；真正的遥感与 GIS 一体化让 RS+GIS 价值凸显。

2. ArcGIS 框架组成

ArcGIS 为单用户或多用户在桌面、服务器、Web 和野外实现 GIS 提供了可伸缩的框架。ArcGIS 是 GIS 软件产品的集成系列,这些产品构成了一个完整的 GIS。ArcGIS 由几个用于部署 GIS 的主要框架组成：

ArcGIS Desktop：一套集成的专业 GIS 应用程序。大多数用户将其视为由 ArcView、ArcEditor 和 ArcInfo 三级产品组成。

ArcGIS Server：将 GIS 信息和地图以 Web 服务形式发布,提供一系列 Web GIS 应用程序,并且支持企业级数据管理。

ArcGIS Mobile：为野外计算提供移动 GIS 工具和应用程序。

ArcGIS Online 提供可通过 Web 进行访问的在线 GIS 功能,外加 ESRI 与合作伙伴发布的可供用户在自己的 WebGIS 应用程序中使用的有用地图和数据。

ArcGIS Engine：为使用C++、.NET或Java的ArcGIS开发人员提供软件组件库。

3. ArcGIS for Desktop 功能介绍

ArcGIS for Desktop（原名 ArcGIS Desktop）是 ArcGIS 产品线上的桌面端软件产品，为 GIS 专业人士提供的信息制作和使用的工具。利用 ArcGIS for Desktop，可以实现任何从简单到复杂的 GIS 任务，包括数据采集和管理、可视化、空间建模和分析、以及高级制图等。它可以作为三个独立的软件产品购买，每个产品提供不同层次的功能水平。

· ArcGIS for Desktop 基础版（原名 ArcView）：提供了综合性的数据使用、制图、分析，以及简单的数据编辑和空间处理工具。

· ArcGIS for Desktop 标准版（原名 ArcEditor）：在 ArcGIS for Desktop 基础版的功能基础上，增加了对 Shapefile 和 Geodatabase 的高级编辑和管理功能。

· ArcGIS for Desktop 高级版（原名 ArcInfo）：是一个旗舰式的 GIS 桌面产品，在 ArcGIS for Desktop 标准版的基础上，扩展了复杂的 GIS 分析功能和丰富的空间处理工具。该实验教程使用高级版进行实验教学。

上述三个级别的结构都是统一的，所以地图、数据、符号、地图图层、自定义的工具和接口、报表和元数据等，都可以在这三个产品中共享和交换使用。

ArcGIS for Desktop 包含了一套带有用户界面的 Windows 应用程序，包括：

图 1-1　ArcGIS for Desktop 应用程序的组成

（1）ArcMap：是 ArcGIS for Desktop 中一个主要的应用程序，具有基于地图的所有功能，包括地图制图、数据分析和编辑等。

ArcMap 提供两种查看数据的方式：数据视图和布局视图。数据视图是任何一个数据集在选定的一个区域内的地理显示窗口。在数据视图中，你能对地理图层进行符号化显示、分析和编辑 GIS 数据集。目录内容（Table Of Contents）帮助你组织和控制数据框中 GIS 数据图层。在布局视图中，你可以处理地图的页面，包括数据视图和其他地图元素，比如比例尺、图例、指北针和地理参考等。

（2）ArcCatalog：帮助用户组织和管理所有的 GIS 信息，比如地图、数据文件、Geodatabase、空间处理工具箱、元数据、服务等。主要包括以下功能：浏览和查找地理信息，创建各种数据类型的数据，记录、查看和管理元数据，定义、输入和输出 Geodatabase 数据模型，在局域网和广域网上搜索和查找的 GIS 数据，管理多种 GIS 服务，管理数据互操作连接等。

用户可以使用 ArcCatalog 来组织、查找和使用 GIS 数据，同时也可以利用基于标准的元数据来描述数据。GIS 数据库管理员使用 ArcCatalog 来定义和建立 Geodatabase。GIS 服务器管理员则使用 ArcCatalog 来管理 GIS 服务器框架。自 ArcGIS 10 开始，已经将 ArcCatalog 嵌入到 ArcMap 中。

（3）ArcGlobe 和 ArcScene：均可用于三维场景展示。由于两者的差别，在三维场景展示中适用的情况有所不同。

ArcGlobe 提供交互式全球海量地理数据三维可视化，可以实现全球、地方和街道数据一级无缝转换。所有数据均投影到全球立方投影（World Cube Projection）下，并对数据进行分级分块显示，可用于展示大数据量的场景，使场景显示更接近现实世界，适合于全市、全省、全国甚至全球大范围内的数据展示。支持对栅格和矢量数据无缝的显示。为提高显示效率，ArcGlobe 按需将数据缓存到本地，矢量数据可以进行栅格化。

ArcScene 主要完成小场景的三维数据可视化。所有数据投影到当前场景所定义的空间参考中。默认情况下，场景的空间参考由所加入的第一个图层空间参考决定。ArcScene 中场景表现为平面投影，适合于小范围内精细场景刻画，可以在三维场景中漫游并与三维矢量与栅格数据进行交互。ArcScene 是基于 OpenGL 的，支持 TIN 数据显示。显示场景时，ArcScene 会将所有数据加载到场景中，矢量数据以矢量形式显示，栅格数据默认会降低分辨率来显示以提高效率。

实验一　ArcCatalog 模块的基本操作

一、实验目的

ArcCatalog 是一个空间数据资源管理器。它以数据为核心,用于定位、浏览、搜索、组织和管理空间数据,被称为地理数据的资源管理器。利用 ArcCatalog 还可以创建和管理数据库,定制和应用元数据,从而大大简化用户组织、管理和维护数据工作。通过本次实验,了解该模块的以下功能:

1. 熟悉用户界面。
2. 浏览和查找地理信息。
3. 了解空间数据的常见格式。
4. 属性表的浏览与操作。
5. 管理元数据。

通过 ArcCatalog 子模块的具体操作,使学生熟悉该模块的用户界面,能够使用该模块浏览地理数据,初步了解该模块的基本功能。如何构建数据库将在后续实验中介绍。

二、实验说明

1. 该实验类型为基础型实验,需 2 学时。
2. 实验数据采用 ArcGIS 自带数据,存放在的..ArcGIS\ArcTutor\Yellowstone 目录。为维护数据的原始性,需将数据拷贝到其他地方(如 E:\ …..GIS 实习\ArcTutor\Catalog\Yellowstone)
3. 从 ArcGIS10 版本开始,已将 ArcCatalog 嵌入到各个桌面应用程序中,如 ArcMap、ArcGlobe 和 ArcScene。当然也可以单独启动 ArcCatalog。

三、实验过程

1. 启动和关闭 ArcCatalog

可通过以下两种方式来启动 ArcCatalog:

1.1 双击桌面上的 ArcCatalog 快捷方式图标,启动 ArcCatalog。

1.2 单击 Windows 任务栏上的[开始]→[所有程序]→ [ArcGIS]→ [ArcCatalog10.5],启动

ArcCatalog。启动后界面如图 1-2 所示。

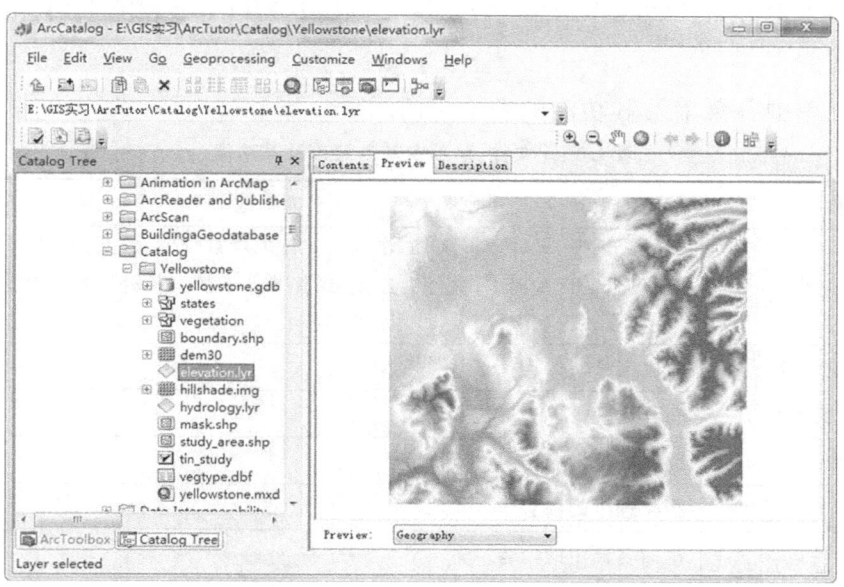

图 1-2 ArcCatalog 界面

1.3 在 ArcCatalog 主菜单中单击［文件］→［退出］，可退出 ArcCatalog。

> 关闭 ArcCatalog 时，ArcCatalog 会自动记忆 ArcCatalog 中连接的文件夹、可见的工具条以及 ArcCatalog 主窗口中元素的位置。默认情况下，ArcCatalog 会记住关闭前目录树中选择的数据项，并且在下次启动 ArcCatalog 后再次选中它。

2．ArcCatalog 用户界面

ArcCatalog 界面主要由菜单栏、工具条、目录树、状态栏和主窗口等组成。

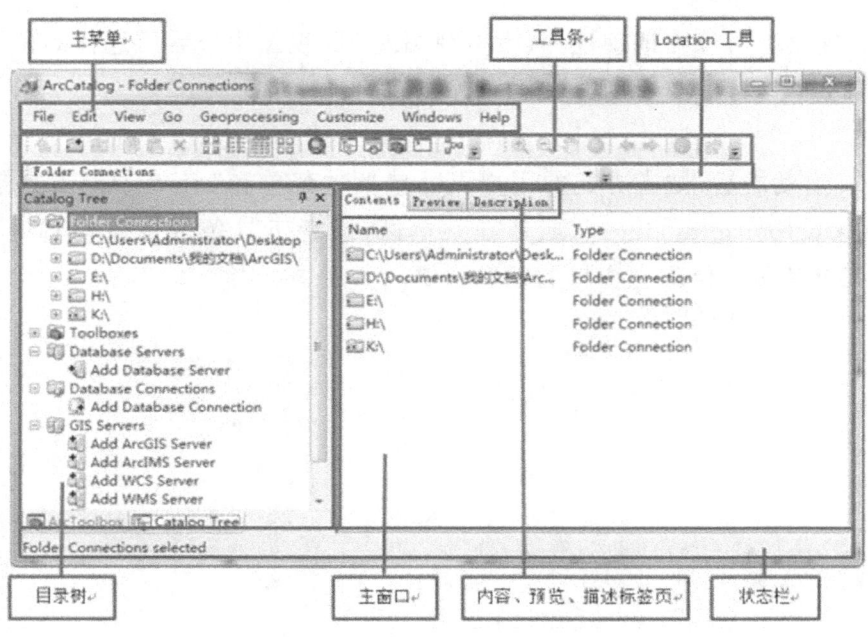

图 1-3 ArcCatalog 界面构成

2.1 主菜单

菜单栏由[File]、[Edit]、[View]、[Go]、[Geoprocessing]、[Customize]、[Windows]、和[Help] 8个子菜单组成。

其中[文件]菜单中各菜单及其功能如表1.1所示。

表1.1 [文件]菜单中的各菜单及其功能

名称	功能描述
新建	新建文件夹、Shapefile文件、个人和文件地理数据库、要素类、数据库连接、图层等,仅当在目录树中[文件夹连接]或其节点下的文件处于选中状态时此菜单可用
连接到文件夹	建立文件夹的连接
断开文件夹连接	断开选中文件夹的连接
登录…	登录或退出ArcGIS Online
删除	删除选中的内容
重命名	重命名选中的内容
属性	查看选中内容的属性信息
退出	退出ArcCatalog程序

2.2 目录树

目录树是地理数据的树状视图,它作为目录用来显示不同来源的地理数据,通过它可以查看本地或网络上的文件和文件夹。

2.3 主窗口

主窗口包括[内容]、[预览]和[描述]标签页,其各自功能如下:

(1)[内容]标签页。在目录树中选择一个条目时(如文件夹、数据框或特征数据集),[内容]选项卡将列出该条目所包含的内容。

(2)[预览]标签页。可以在地理视图、表格视图或3D视图中查看所选择的条目。

(3)[描述]标签页。可以查看所选数据的有关描述。

2.4 工具栏

当ArcCatalog启动之后,缺省方式的用户界面包括主菜单和"Standard"工具条。可以通过菜单[Customize]→[Customize mode…](或者在菜单区,或者工具条区按鼠标右键)进行界面的定制。这些菜单和工具条可以停靠在窗口的任意位置。

实验一　ArcCatalog 模块的基本操作

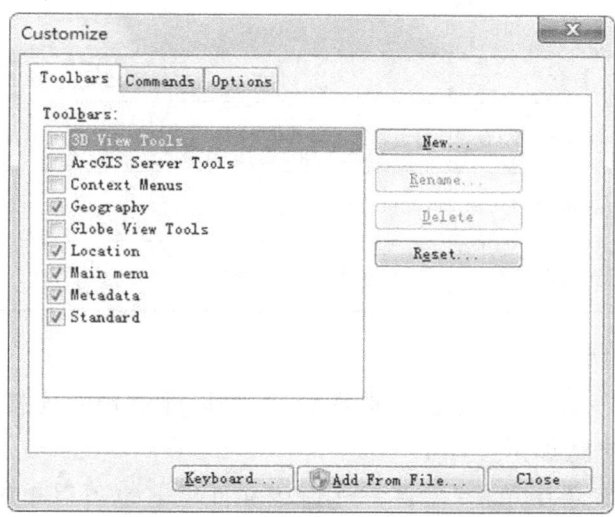

图 1-4　ArcCatalog 用户界面的定制

ArcCatalog 中常用的工具栏有［标准］工具条和［地理］工具条，此处主要介绍［标准］工具条，其详解如表 1.2 所示。

表 1.2　［标准］工具条详解

图标	名称	功能描述
	向上一级	返回上一级目录
	连接到文件夹	建立与文件夹的连接
	断开文件夹的连接	断开选中文件夹的连接
	复制	复制选中内容
	粘贴	粘贴内容
	删除	删除选中内容
	大图标	文件夹中的内容在主窗口中以大图标样式显示
	列表	文件夹中的内容在主窗口中以列表样式显示
	详细列表	文件夹中的内容在主窗口中以详细信息样式显示
	缩略图	文件夹中的内容在主窗口中以缩略图样式显示
	启动 ArcMap 程序	启动 ArcMap 程序
	目录树窗口	打开［目录树窗口］
	搜索窗口	打开［搜索窗口］

续表

图标	名称	功能描述
	ArcToolbox 窗口	打开[ArcToolbox 窗口]
	Python 窗口	打开[Python 窗口]
	模型构建器窗口	打开[模型构建器窗口]

3. 建立/取消文件夹连接

在 ArcCatalog 中,若要访问本地磁盘的地理数据,可以通过定制连接到文件夹,添加指向该目录的文件夹链接。其操作步骤如下:

3.1 在 ArcCatalog 主菜单中单击[文件]→[连接文件夹](也可以单击[标准]工具条上的连接文件夹按钮 ），打开[连接到文件夹]对话框,选择要访问的地理数据所在的文件夹。

3.2 单击[确定]按钮,建立连接。该连接出现在 ArcCatalog 目录树中。

3.2 若要删除连接,在需要删除连接的文件夹上单击右键打开弹出菜单,单击[断开文件夹](或单击[标准]工具条上的断开连接文件夹按钮),断开与文件夹的连接。

3.4 在 ArcCatalog 中,如果想返回上一层文件夹,只需单击[标准]工具条中的向上一级按钮 。

3.5 如果连接的文件夹内容发生变化需要刷新连接,右击连接的文件夹,然后单击[Refresh],实现数据视图的更新。

4. 浏览地图数据

4.1 内容浏览

与 Windows 资源管理器一样,可以在"Contents"标签中查看一个文件夹或者数据库中的内容。可以采用小图标、大图标、列表以及缩略图的方式察看地理内容。

(1) 在 Catalog 树中依次展开文件夹 ArcTutor→Catalog→Yellowston;

(2) 选择 Yellowstone;

(3) 如果"Contents"标签没有被选择的话,请点击"Contents"标签;

(4) 通过更改显示方式 ,查看相应的结果。

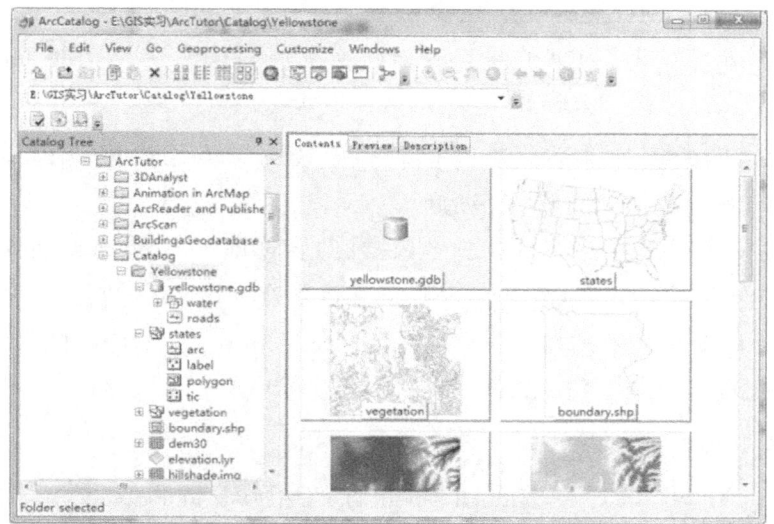

图1－5 Yellowstone 文件夹的缩略图浏览

常见地理空间数据格式简介

1. Shapefile 文件：Shapefile 文件是 ESRI 研发的工业标准的矢量数据文件，一个完整的 Shapefile 文件至少包括3个文件：一个主文件（*.shp）、一个索引文件（*.shx）和一个 dBase 表文件（*.dbf）。

*.Shp：存储地理要素的几何图形的文件。

*.Shx：存储图形要素与属性信息索引的文件。

*.dbf：存储要素属性信息的 dBase 表文件。

一个 Shape file 文件中的主文件、索引文件和 dBase 文件必须具有相同的前缀，且它们必须放在同一个文件夹下。如主文件 counlries.shp；索引文件 countries.shx；dBase 表 countries.dbf。

Shapefile 文件并不存储拓扑关系、投影信息和地理实体的符号化信息，仅仅存储空间数据的几何特征和属性信息，所以要想在不同的机器迁移数据时保持符号化信息不变，必须使用地图文档格式（*.mxd）或者图层文件格式（*.lyr）。尽管 Shapefile 文件无法存储投影等信息，但是可以对它进行定义投影和构建空间索引等操作，在同一文件夹下生成具有不同扩展名的文件。如，*.prj 文件用于存储坐标系的信息；*.xml 文件为元数据文件，用于存储 Shapefile 的相关信息等。

Shapefile 文件空间数据分为点、线、面三类。注意观察图标，很容易区分开来。

注意：在 ArcCatalog（或任何 ArcGIS 程序）中查看 Shapefile 文件时，仅能看到一个代表 Shapefile 的文件，使用 Windows 资源管理器则可以看到与 Shapefile 相关联的多个文件信息。复制、删除 Shapefile 文件时，最好在 ArcCatalog 中执行该操作。如果使用 Windows 资源管理器进行操作，请确保选择组成该 Shapefile 的所有文件。

2. Coverage 模型：是地理关系型数据类型的代表。其主要特征是：

（1）空间数据与属性数据相结合。空间数据存储在二进制索引文件中，可使显示访问最优化;属性数据存储在表格中,用二进制文件中的要素数目的行数来表示,并且属性和要素使用同一 ID 连接。

(2) 矢量要素之间的拓扑关系也被存储。存储线的结点用以推算哪些线在哪些地方相连,同时还包含线的右侧及左侧有哪些多边形。

Coverage 作为一个目录存储在计算机中,目录的名称即为 Coverage 的名称,Coverage 的有序集合被称为工作空间。每个 Coverage 工作空间都有一个 info 数据库,存储在子目录 info 文件夹下。Coverage 文件夹中的每个 *.adf 文件都与 info 文件夹中的一对文件(*.dat 和 *.nit)关联。因此,切勿删除 info 文件夹,这样会损坏 Coverage 文件。

3. Geodatabase(地理数据库)

地理数据库是 ArcGIS 的原生数据结构,并且是用于编辑和数据管理的主要数据格式。Geodatabase 是面向对象的空间数据存储模型,将地理数据存储在普通的文件 File Geodatabase 中、Personal database(微软的 Access 数据库的.mdb 文件)中或者多用户的关系数据库 Enterprise Geodatabase(比如 Oracle,Microsoft SQL Server,或者 IBM DB2)。

Geodatabase 的存储不仅包括简单的空间坐标和属性数据的表格,还包括这些地理数据集的模式和规则。Geodatabase 有三种基础数据集(要素类,属性表和栅格数据集),其他的 Geodatabase 元素都以表格的形式存储。在 Geodatabase 中空间数据或者以矢量要素的形式存储,或者以栅格数据存储。几何对象和传统的属性字段一起存储在表的列中。

Geodatabase 的模式包括定义、完整性规则和行为。其中包括坐标系属性 coordinate systems、坐标分辨率 coordinate resolution、要素类 feature classes、拓扑 topologies、网络 networks、栅格目录 raster catalogs、关系 relationships 和属性域 domains。模式信息存储在 DBMS 的 Geodatabase 元数据表的集合中,这些表定义了数据的完整性和行为。

通过以上的浏览,试通过图标类型了解对应数据的类型。

4.2 使用 Preview 标签预览数据

(1) 在 Catalog 树中选择"states";

(2) 选择[Preview]标签,可以看到包含各个 state 的边界矢量数据。

实验一　ArcCatalog 模块的基本操作

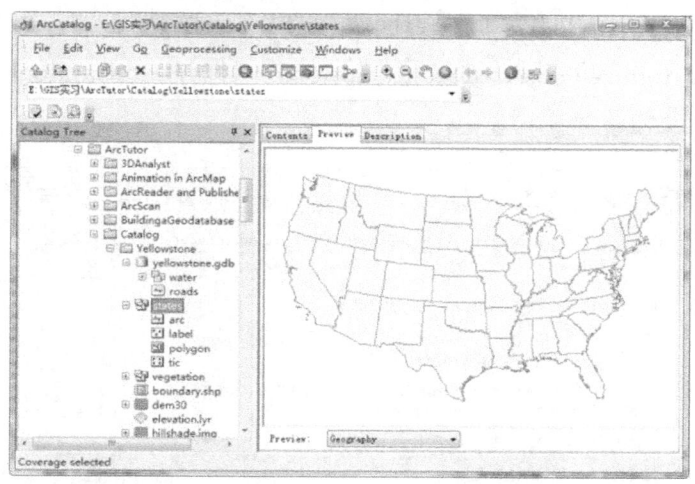

图 1-6　Preview 预览数据

分别点击 Geography 工具条 上的按钮，查看放大、缩小、漫游、全图显示、前一视图、后一视图、识别工具等效果。

4.3　属性表操作

（1）属性表数据浏览

如果数据中即包含图形，又包含属性，我们可以切换图形显示方式到表格显示方式，察看地理数据相关的属性信息。

点击主窗口左下角的 Preview 下拉框，选择 Table（如图 1-7），查看属性数据（如图 1-8）。

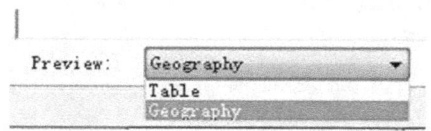

图 1-7　Preview 下拉框

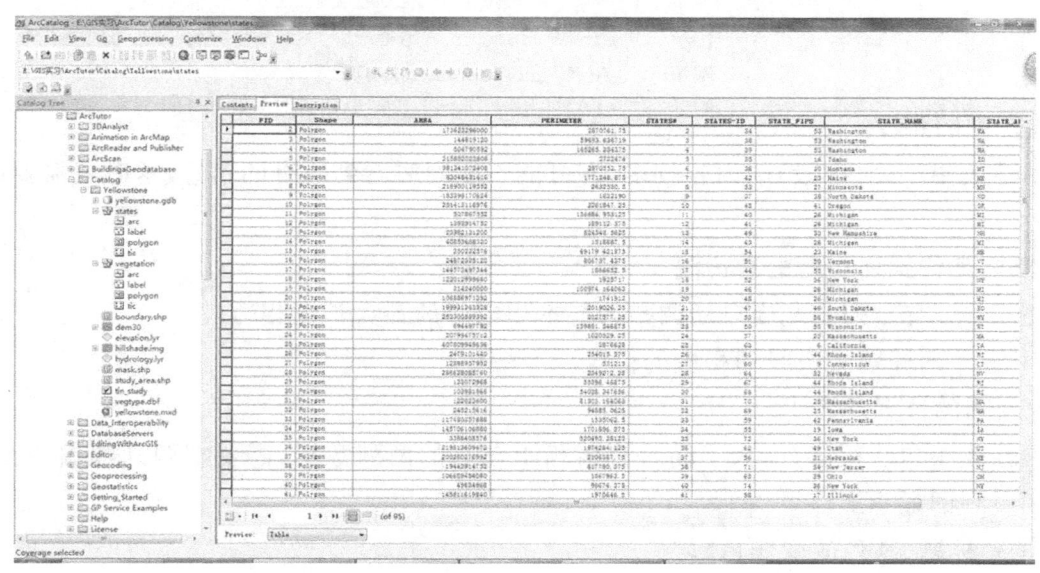

图 1-8　地理数据预览-表格方式

为了改善属性的可读性,可以改变属性表的缺省设置。

主菜单中单击[Coustomize]→[ArcCatalog options…]打开 ArcCatalog 选项表,点击 Tables 选项页(图 1-9),更改默认设置。

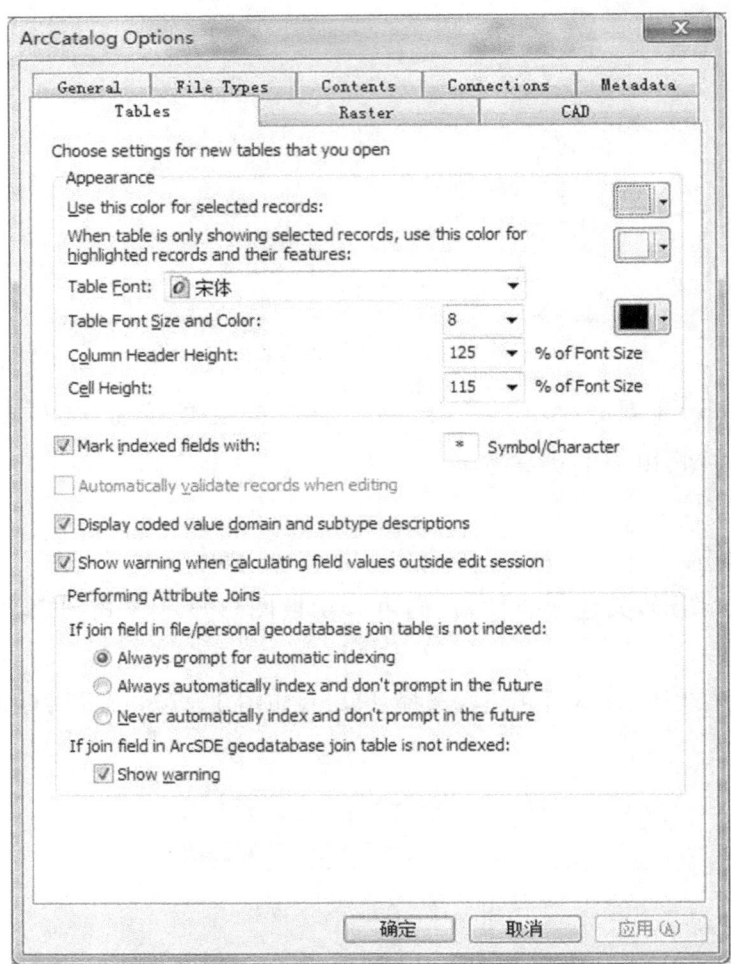

图 1-9　ArcCatalog options 选项页

(2) 改变列的宽度

由于属性表中某列(字段)的内容较多,有可能不能同时看到所有的信息,这时就需要改变列的宽度。

① 把鼠标定位到列标题的右边线;

② 双击鼠标左键,列的宽度自动调整为与本列内容的最大长度相适应;

③ 也可拖动列标题的边线到相应的位置。

(3) 改变列的位置

有时属性表中包含很多列,为了同时观察相距较远的两列数据,需要把两列数据并排显示,这时就需要调整列的显示顺序。

① 点击列标题(整列改变颜色);

② 再次在列标题按下鼠标左键,拖动列标题到相应的位置,释放鼠标。

（4）冻结/解冻列

有时为了比较一列与其他列的差别，我们希望该列内容不随属性表的水平滚动而改变。这个过程叫做"冻结"一列。

① 右键点击列标题；

② 点击"Freeze/Unfreeze"；

③ 移动水平滚动条察看结果。

如果一列已经冻结，对此列采用以上的方法，可以"解冻"次列；此外，一个属性表中可以存在多个冻结列，冻结列的顺序也是可以调整的。

（5）统计列

如果想了解某一列（属性）属性的统计信息，我们可以使用统计功能。

① 右键点击列标题：AREA；

② 在显示的列表框中选择 Statistics…. 如图 1－10 所示。

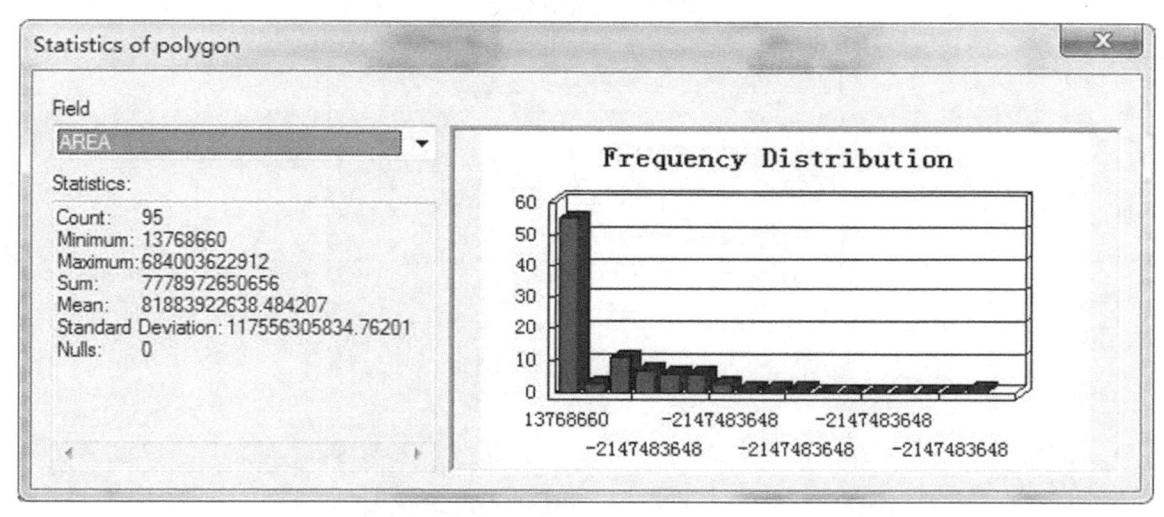

图 1－10　列统计

（6）排序列

可以按照字母或者数字对某一列中的数据进行升序或者降序排列。

右键点击列标题：AREA，可以对该列数据采用升序、降序、高级排序。

（7）增加列（属性或字段）

如果有其他的信息要加入到表中，这时就涉及增加列的操作。可以在 ArcCatalog 环境中增加列，同时定义该列的一系列属性，但是不能在这里输入属性值。属性值的录入工作须在 ArcMap 环境下完成。

点击主窗口左下角的表格选项下拉箭头，点击 Add Field…（图 1－11），在显示的对话框（图 1－12）输入属性项的名称，选择属性项的数据类型，输入属性项的特性即可。

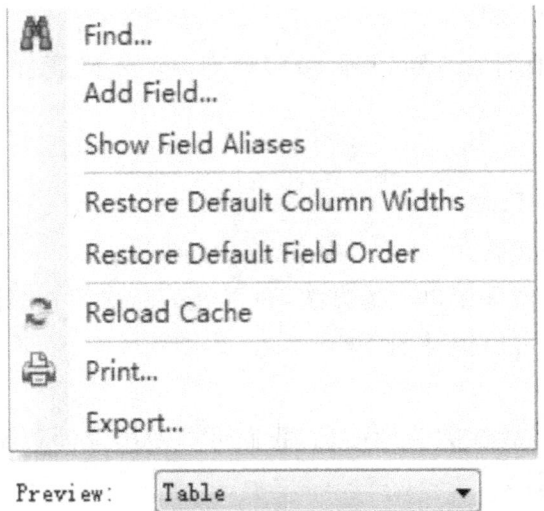

图 1－11　增加字段

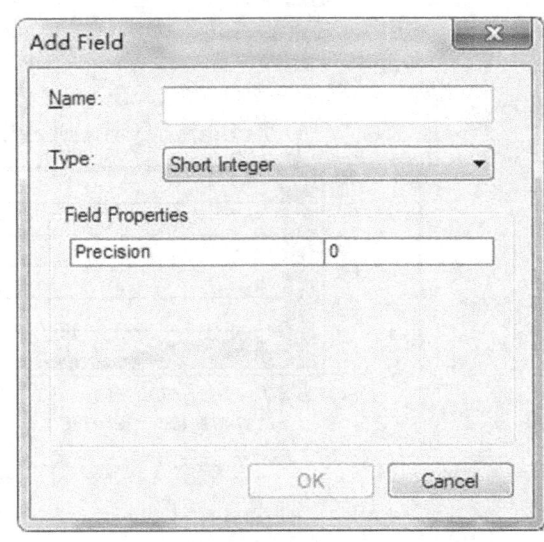

图 1－12　增加字段设置

4.4 查看元数据

在 ArcCatalog 主窗口的[描述]选项卡中可以查看数据的元数据信息。元数据是描述数据的数据,用于描述数据的内容、质量、条件、源和其他特征的信息。空间数据的元数据可描述数据采集的方式、时间、地点和人员;可用性及分布信息;投影、比例、分辨率和精度;相对于某些标准的可靠性。元数据由属性和文档组成,属性通过数据源获得(如数据的坐标系和投影),而文档则由人员输入(如用来描述数据的关键字)。查看数据的操作步骤如下:

(1) 在目录树窗口中选择要素类 lakes (位于 ...\Catalog\Yellowstone\Yellowstone\gdb\water\lake)。

(2) 切换到[描述]选项卡,可以查看关于数据的元数据信息。

(3) 在此页面可以浏览、编辑、更新、导入、打印元数据。

四、实验总结

通过本实验的操作,能够识别 ArcGIS 常用的数据格式,重点掌握 Shapefile 文件和 Geodatabase 的 feature classes;学会浏览和查找地理数据信息,并对属性表进行简单操作以了解属性数据。嵌入到 ArcMap 中的 ArcCatalog 窗口操作基本相同。

实验二　ArcMap 的基本操作

一、实验目的

ArcMap 是一个可用于数据输入、编辑、查询、分析等功能的应用程序,具有基于地图的所有功能,可以实现如地图编辑、空间数据分析、地图制图等功能。ArcMap 包含一个复杂的专业制图和编辑系统,它既是一个面向对象的编辑器,又是一个数据表生成器。

ArcMap 提供两种类型的地图视图:数据视图(Data View)和布局视图(Layout View)。在数据视图中,用户可以对地理图层进行符号化显示、分析和编辑 GIS 数据集。数据视图时任何一个数据集可以在选定的一个区域内显示。在布局视图中,用户可以处理地图的页面,包括地理数据视图和其他数据元素,比如图例、比例尺、指北针等。通过本次实验,主要了解该模块的以下功能:

1. 熟悉用户界面。
2. 浏览和查找地理信息。
3. 数据视图和布局视图。
4. 目录窗口(Contents)基本操作。
5. 地物信息查询。
6. 数据框架(Data Frame)。
7. 地图文档。

本实验只介绍 ArcMap 的基本操作,更专业的功能(如空间数据编辑、空间分析、专题地图编制等)将在后续实验中介绍。

二、实验说明

1. 该实验类型为基础型实验,需 2 学时。
2. 实验数据采用 ArcGIS 自带数据,存放在..ArcGIS\ArcTutor\Map 目录。为维护数据的原始性,请将数据拷贝到…..GIS 实习\实习 2ArcMap 的基本操作。

三、实验过程

1. 启动 ArcMap

可通过以下几种方式来启动 ArcMap:

双击桌面上的 ArcMap 快捷方式图标,启动 ArcMap;或单击 Windows 任务栏上的[开始]→[所有程序]→[ArcGIS]→[ArcMap10.5],启动 ArcMap。启动后界面如图 2-1 所示。

2. 熟悉 ArcMap 用户界面

2.1 缺省用户界面

当 ArcMap 启动之后,缺省方式的用户界面主要包括主菜单和"Standard"工具条等。

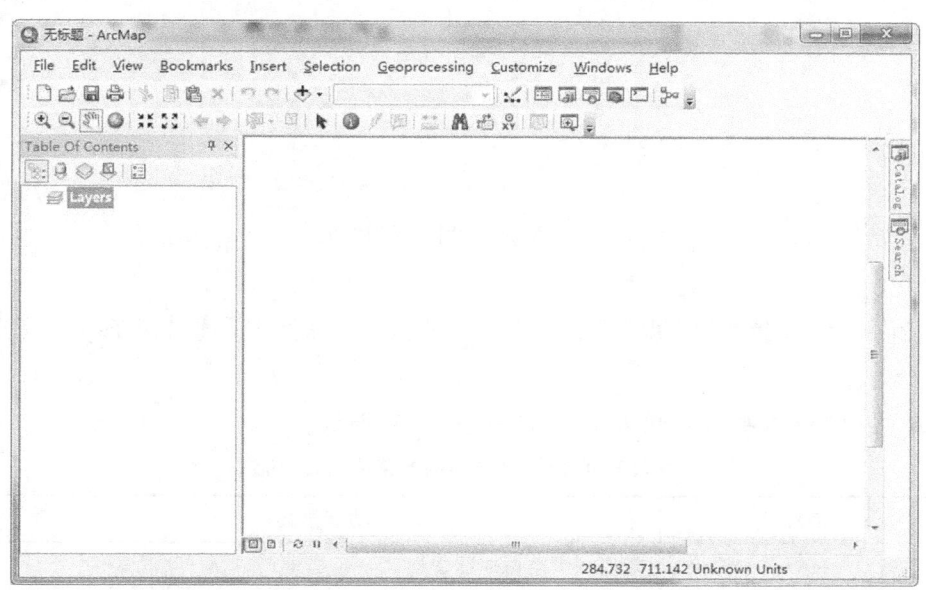

2-1 ArcMap 缺省用户界面

2.2 用户界面介绍

点击工具条上[打开文件]按钮,找到并打开地图文档 airport.mxd(位于…\GIS 实习\ArcTutor\Map\airport.mxd)。

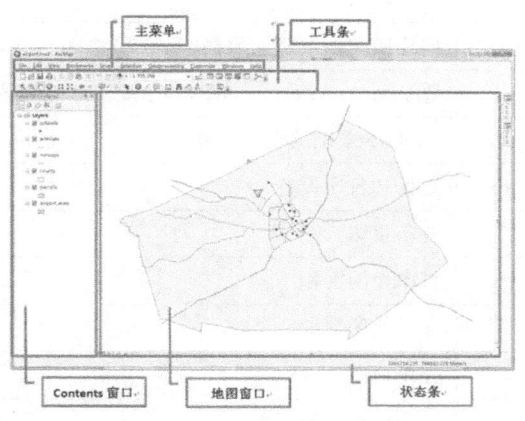

2-2 ArcMap 用户界面说明

用户界面的定制:可以通过菜单[Customize]→[Customize mode…](或者在菜单区,或者工具条区按鼠标右键)进行界面的定制(一般情况下,应保证主菜单、Standard 工具条、Tools 工具条在窗口内显示)图 2-3。这些菜单和工具条可以停靠在窗口的任意位置。

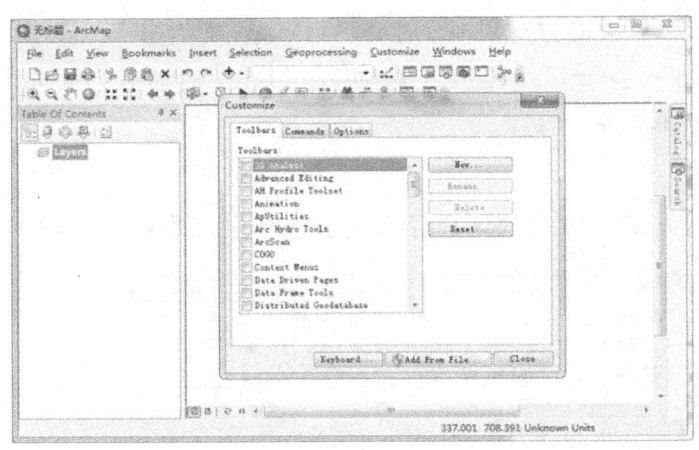

2—3 ArcMap 用户界面定制

(1) 主菜单

主菜单包括[文件]、[编辑]、[视图]、[书签]、[插入]、[选择]、[地理处理]、[自定义]、[窗口]、[帮助]10个子菜单。

[文件]菜单：下拉菜单中各菜单及其功能如表2.1所示。

表 2.1 [文件]菜单中的各菜单及其功能

名称	功能描述
New…	新建一个空白地图文档
Open…	打开已有的地图文档
Save	保存当前地图文档
Save As…	将当前地图文档另存为一个新文档
Save A Copy…	将地图文档保存为 ArcGIS 10 或以前的版本
Share As	共享数据
Add Data	向地图文档中添加数据
Sign in	登录到 ArcGIS OnLine，共享地图和地理信息
ArcGIS Online…	ArcGIS 系统的在线功能
Page and Print Setup…	页面和打印设置
Print Preview…	打印预览
Print…	打印地图文档
Export Map…	导出地图数据
Analyze Map…	分析地图
Map Document Properties	打开地图文档属性页面
Exit	退出

其中[Add Data]展开后，包括[添加数据]、[添加底图]、[从 ArcGIS OnLine 添加数据]、[添加 XY 数据]、[地理编码]、[添加路径事件]、[添加查询图层]等。各个菜单的功能如表2.2所示。

表 2.2 [Add Data]菜单中的各子菜单及其功能

名称	功能描述
Add Data…	添加本地数据、添加数据库服务器上的数据、添加 GIS 服务器(包括 ArcGIS Server,ArcIMS Server,WCS 服务器,WMS 服务器)上的数据。
Add Basemap…	添加底图,用于为底图选择在线底图。
从 ArcGIS Online 添加数据	从 ArcGIS Online 地图网站上下载和共享地图和地理信息。
Add XY Data…	将包含地理位置的表格数据(如 Excel 文件)以 X、Y 坐标的形式添加到地图中。如果表中也包含 Z 坐标,则可以将表格数据作为 3D 数据添加到地图或场景中。
Geocoding	地理编码下包括地理编码地址、地址定位器管理器,作用分别是对地址进行编码,检查和重定位地理编码操作生成的要素并以交互方式匹配未能定位的地址,管理地理定位器等。
Add Route Events…	添加描述路径位置的事件(包括点事件和线事件,点事件描述路径上的某一确切位置,线事件则描述路径的一部分),添加后将生成可在其他地理操作中使用的临时图层。
Add Query Layer…	连接上数据库后建立查询图层。

主菜单中其他项目以及各窗口右键弹出菜单,将在后续实验中陆续介绍。

(2) 工具条

ArcMap 包含多个工具条,每个工具条又包含一组完成相关任务的命令(工具)。通过前面的定制可以显示和隐藏工具条。

[Standard]:标准工具条共有 19 个工具(图 2-4 标准工具条),包含了有关地图数据操作的主要工具,其功能见表 2.3。

图 2-4 标准工具条

表 2.3 [Standard]工具条解释

名称	功能描述
新建地图文档	新建一个空白地图文档
打开	打开已有地图文档
保存	保存当前地图文档
打印	打印地图文档
剪切	剪切选中的内容
复制	复制选中的内容
粘贴	粘贴
删除	删除选中的内容
撤销	取消前一操作
恢复	回复前一操作
添加数据	添加数据

续表

名称	功能描述
比例尺	设置显示比例尺
编辑器工具条	启动、关闭[编辑器]工具条
内容列表窗口	打开内容列表窗口
目录窗口	打开目录窗口
搜索窗口	打开搜索窗口
ArcToolbox 窗口	打开 ArcToolbox 窗口
Python 窗口	打开 Python 窗口编辑命令
模型构造器窗口	打开模型构造器窗口,用于建模

(3) Table Of Contents 窗口

Table Of Contents(内容列表)用来显示地图文档所包含的数据框、图层、地理要素、地理要素的符号、数据源等。双击内容列表窗口的顶部空白部分,内容列表停靠在 ArcMap 的左边,单击标题上的自动隐藏按钮,内容列表窗口隐藏在 ArcMap 窗口的左侧,单击内容列表即可打开。

(4) 地图窗口

用于显示当前地图文档所包含的所有地理要素,ArcMap 提供了两种地图视图方式:一种是数据视图,可以对地图数据进行查询、检索、编辑和分析等各种操作;一种是布局视图,可以将图名、图例、比例尺和指北针等地图辅助要素加载到地图上。两种地图显示方式可以通过地图显示窗口左下角的数据视图(Data View)和布局视图(Layout View)按钮进行切换。

(5) 状态条

显示命令提示信息,坐标等内容。

3. Contents 窗口操作

3.1 设置图层顺序

一个地图文档至少包含一个数据框,每个数据框由若干图层组成。图层在内容列表中显示的顺序将决定在地图显示窗口中的叠加顺序,上面图层将压盖下面的图层内容。所以,一般情况下栅格数据层及多边形图层位于最下面,然后是线图层,最上面是点图层。可拖动图层名称以更改显示顺序。

3.2 控制图层显示与否

每个图层前面有两个小方框,其中左面一个方框为"＋"或"－"号,用于设置是否展开图层;右面一个小方框中标注"√"号,用于设置图层是否在地图显示窗口中显示。

3.3 增加图层

单击[Standard]工具条上的[Add Data]按钮,打开增加数据对话框,浏览至数据文件,选中确定。

3.4 删除图层

在图层名称上右键,在弹出菜单中单击[Remove]。

3.5 创建图层组

当需要把多个图层当作一个图层来处理时,可将多个相同类别的图层组成一个图层组。例如有两个图层分别代表铁路和公路,可将两个图层合并为一个新的交通网络图层组。一个组合图层在地图文档中的性质类似于一个独立的图层,对图层组的操作与图层操作类似。

3.6 增加数据框

在 ArcMap 中,一个数据框架显示同一地理区域的多层信息。一个地图中可以包含多个数据框架,同时一个数据框架中可以包含多个图层。例如,一个数据框架包含中国的行政区域等信息,另一个数据框架表示中国在世界的位置。但在数据操作时,只能有一个数据框架处于活动状态。在 Data View 只能显示当前活动的数据框架,而在 Layout View 可以同时显示多个数据框架,而且它们在版面布局也是可以任意调整的。

单击主菜单[Insert]→[Data Frame],则在内容窗口中增加一个数据框。如果地图文档中包含两个或两个以上数据框,内容列表中将依次显示所有数据框,但是只有一个数据框是当前数据框,其名称以加粗体方式显示。需要更改当前数据框时,在该数据框名称上右键单击,在弹出菜单中单击[activate]即可。

3.7 删除数据框

在数据框名称上右键,在弹出菜单中单击[Remove]。

> 在[Contents 窗口]上部有五个按钮:List By Drawing Order、List By Source、List By Visibility、List By Selection、和 Options。
>
> List By Drawing Order(按绘制顺序列出):ArcMap 根据目录中的顺序显示地理空间数据:底层将首先在屏幕上绘制,上层数据将覆盖下层数据。
>
> List By Source(按源列出):除了表示所有图层地理要素的类型与表示方法以外,还能显示数据的存放位置与存储格式。
>
> List By Visibility(按可见性列出):除了表示所有图层地理要素的类型与表示方法以外,还将图层按照可见与不可见进行分组列出。
>
> List By Selection(按选择列出):按照图层是否有要素被选中,对图层进行分组显示,同时标识当前处于选中状态的要素的数量。
>
> Options(选项按钮):打开[内容列表选项]对话框,可以设置内容列表显示属性。

4. 浏览地图

4.1 调整显示范围

当操作地图时,经常会用到放大、缩小、漫游以及按特定比例尺显示地图等操作。该操作主要使用[Tools]工具条进行操作。

通过[Tools]工具条上的各个工具(图 2-5)可以对地图数据进行视图、查询、检索、分析等操作,其包含 20 个工具,其功能详解如表 2.4 所示。

图 2-5 [Tools]工具条

表 2.4 [Tools]工具条解释

名称	功能描述
放大	单击或拉框放大视图
缩小	单击缩小视图
平移	平移视图
全图	缩放全图数据至满窗口显示
固定比例放大	以数据框中心点为中心按固定比例放大地图
固定比例缩小	以数据框中心点为中心按固定比例缩小地图
返回到前一视图	返回到前一视图
转到下一视图	转到下一视图
选择要素	选择要素(下拉菜单包括按矩形选择、按面选择、按套索选择、按圆选择和按线选择)
清除所选要素	消除对所选要素的选择
选择元素	选择、调整以及移动地图上的文本、图形和其他对象
识别	识别单击地理要素或点
超链接	触发要素中的超链接
HTML弹出窗口	触发要素中的HTML弹出窗口
测量	测量地图上的距离和面积
查找	打开[查找]对话框,用于在地图中查找要素和设置线性参考
查找路径	打开[查找]对话框,计算点与点之间的路径以及行驶方向
转到XY	打开[转到XY]对话框,输入某个X,Y位置,并导航到该位置
打开"时间滑块"窗口	打开[时间滑块]窗口,以便处理时间数据图层和表
创建查看器窗口	通过拖拽出一个矩形创建新的查看器窗口

（1）使用放大、缩小、平移、全图、固定比例放大、固定比例缩小、返回到前一视图、转到下一视图浏览数据。

（2）缩放到特定比例尺。在[Standard]工具条的"比例尺设置"下拉框中选择希望显示的比例尺（如 1∶100000），察看显示结果。也可以直接输入比例尺的分母,按回车键。

4.2 空间书签

书签可以将地图数据的某一视图状态保存起来,以便在使用时打开书签,直接定位到这一视图范围。可创建多个书签以便快速回到不同的视图状态,也可以对书签进行管理。书签只针对[数据视图],在[布局视图]中是不能创建书签的。

（1）创建书签

▶首先将地图放大到所要关注的某一区域；

▶单击主菜单[Bookmarks]→[Create Bookmark…],打开[Bookmarks]对话框,在[Bookmarks]文本框中输入合适的名称(默认名称 Bookmark x),单击[确定]按钮,保存书签。

▶通过漫游和缩放等操作重新更改视图区域。

▶单击菜单[Bookmarks]→[Bookmark x],观察效果。

2) 管理书签

在 ArcMap 主菜单中单击[Bookmarks]→[Manage Bookmarks…],打开[书签管理器]对话框。在该对话框内可以对选中书签单击[zoom to]、[pan to]查看视图范围,还有对选中移除、排序等操作。

单击[Standard]工具条上的保存按钮,可将建立的书签保存到地图文档中。

5. 改变图层的符号设置

在同一层中的要素可以用相同的符号表示,在增加图层时,ArcMap 会用缺省的符号绘制。同一类要素可以用同一符号表达,也可以根据特定的值给以不同的符号表达。

5.1 图层单一符号设置

(1) 展开"schools"图层前面的+,双击下面的符号,打开"Symbol Selector"对话框(图 2-6);

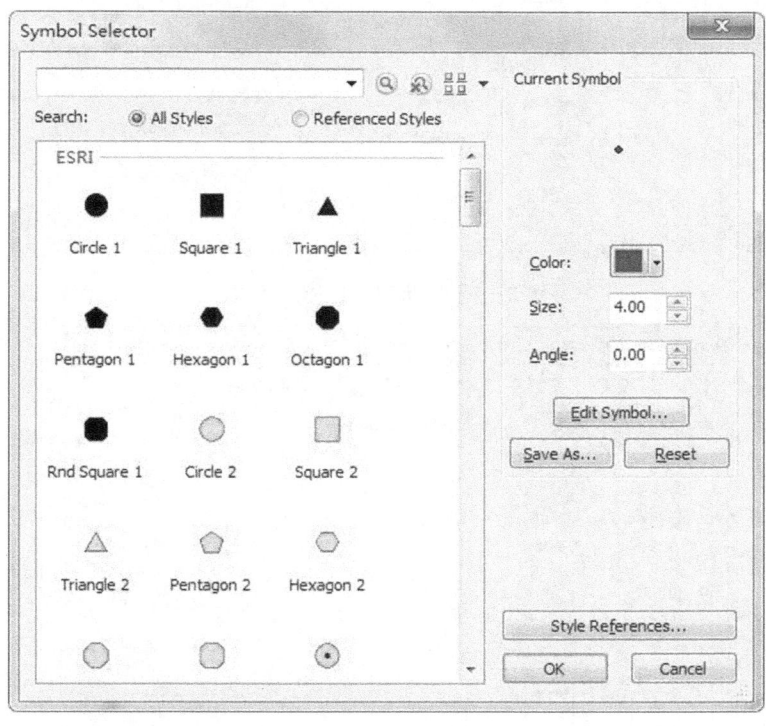

图 2-6 符号选择对话框

(2) 在左侧窗口中选择一种符号,在右侧"Current Symbol"窗口中,可以对符号的颜色(Color)、大小(Size)、旋转角度(Angle)进行更改等。

> 针对点、线、面图层的"Symbol Selector"对话框略有不同。在线层的"Symbol Selector"对话框中，包括符号的选择、符号颜色（Color）的设置、符号宽度（Width）的设置。在面层的"Symbol Selector"对话框中，包括符号的选择、填充颜色（Fill Color）的设置、轮廓线宽度（Outline Width）的设置、轮廓线颜色（Outline Color）的设置等。

（3）分别对线、面图层进行符号设置。

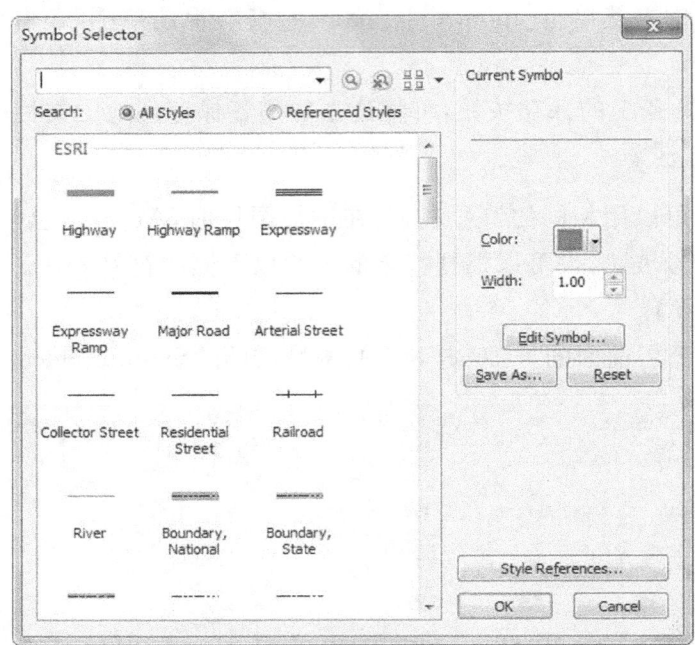

图 2-7　线状符号选择对话框

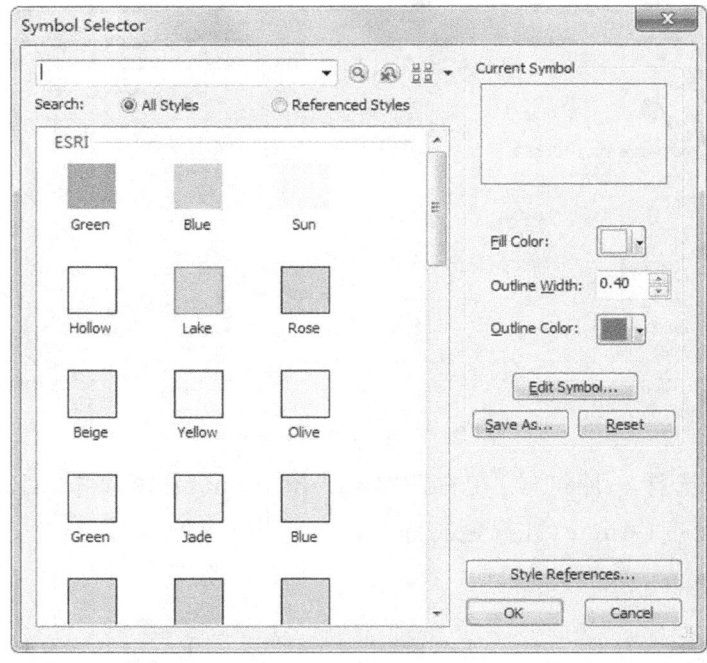

图 2-8　面状符号选择对话框

5.2 分类符号的设置

根据图层属性表中不同记录的值，设置不同的表达符号，相同数值用一种符号表示。

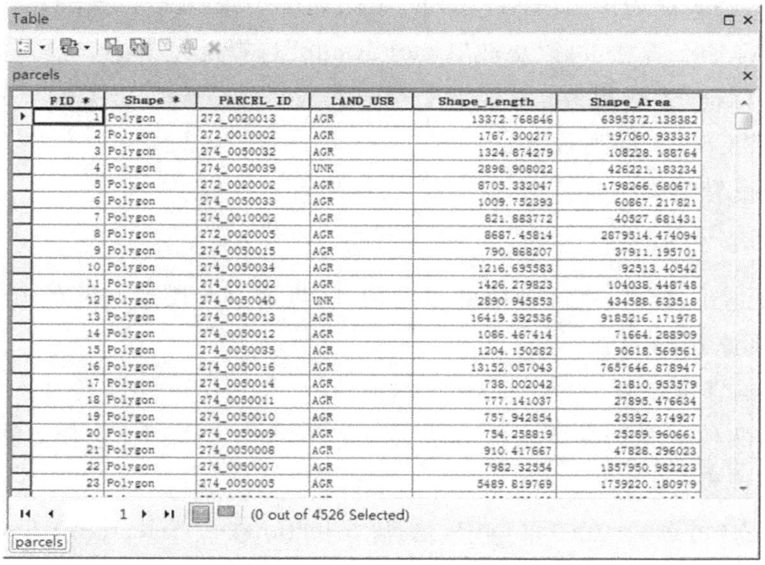

(1) 浏览图层的属性表。在“parcels”图层名称上右键单击，在弹出的右键菜单中单击“Open Attribute Table”，打开“parcels”图层属性表；

FID *	Shape *	PARCEL_ID	LAND_USE	Shape_Length	Shape_Area
1	Polygon	272_0020013	AGR	13372.768846	6395372.138382
2	Polygon	272_0010002	AGR	1767.300277	197060.933337
3	Polygon	274_0050032	AGR	1324.874279	108228.188764
4	Polygon	274_0050039	UNK	2898.908022	426221.183234
5	Polygon	272_0020002	AGR	8705.332047	1798266.680671
6	Polygon	274_0050033	AGR	1009.752393	60867.217821
7	Polygon	274_0010002	AGR	821.883772	40527.681431
8	Polygon	272_0020005	AGR	8687.45814	2879514.474094
9	Polygon	274_0050015	AGR	790.868207	37911.195701
10	Polygon	274_0050034	AGR	1216.695583	92513.40542
11	Polygon	274_0010002	AGR	1426.279823	104038.448748
12	Polygon	274_0050040	UNK	2890.945853	434588.633518
13	Polygon	274_0050013	AGR	16419.392536	9185216.171978
14	Polygon	274_0050012	AGR	1086.467414	71664.288909
15	Polygon	274_0050035	AGR	1204.150282	90618.569561
16	Polygon	274_0050016	AGR	13152.057043	7657646.878947
17	Polygon	274_0050014	AGR	738.002042	21810.953579
18	Polygon	274_0050011	AGR	777.141037	27895.476634
19	Polygon	274_0050010	AGR	757.942854	25392.374927
20	Polygon	274_0050009	AGR	754.258819	25289.960661
21	Polygon	274_0050008	AGR	910.417667	47828.296023
22	Polygon	274_0050007	AGR	7982.32554	1357950.982223
23	Polygon	274_0050005	AGR	5489.819769	1759220.180979

图 2—9　“parcels”图层属性表

(2) 浏览数据表中的字段和记录，观察“LAND_USE”字段内容(后面将依据该字段，将相同数据赋予同一符号，不同数据赋予不同的符号)；

(3) 在 Content 窗口中 “parcels”图层名称上双击左键(或右键单击，在弹出的右键菜单上点击“Properties…”)，打开图层属性对话框(图 2—10 图层属性对话框)；

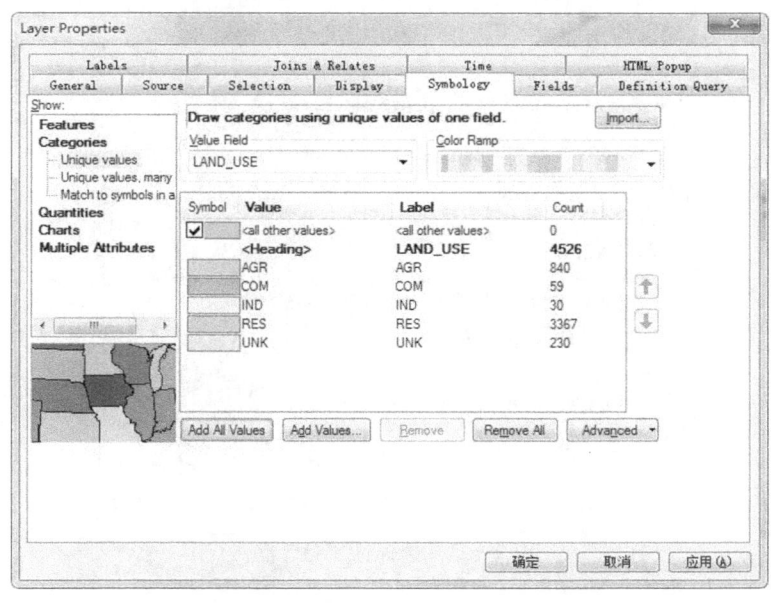

图 2—10　图层符号对话框

(4) 在 Layer properties 窗口中,选择 symbology 标签页;

(5) 在左侧"show"窗口内点击"Categories"→Unique Values;

(6) 在"value filed"列表框中选择要表达的字段(如"LAND_USE");

(7) 点击"Add all values"按钮,加入该字段所有类型的数据(如图2－10所示),观察"Value"列数据(与"parcels"图层属性表中"LAND_USE"字段内容一致,见图2－9);

(8) 如对默认的符号不满意,可以更改"Color Ramp"选择配色方案,也可以分别双击看到的符号,打开"符号选择对话框"进行更改;

(9) 观察"Label""Count"两列数据;

(10) 点击确定,查看结果。

6．选择要素

选中要素,是进行空间查询、空间分析的重要前提,可通过与图层交互的方式选择要素,也可以通过位置、属性和图形来选择要素。

6.1 选择要素前的选项设置

在地图上主要有两种交互选择要素的方法:使用[工具]工具条上[选择要素]工具;使用鼠标指针在[表]窗口中选择记录。

(1) 设置查询选项(可选)。在主菜单中,选择[Selection]→[Selection－Options…]。

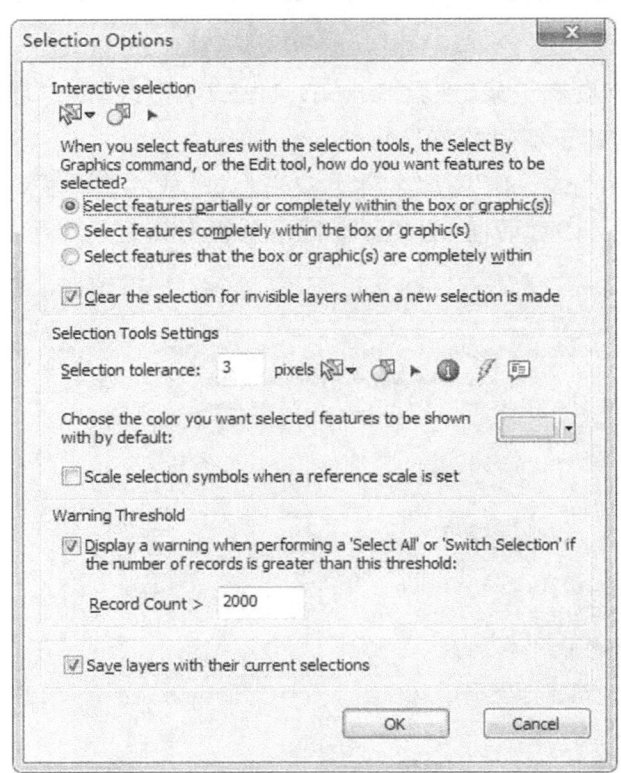

图2－11 选择选项对话框

> 在"Selection Options"对话框中主要包括四项内容：
> 用面状图形选择时的选择方式：被选择的目标部分或者完全位于给定的图形内（默认设置）、被选择的目标完全位于给定的图形内、给定的图形完全位于被选择的目标内；
> 选择限差：目标标识或者查询时的屏幕限差；
> 选择颜色：被选择目标的显示显色；
> 极限警告设置。

（2）设置可选图层

在内容列表中单击[List By Selection]按钮，单击[Click to toggle selectable]按钮使该图层在可选之间切换；如要使该图层唯一可选，可右击该图层，然后单击[将此图层设为唯一可选图层]；单击[清除图层选择]按钮可清除对该图层的选择要素的选择，按钮后面的数字是该图层已中选择的要素数量。同时也可以单击[工具]工具条中的[清除所选要素]按钮（或点击内容列表中的清除按钮，也可在 ArcMap 主菜单中单击[Selection]→[Clear Selected Features]来清除对所有选择要素的选择）。

（3）设置交互式选择方法

在主菜单[Selection]中，选择[Selection]→[Interactive Selection Methods]，展开菜单中提供了四种交互查询的方法：

▶Create New Selection：默认方式。如果查询之前存在一个结果集，清空结果，加入新的查询结果；

▶Add to Current Selection：在原来查询结果集的基础之上，加入新的查询结果；

▶Remove From Current Selection：在原来查询结果集的基础之上，删除新的查询结果；

▶Select From Current Selection：在原来查询结果集的基础之上，保留新的查询结果，而删除未选择的。

6.2 利用工具栏[选择按钮]直接选择要素

（1）设置查询选项；

（2）设置"schools"图层为可查询图层；

（3）设置交互查询方法为 Create New Selection；

（4）在 Tools 工具条中点击选择工具；

（5）在地图窗口内点击鼠标，或者按下鼠标左键，拖动，释放生成矩形，查看结果；

（6）打开"schools"图层属性表，察看属性表的记录状态（选择的目标同时在属性表中被加亮显示，如图 2-12）；

（7）重新设置可查询图层、交互查询方法，重复以上步骤。

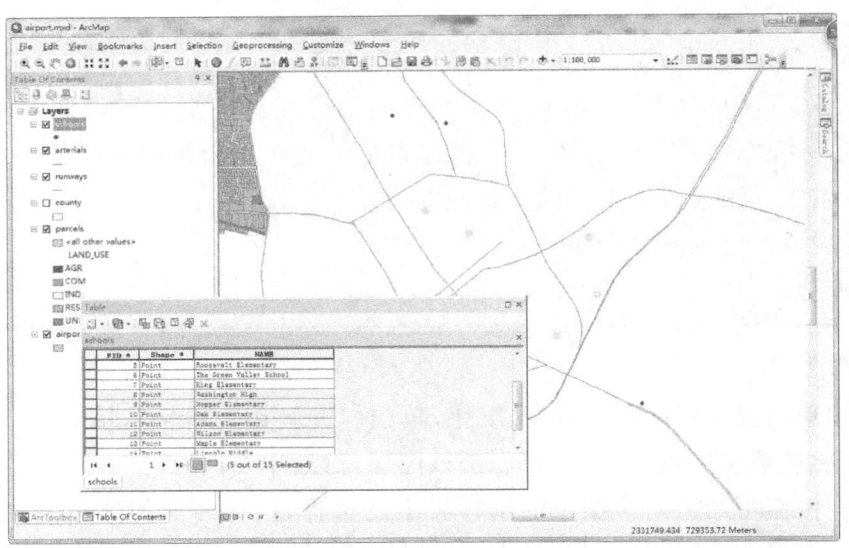

图 2—12 选择的目标被加亮显示

6.3 通过属性表选择要素

（1）设置"parcels"图层为可查询图层；

（2）在"parcels"图层名称上右键单击，在弹出的菜单中单击"Zoom To Layer"；

（3）设置交互查询方法为 Create New Selection；

（4）打开"parcels"图层属性表，点击记录左边的矩形框。可以看到，地图窗口内与此条记录对应的图形被加亮显示；

（5）如果想选择多条记录并且是连续的，单击并向上或向下拖动鼠标指针，或者在要选择的这组记录的起始处选择相应记录，按住 Shift 键，然后在这组记录的结尾处选择相应记录。通过按住 Ctrl 键的同时单击记录，可选择不连续的记录及取消选择记录。查看属性表和地图窗口的变化（可以看到多条记录被选择，同时在地图窗口内与这些记录对应的图形被加亮显示）。

（6）在主菜单[Selection]中，选择[Selection—Zoom To Selection Features]，查看地图窗口的变化。

6.4 构建 SQL 语句选择要素

（1）设置"parcels"图层为可查询图层；

（2）在 ArcMap 主菜单中单击[Selection]→[Select By Attributes…]，打开[Select By Attributes]对话框。

（3）在[Layer]下拉框中选择"parcels"，在[Method]下拉框中选"Create a new selection"；

（4）在上面的列表框中双击"LAND USE"→单击"Like"按钮→单击"Get Unique Values"→在中间的列表框中双击"AGR"；

注意：此时，在"SELECT * FROM parcels WHERE"的文本框中自动填入"LAND_USE LIKE AGR"，如图 2—13 所示。

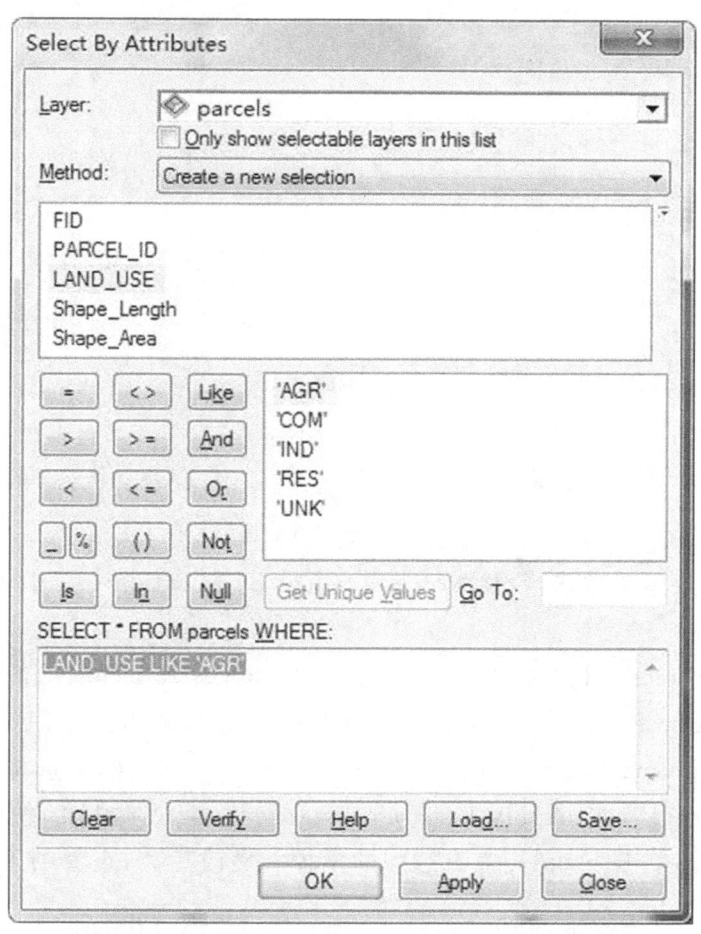

图 2-13　按属性选择对话框

如果 SQL 语句输入错误,可单击[Clear]按钮来清除表达式。

单击[Verify]按钮,可验证表达式是否存在语法错误。

单击[OK]按钮,"LAND USE"为"AGR"被选择出来。

6.5　通过位置选择要素

通过位置选择要素是根据要素相对于同一图层要素或另一图层要素的位置来进行的选择。例如,通过选择某洪水边界可了解洪水影响到哪些家庭。可使用多种选择方法,主要依赖于要素之间的空间关系来选择与同一图层或其他图层中的要素接近或重叠的点、线或面要素。

以创建查询"距离干道(arterials)2000 米范围内的学校"为例进行介绍。其操作步骤如下:

(1) 在"arterials"图层中,利用[Tools]工具条上的[选择]按钮,先选中一条道路,如图 2-14 所示。

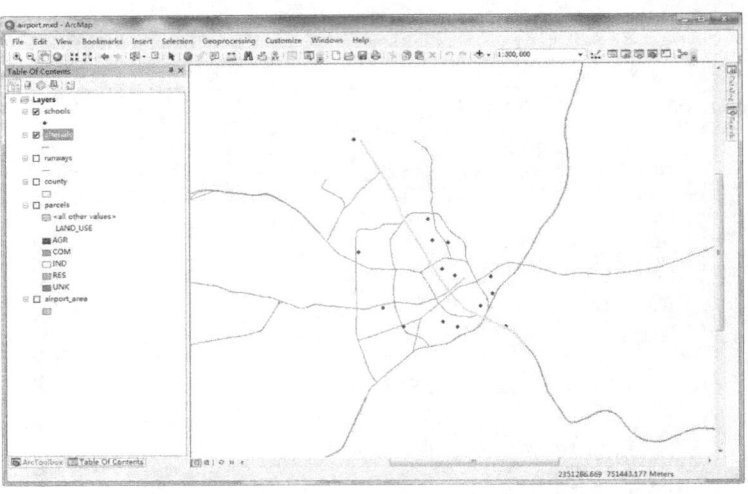

图 2-14 按位置查询

(2) 在 ArcMap 主菜单中单击[Selection]→[Select By Location…],打开[Select By Location]对话框。

(3) 单击[Selection method]下拉框,选择"select features from";在[Target layer(s)]列表中勾选"schools"图层;在[Source layer]下拉框中,选择"arterials",单击选中[Use selected features]复选框;在[spatial selection method for target layer feature(s)]下拉框中选择"are within a distance of the source layer feature";在[Apply a search distance]下面文本框中输入"2000",单位为"Meters",如图 2-15 所示。单击[Apply]查看选中的学校。更改距离,查看结果。

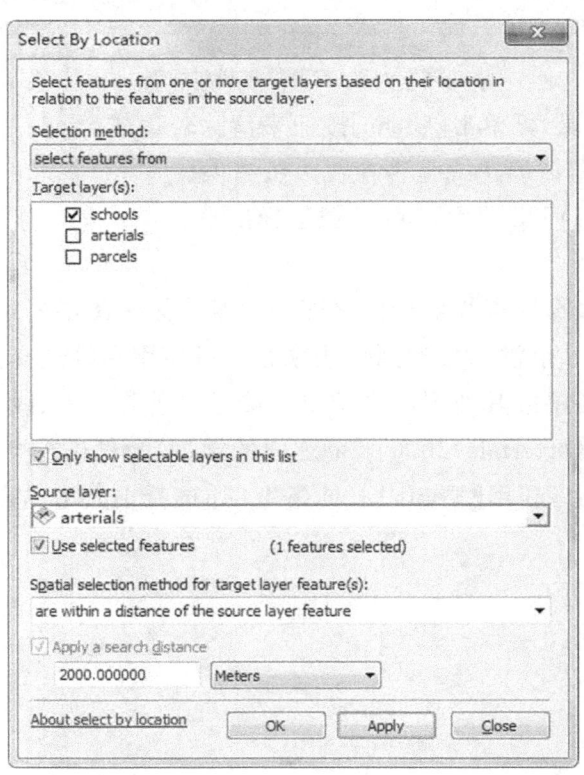

图 2-15 按位置选择对话框

6.6 通过绘制图形选择要素

通过[Draw]工具条绘制图形(绘制的图形可以保存到地图文档中)并可利用该图形选择要素。打开[Draw]工具条,如图2—16所示。

图2—16 Draw工具条

(1) 在[Draw]工具条中单击[Polygon],选择矩形,在地图显示窗口中想要选择的要素上面画出一个合适大小的矩形。

(2) 在[Tools]工具条上单击[Select Elements]按钮,选中刚画的一个矩形,则该矩形周围出现一个矩形框,将鼠标放到矩形框的周围,直到变为一个双向箭头,拖动可改变矩形的大小,再次单击选中将其拖到合适的位置。

(3) 在ArcMap主菜单,中单击[Select]→[Select By Graphics],则和图形相交或者包含在图形内的要素都被选中。

> 要素(feature)表示现实世界中的地理实体,储存在空间数据库的数据文件之中。元素(element)主要用于制图,如文字标注、比例尺等,储存在*.mxd中。

7. 布局视图

通过单击[View]菜单下的[Data View]和[Layout View]子菜单进行切换。在布局视图下,加载[布局]工具条,其功能详解如表2.5所示。

表2.5 [Layout]工具条作用

名称	功能描述
放大	单击或拉框放大布局视图
缩小	单击缩小布局视图
平移	平移布局
缩放至整个页面	缩放至布局的全图
缩放至1∶1显示	1∶1显示
固定比例放大	以数据框中心点为中心,按固定比例放大布局视图
固定比例缩小	以数据框中心点为中心,按固定比例缩小布局视图
返回到前一范围	返回到前一视图范围
转到下一视图	转到下一视图范围
按比例显示	按百分比显示
切换描绘模式	切换描绘模式
焦点数据框	使数据框在有无焦点之间切换
更改布局	打开[选择模板]对话框,选择合适的模板更改布局
数据页面驱动工具条	打开[数据驱动页面]工具条,设置数据驱动页面
创建查看器窗口	通过拖拽出一个矩形创建新的查看器窗口

7.1 数据浏览

可以利用Layout工具条上提供的工具对版面设计视图中的内容进行放大、缩小、漫游、固定比率的放大、固定比率的缩小、全视图显示、1∶1显示、按缩系数显示等操作。注意查看结果。

7.2 版面设计

在主菜单中选择[File and Page Setup]，打开"File and Page Setup"对话框，如图2-17所示。选择打印机，纸张大小、纵向横向等设置。

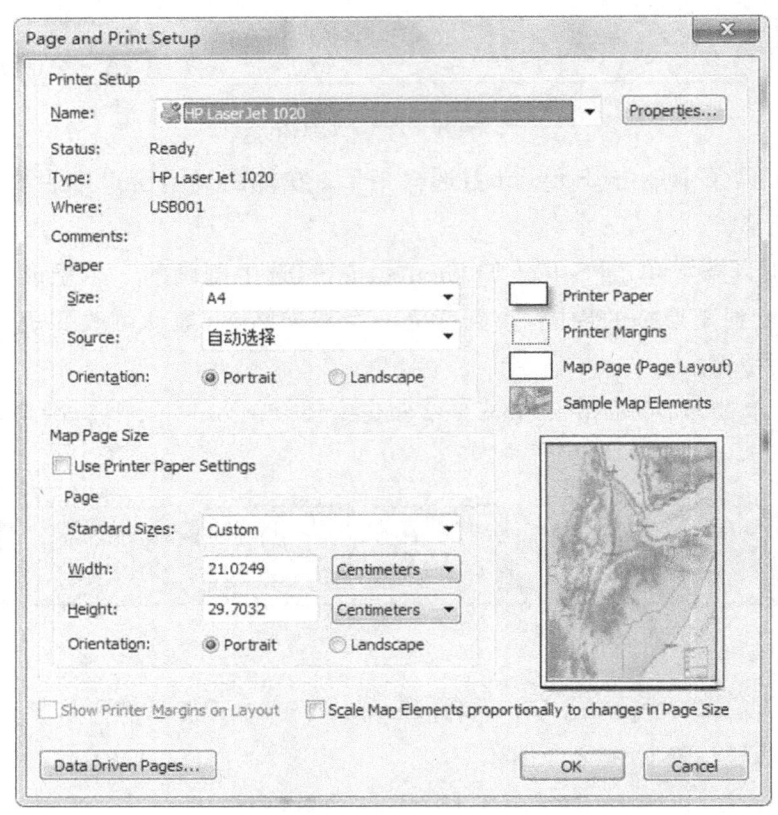

图2-17 文件和页面设置

8．保存、另存地图文档

单击[Tool]工具条保存按钮，或单击[File]菜单中的[Save]或[Save as…]子菜单即可。如在关闭地图文档时没有保存，系统会提示是否保存该地图文档。

四、实验总结

ArcMap是ArcGIS软件最重要、最常用的模块。通过本实验的操作，学会加载多种地理数据，熟悉目录窗口（Contents）基本操作、点线面地物简单的符号化设置、地图窗口的数据浏览、地物查询方法、数据视图和布局视图的作用等，为后面的学习奠定基础。

实验三　专题图制作

一、实验目的

空间数据录入、编辑、地物符号化、制图是 GIS 最基本的功能，也是 ArcGIS 初学者必须掌握和最常用的功能之一。本实验以一幅从纸张地图扫描来的电子图片为数据源，在 ArcCatalog 中构建地理数据库，在 ArcMap 中进行图像配准、空间数据与属性数据的录入与编辑、地物符号化、地图整饰等一系列操作，最后制作成一副完整的专题图。通过本次实验，主要掌握 ArcGIS 的以下功能：

1. 数据分层。
2. 空间数据库的构建。
3. 空间坐标系的设置。
4. 图像配准。
5. 点状地物输入与编辑。
6. 线状地物输入与编辑。
7. 面状地物输入与编辑。
8. 地物符号化。
9. 地图整饰。
10. 地图输出。

二、实验说明

1. 该实验类型为综合性实验，需 6~8 学时。
2. 实验数据存放在…\GIS 实习\实习 3 专题图制作，其中 data 文件夹存放原始数据，result 文件夹存放结果数据。

三、实验过程

1. 数据分层分析

在 Windows 资源管理器中找到"… GIS 实习\实习 3 专题图制作\data 文件夹"打开"南阳市交通图.jpg"如图 3-1 所示。

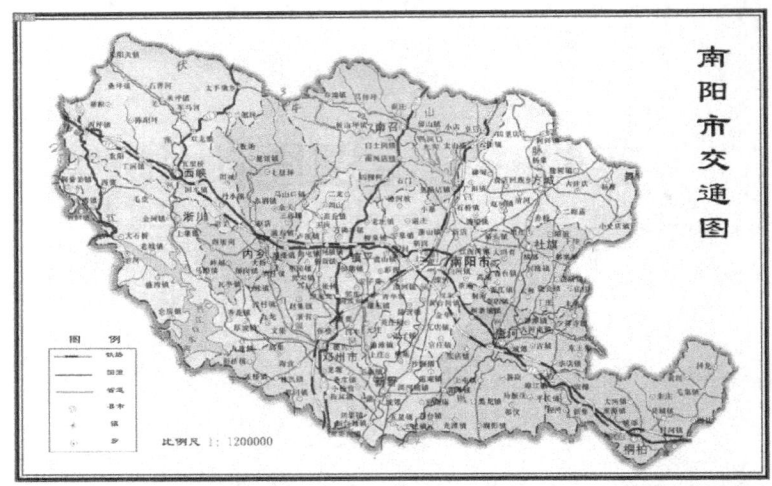

图 3-1 南阳市交通图

制作交通图时,在地图中不仅要表达铁路、公路,还要表达该区域的基础地理信息,如城镇、河流、水库、行政区划、境界线等地物。为便于数据的编辑和管理,每类地物在 ArcMap 中均作为一个单独图层来进行管理,这就是数据分层。因此,在构建地理数据库时,就要对不同类型的地物进行分层处理。在 ArcGIS 中,每一图层作为一个要素类(Feature class),同一区域各要素类集合在一起构成一个要素数据集(Feature dataset),要素数据集(也叫要素集)必须位于地理数据库(Geodatabase)之中。对"图 3-1 南阳市交通图"中的地物类型进行分析后不难看出,需要表达的地物可以分为下列类型(表 3-1):

表 3-1 地物分类(分层)

名称	类型	符号使用说明
铁路	线状	本区域铁路不分等级,用统一符号表示
公路	线状	公路有等级之分,需要用不同的符号表示
河流	线状	用单一符号表示即可
水库	面状	用单一符号表示即可
境界线	线状	分为省、地市、县三个等级,需要用不同符号表示
行政区划	面状	相邻行政区填充颜色不同即可
城镇	点状	该区域分为地市、县、镇、乡四个等级,分别使用不同符号
文字注记	文本型	如水库、道路、城镇的名称,将在地物属性表中存储

基于上述分析,表中前 7 行地物都要单独存放在各自的要素类中,所以共需要构建 7 个要素类(文字注记将用地物的属性表字段进行标注)。

> 在 Geodatabase 中(也就是 ArcGIS 中),常用的元素有表(Table)、要素类(Feature Class)、要素数据集(Feature Dataset)、视图(View)、关系类(Relationship Class)、栅格(Raster)、栅格数据集(Raster Dataset)。在要素数据集中,也可以建立地形三角网(Terrain)、网络数据集(Network Dataset)、拓扑(Topology)等。

* 对象类（Object class）

在 Geodatabase 中对象类是一种特殊的类，它没有空间特征，是指存储非空间数据的表格文件（Table 文件）。

* 要素类（Feature class）

同类空间要素的集合即为要素类。如：河流、道路、植被、用地、电缆等。要素类之间可以独立存在，也可具有某种关系。当不同的要素类属于同一区域且具有同一坐标系时，可以将其组织到一个要素数据集（Feature dataset）中。

* 要素数据集（Feature dataset）

要素数据集由一组具有相同空间参考（Spatial Reference）的要素类组成。将不同的要素类放到一个要素数据集下一般有三种情况：

▶专题归类表示——当不同的要素类属于同一范畴。

▶创建几何网络——在同一几何网络中充当连接点和边的各种要素类，必须组织到同一要素数据集中。

▶考虑平面拓扑（Planar topologies）——共享公共几何特征的要素类。

存放了简单要素的要素类可以存放于要素集中，也可以作为单个要素类直接存放在 Geodatabase 的目录下。直接存放在 Geodatabase 目录下的要素类也称为独立要素类（standalone feature）。存储拓扑关系的要素类必须存放到要素集中，使用要素集的目的是确保这些要素类具有统一的空间参考，以利于维护拓扑。Geodatabase 支持要素类之间的逻辑完整性，体现为对复杂网络（complex networks）、拓扑规则和关联类等的支持。

* 关系类（Relationship class）

定义两个不同的要素类或对象类之间的关联关系。

* 几何网络（Geometric network）

几何网络是在若干要素类的基础上建立的一种新的类。

* Domains

定义属性的有效取值范围。可以是连续的变化区间，也可以是离散的取值集合。

* Validation rules

对要素类的行为和取值加以约束的规则。

* Raster Datasets

用于存放栅格数据。可以支持海量栅格数据，支持影像镶嵌。

* TIN Datasets

TIN 是 ARC/INFO 非常经典的数据模型，用不规则分布的采样点的采样值（通常是高程值，也可以是任意其他类型的值）构成的不规则三角集合。用于表达地表形状或其他类型的空间连续分布特征。

* Locators

定位器（Locator）是定位参考和定位方法的组合。对不同的定位参考，用不同的定位方法进行定位操作。所谓定位参考,不同的定位信息有不同的表达方法,在 geodatabase 中,有四中定位信息:地址编码、<X,Y>、地名及邮编、路径定位。定位参考数据放在数据库表中,定位器根据该定位参考数据在地图上生成空间定位点。

2. 构建地理数据库

2.1 启动 ArcCatalog

2.2 在 Catalog Tree 窗口定位到"…\GIS 实习\实习 3 专题图制作\data"文件夹

2.3 在"data"文件夹上右键单击,弹出菜单中选择[New]→[File Geodatabase],如图 3-2 文件地理数据库。

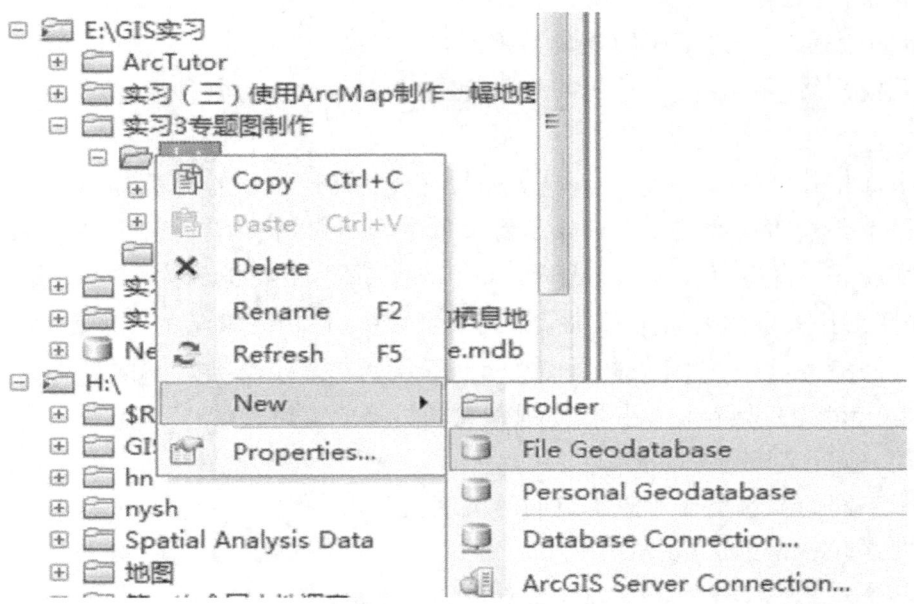

图 3-2 文件地理数据库

> 文件地理数据库(File Geodatabase):在文件系统中以文件夹形式存储。每个数据集都以文件形式保存,该文件大小最多可扩展至 1 TB。可以跨平台,支持 Windows,Linux,Solaris。存储空间比 Personal Geodatabase 和 Shapefile 小 50%~70%,数据处理、查询速度快 20%~10 倍。
>
> 个人地理数据库(Personal Geodatabase):所有的数据集都存储于 Microsoft Access 数据文件内,该数据文件的大小最大为 2 GB。只支持 Windows 系统。
>
> 建议使用文件地理数据库而不是个人地理数据库。

此时在 data 文件夹下生成"New File Geodatabase.gdb"(此时,数据库里面没有数据),在数据库名称上右键单击,在弹出菜单上点击[Rename],重命名为"南阳市.gdb"。

2.4 构建要素数据集

(1) 在"南阳市.gdb"数据库名称上右键单击,弹出菜单中选择[New]→[Feature Dataset…],

打开"New Feature Dataset"向导,如图 3—3 所示。

图 3—3 New Feature Dataset 向导

（2）在[Name]文本框中输入"南阳市交通",下一步；

（3）为 X、Y 选择坐标系。展开[Projected Coordinate Systems]→[Gauss Kruger]→[Xian 1980]→[Xian 1980 GK CM 111E],如图 3—4 所示。观察[Current coordinate system]文本框中的信息。下一步；

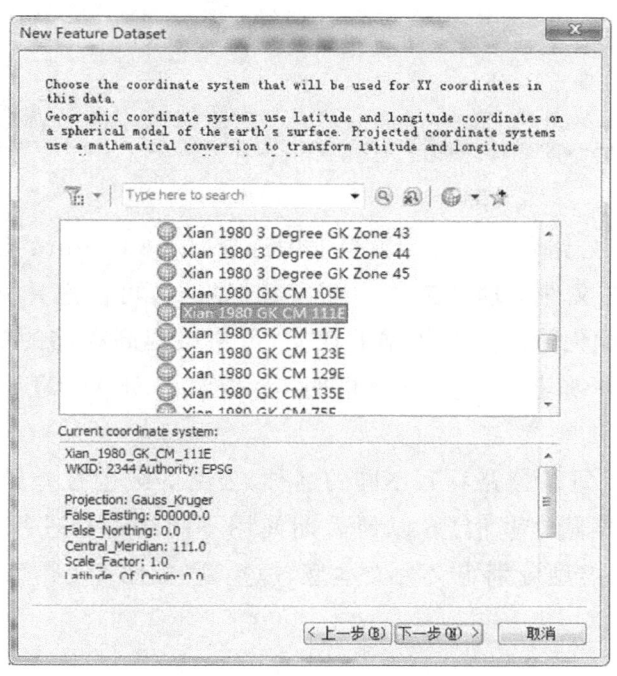

图 3—4 投影坐标选择

(4)为 Z 选择垂直坐标系。本例不含高程数据,不必设定,下一步;

(5)设定 XY 容差(Tolerance)。保持默认值,单击[Finish]完成要素数据集的构建(此时要素数据集内没有数据)。

2.5 创建"公路"要素类

按照表 3-1 地物分类(分层)所示,本实验需要创建 7 个要素类,首先创建"公路"要素类。

(1)在"南阳市交通"要素集名称上右键单击,弹出菜单中选择[New]→[Feature Class…],打开"New Feature Class"向导,如图 3-5 所示。

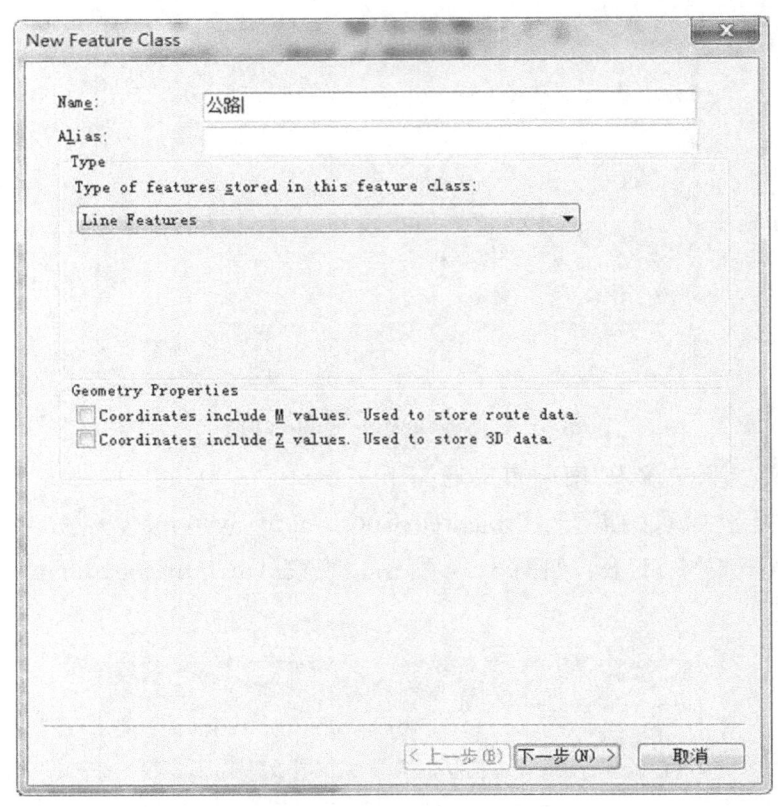

图 3-5 New Feature Class 向导

(2)在[name]中输入"公路",在[type]下拉框中选择"Line Feature"(线要素),下一步;

(3)配置关键字。当在文件地理数据库中创建数据集时,可以选择配置关键字来自定义存储数据的方式。每个关键字优化特定类型数据的存储,可略微提高存储的效率和性能。大多数情况下,当在文件地理数据库中创建要素类或栅格时,会指定 DEFAULTS 关键字。默认使用[Default],下一步;

(4)设定属性表字段。每条公路具有不同的名称,公路等级也有差异(如高速公路、国道、省道等),所以需要增加字段来存储这些信息,以便后期使用不同的符号进行分类表示。此处添加"名称"、"等级"两个字段,数据类型分别定义为文本型、短整型,如图 3-6 所示。

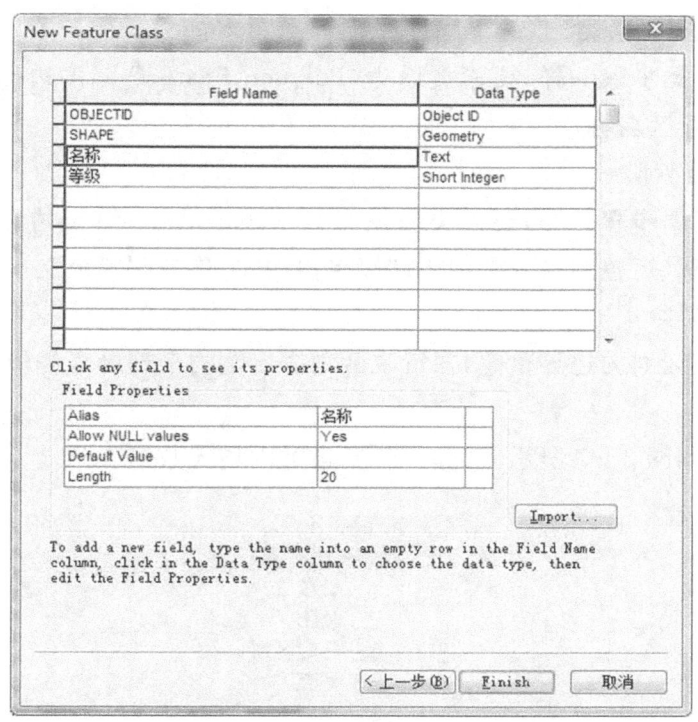

图 3-6 属性字段设置

> 字段类型说明：
> (1) 短整数值只能介于 -32,768 到 32,767 之间,2 的 15 次方
> (2) 长整型介于 -2147483648 和 2147483647,2 的 31 次方
> (3) 字符串长度最大 2147483647,对于 mdb 长度大于 255,变成了备注类型,对于 shp 最大是 254
> (4) 单精度浮点数(浮点型)约为 -3.4E38 到 1.2E384 特定数值范围内包含小数值的数值
> (5) 双精度浮点数(双精度型)约为 -2.2E308 到 1.8E3088
> 注:线状地物系统会自动生成长度字段;面状地物系统会自动生成周长、面积字段

(5) 单击[finish]。观察创建的"公路"要素类。

2.6 创建"铁路"要素类

与创建"公路"要素类步骤一样,属性字段只需定义名称,用于存储铁路名称。

2.7 创建"河流"要素类

与创建"公路"要素类步骤一样,属性字段只需定义名称,用于存储河流名称。

2.8 创建"水库"要素类

与创建"公路"要素类步骤一样,要素类须设为"Polygon Features"(多边形要素),属性字段只需定义名称,用于存储水库名称。

2.9 创建"行政区划"要素类

与创建"水库"要素类步骤一样,要素类设为"Polygon Features"(多边形要素),属性字段只需定义名称,用于存贮行政区名称。

2.10 创建"城镇"要素类

与创建"水库"要素类步骤一样,要素类须设为"Point Features"(点边形要素),属性字段定义"名称"(文本型)、"等级"(短整型),分别用于储存乡镇的"名称"和"等级"。

2.11 "境界线"要素类

由于该地物与行政区划的边界重叠,在行政区划图层地物全部录入编辑完成后,由多边形转换为线状地物即可。

上述步骤完成后,如图 3-7 所示。此时,各要素类内均无数据。

图 3-7 创建的要素类

3. 图像配准

关闭 ArcCatalog,启动 ArcMap 模块,并加载"南阳市交通"数据集,如图 3-8 所示。

图 3-8 加载南阳市交通要素集

3.1 加载图像

在工具条上点击[Add Data]按钮,定位至"南阳市交通图.jpg"图像并确定,系统弹出"Unknown Spatial Reference"警告窗口,如图3—9,点击[ok]。

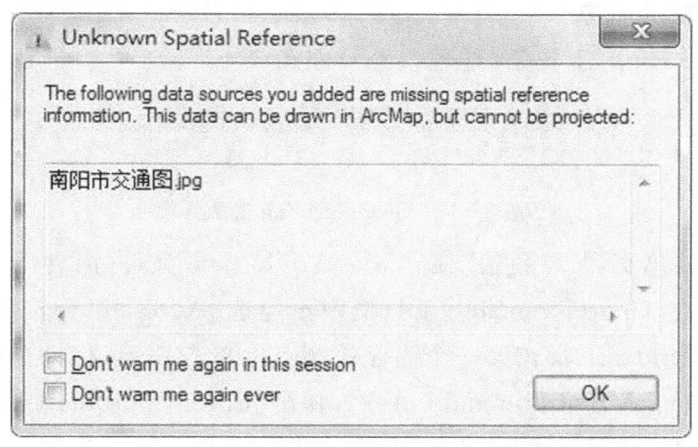

图3—9 "Unknown Spatial Reference"警告窗口

此时在地图窗口看不到加载的图像。在"内容列表"窗口内"南阳市交通图.jpg"名称上右键单击,弹出菜单上单击[Zoom To Layer],地图窗口移到图像区域。

在图像上移动鼠标,观察状态栏内X、Y坐标数值的变化。

在"内容列表"窗口内"Layers"数据框名称上右键单击,弹出菜单上单击[Properties](或左键双击),打开数据框属性页,单击"General"标签页,如图3—10所示。

图3—10 General标签页

在［display］下拉框中选择［Decimal Degrees］，单击［确定］。

在图像上移动鼠标，观察状态栏内 X、Y 坐标数值的变化。可以发现，图像明显不在正确的地理位置。

3.2 增加控制点并校准图像

(1) 打开［Georeferencing］工具条（地理参考），如图 3－11。

图 3－11 Georeferencing 工具条

(2) 打开"…GIS 实习\实习 3 专题图制作\data\tic1.xlsx"文件（内含 4 个控制点坐标数据）。

(3) 增加控制点。在［Georeferencing］下拉框中不勾选［Auto adjust］，把图像放大到第一个控制点，用［Add Control Points］工具在第一个图像控制点上单击左键，移动鼠标后再单击右键，在弹出右键菜单上单击［Input DMS of Lon and Lat…］，弹出［Enter Coordinates DMS］对话框（如图 3－12），输入该点经纬度数据（确保无误后，点击［OK］）。

依次增加第 2、3、4 个控制点。然后单击［Georeferecning］下拉菜单的［Auto Adjuest］，图像即进行校正。点击［Georeferecning］工具条上的［View Link Table］打开"Link"窗口，查看残差（图 3－13）。

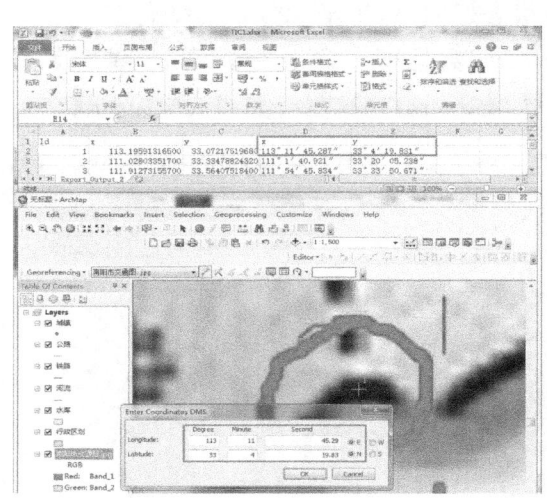

图 3－12 增加控制点

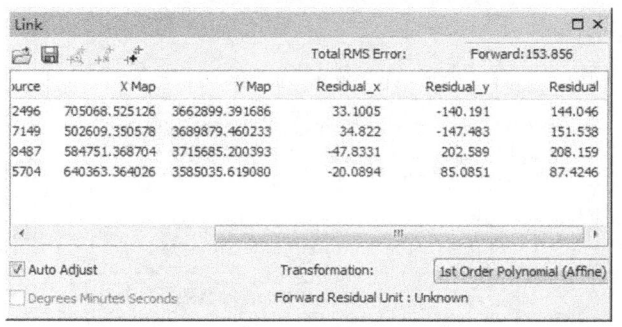

图 3－13 link 表

（4）单击[Georeferecning]下拉菜单的[Updata Georeferecning]，更新地理参考。点击[Georeferencing]下[Rectify…]，选择输出配准的文件的路径及文件格式保存。

（5）在 ArcMap 增加配准过的图像文件，此时可以删除原图形文件。

4. "城镇"图层要素（点要素）的编辑

加载[Editor]工具条→[Editor]下拉框→[Start Editing]开启编辑模式，如图 3－14。

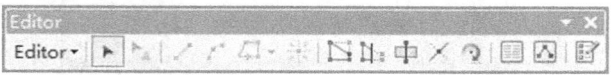

图 3－14　Editor 工具条

点击[Editor]工具条右侧的[Create Features]按钮，在窗口右侧展开"Create Features"窗口，如图 3－15。

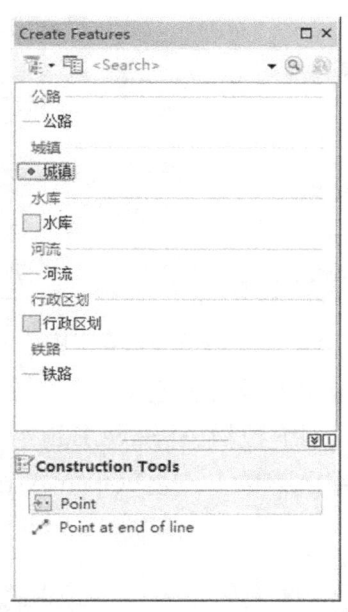

图 3－15　Create Features 窗口

4.1 输入点

（1）在地图窗口中放大图像至合适程度；

（2）在"Create Features"窗口点击[城镇]，在下面[Construction Tools]中点击"Point"；

（3）在地图窗口中点状地物上单击，完成一个点的输入；

（4）重复第三步，输入多个点。键盘的上下左右箭头可以移动图像。

4.2 删除点

使用[Tools]工具条上的[Select Features]工具选中要删除的点，键盘上[Delete]键删除。

4.3 移动点

先选中要移动的点，左键拖动。

4.4 点要素属性数据的输入与编辑

（1）点击[Editor]工具条右侧的[Attributes]按钮，打开"Attributes"窗口。

（2）在地图窗口选中一个点状要素，这时在"Attributes"窗口显示该要素的属性信息。在"名称"右侧文本框输入该地物的名称，在"等级"右侧文本框输入该地物的等级，如图3－16。

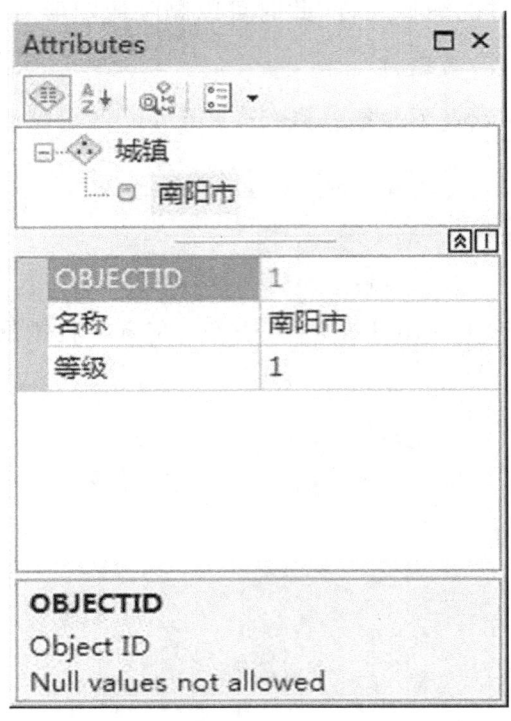

图3－16　录入属性信息窗口

（3）重复上一步，录入所有点状地物的属性信息。

（4）点击[Editor]工具条→[Editor]下拉框→[Save Edits]，保存编辑。

（5）在图层"城镇"上右键单击，弹出菜单上点击[Open Attribute Table]，打开"城镇"图层的属性表（如图3－17），查看属性信息。

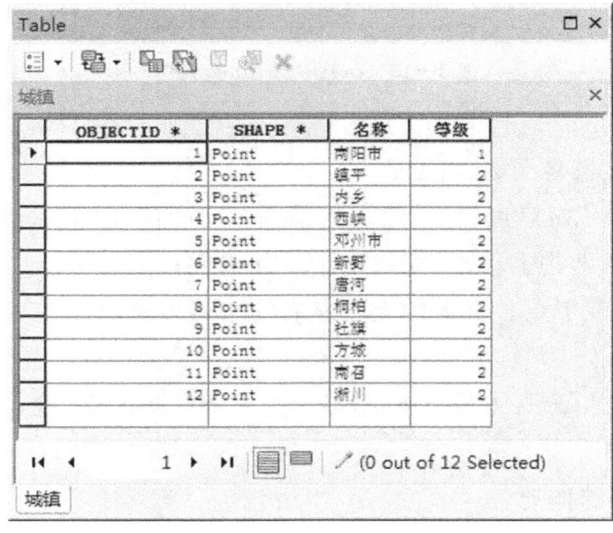

图3－17　"城镇"图层属性表

4.5 设置铁路符号

(1) 在 Content 窗口中"城镇"图层名称上双击左键(或右键单击,在弹出的右键菜单上点击"Properties…"),打开图层属性对话框;

(2) 在 Layer properties 窗口中,选择 symbology 标签页(步骤类似图 2—10);

(3) 在左侧"show"窗口内点击"Categories"→Unique Values;

(4) 在"value filed"列表框中选择要表达的字段(如"等级");

(5) 点击"Add all values"按钮,加入该字段所有类型的数据;

(6) 如对默认的符号不满意,可以分别双击该符号,打开"符号选择对话框"进行更改;

(7) 观察"Label"、"Count"两列数据;

(8) 点击确定,查看结果。

5. "铁路"图层(线要素)输入与编辑

5.1 输入铁路线

(1) 在地图窗口中放大图像至合适程度;

(2) 在"Create Features 窗口"(如图 3—15)点击[铁路],在下面"Construction Tools"中点击"Line";

(3) 在地图窗口中,沿着"铁路线"单击鼠标,输入线要素(输入错误可以撤销),双击结束一条线的输入。

(4) 重复上一步,完成其余铁路要素的输入。

5.2 删除线

使用[Tools]工具条上的[Select Features]工具选中线要素,键盘上[Delete]键删除。

5.3 修改线

使用[Editor]工具条上的[Edit Tool]黑箭头工具,双击要修改的线要素,已输入的点显示为"绿色方块"。拖动方块可以移动点;右键菜单可以删除点(delete vertex);在相邻两点连线上右键单击,弹出菜单上可以插入点(insert vertex)。

5.4 "铁路"属性数据的输入与编辑

与点图层要素属性数据的输入类似(参见图 3—16)。

打开铁路图层的属性表,见图 3—18

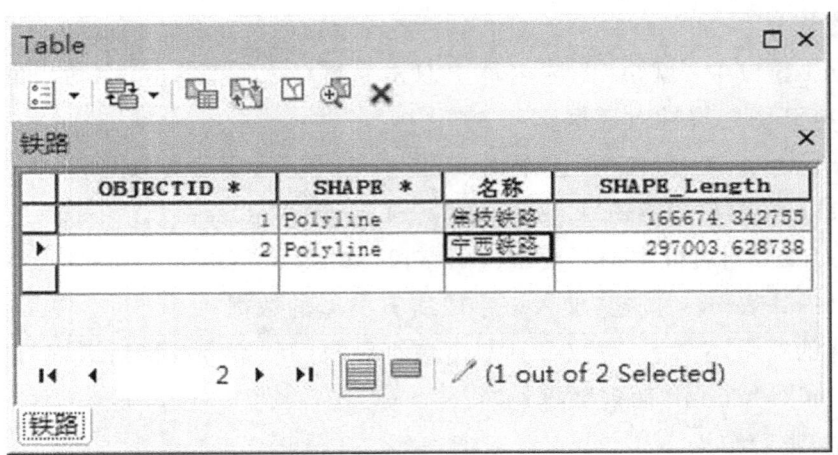

图 3-18 "铁路"图层属性表

5.5 设置铁路符号

对铁路设置单一符号。展开"铁路"图层前面的+，双击下面的符号，打开"Symbol Selector"对话框，选择符号（类似图 2-7 线状符号选择对话框）。

6．"公路""河流"图层要素输入与编辑

6.1 两者均为线状要素，与"铁路"要素编辑方法一样。注意在河流交汇、公路平面交叉（如 T 型路口）处，使用[Snapping]工具（位于[Editor]工具条下拉菜单→[Snapping]→[Snapping Toolbar]），以免出现交点处的"过头""不及"现象。

6.2 属性输入。

在"公路"属性表中分别输入公路等级（1 代表国道，2 代表省道）及名称；

在"河流"属性表中分别主要河流的名称

6.3 符号设置

（1）对"公路"按等级设置分类符号

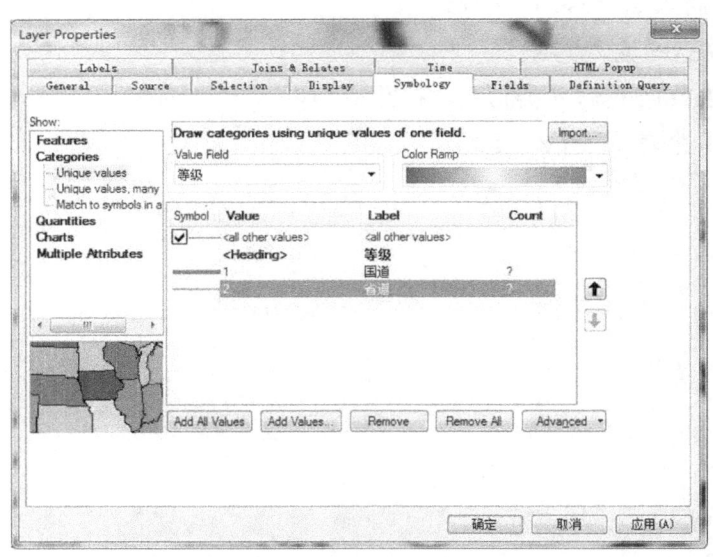

图 3-19 道路分类符号

设置不同等级公路符号,并在[label]列内分别输入"国道"、"省道",如图3-18。

(2) 对"河流"河流设置单一符号。

7. "水库"图层要素输入与编辑

7.1 输入水库(面状地物)

(1) 在地图窗口中放大图像至合适程度;

(2) 在"Create Features 窗口"(如图3-15)点击[水库],在下面"Construction Tools"中点击"Polygon";

(3) 在地图窗口中,沿着某一水库边界点击鼠标,待封闭时双击结束一个面状地物的输入。

7.2 修改面

使用[Edit Tool]黑箭头工具双击要编辑的水库,可以进行修改(方法与修改线状地物类似,也可用[Editor]工具条上的[Reshape Feature Tool]进行修改)。

7.3 删除面

首先选中要删除的面要素,键盘[Delete]删除。

7.4 重复上述步骤,完成其余水库要素的输入。

7.5 参照前述方法,完成所有水库名称的输入。

7.6 对所有水库设置单一符号。

8. "行政区划"图层输入与编辑

8.1 参照"水库"要素的编辑方法,首先输入一个行政区;

8.2 在"Create Features"窗口下面"Construction Tools"中,点击"Auto Complete Polygon",完成相邻多边形的输入(公共边界不用重复录入)。

8.3 参照前述方法,完成所有行政区名称的输入。

9. "境界线"图层的转换与编辑

境界线与行政区划边界完全重合,可以由"行政区划"转换成"境界线"(多边形转换为线)。

9.1 打开[Arc Toolbox]工具箱,[Data Management Tools]→[Features]→[Polygon To Line],双击打开[Polygon To Line]窗口,在"Input Features"选择"行政区划",点击"Output Feature Class"右侧打开按钮,浏览至"要素集"位置,输入文件名(图3-20),单击OK。系统自动并把"境界线"图层加入Arcmap中。

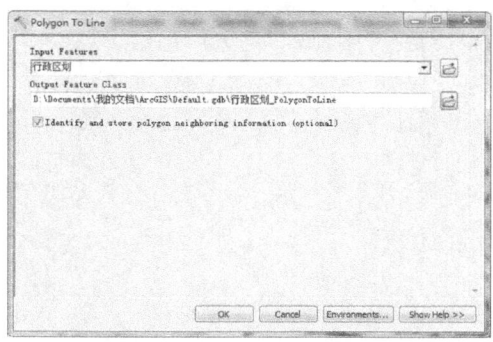

图3-20 多边形转换为线要素

9.2 剪断线

对转换过来的境界线,如果一条线等级不一致(如一部分为省界、另一部分为地市界),需要剪断处理。

9.3 为"境界线"图层添加属性字段

在 Arcmap 中添加字段,需要关闭编辑状态。注意保存已编辑的数据!

(1) 打开"境界线"图层的属性表,点开左上角[Table Option]下拉菜单;

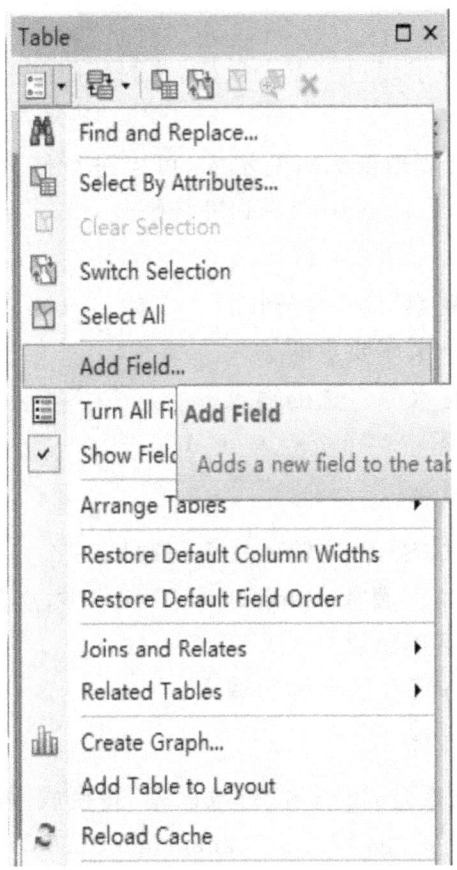

图 3-21 [Table Option]下拉菜单

(2) 点击[Add Field...],打开"Add Field"对话框,字段名输入"class",类型设置为短整型,如图 3-21。

图 3-22 增加字段

9.4 录入境界线等级

开启编辑状态，在"境界线"图层属性表中输入境界线等级（如：1 代表省界，2 代表地市界，3 代表县界）。

9.5 按境界线等级设定分类符号

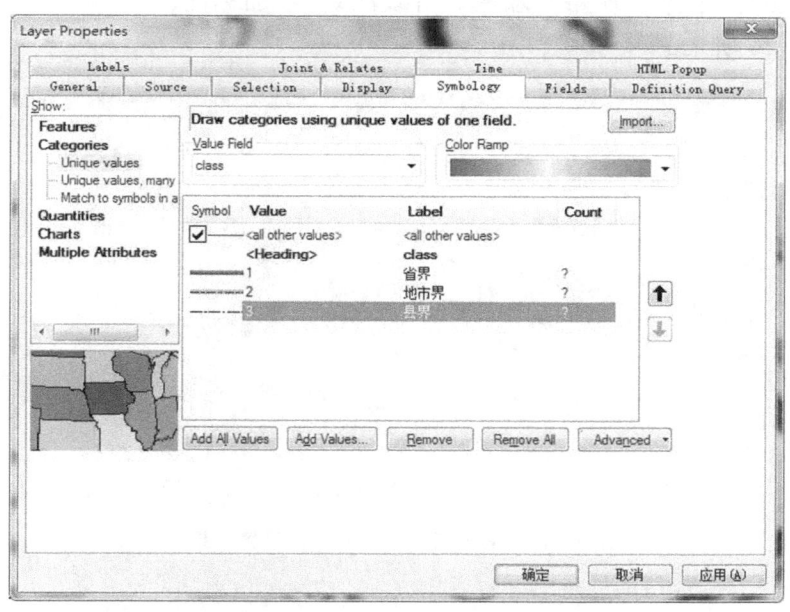

图 3-23 境界线分类符号

设置不同等级境界线符号，并在[label]列内分别输入"省界"、"地市界"、"县界"，如图 3-23。

10. 添加标注

10.1 为"城镇"图层添加标注

（1）在内容列表中双击"城镇"图层名称，打开"layer properties"，单击"Labels"标签页，如图 3-24。

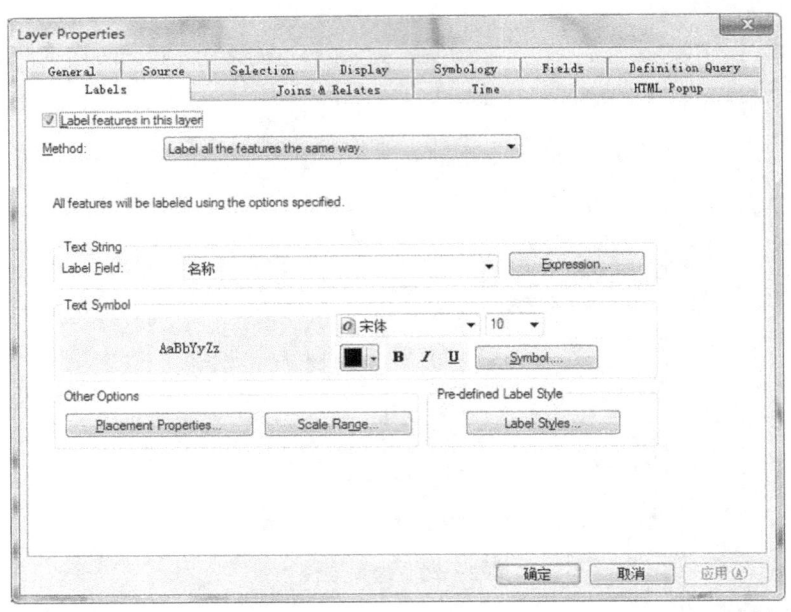

图3-24 图层标注设置

（2）勾选"label features in this layer"，在[method]中选择"label all the features the same way"，[Label Field:]下拉框选择"名称"；选择标注的字体、字号等。点击[确定]，观察效果。

10.2 用同样方法为"公路""铁路""水库""行政区划"添加标注。

完成后如图3-25所示。

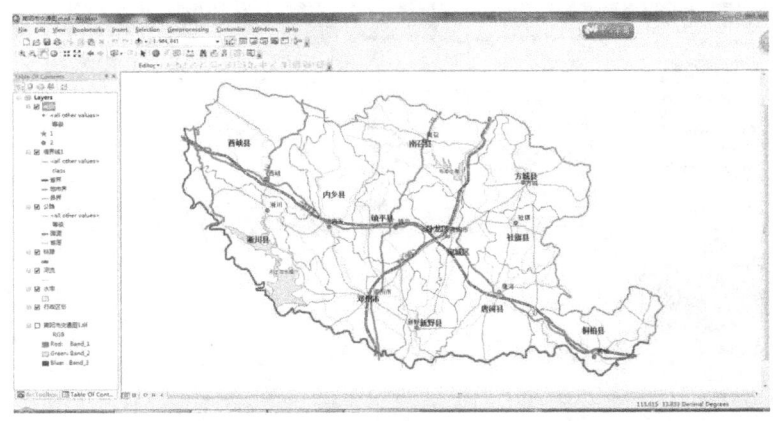

图3-25 各要素类符号及标注设置效果

11. 地图整饰

地图整饰要素：可帮助地图浏览者解释地图的任何支持对象或元素。典型的地图整饰要素包括标题、图例、指北针、比例尺、边框、源信息和其他文本，以及插图等。

切换到[Layout View]布局视图（ArcMap中的一种用于显示虚拟页面的显示）。在布局视图上，主要任务是进行打印页面设置，布置地理数据和地图元素（如标题、图例和比例尺）。

11.1 页面和打印设置

点击[菜单]→[File]→[Page and Print Setup…]，打开[页面和打印设置]对话框（图3-26）。

可以选择打印机、纸张大小、纸张横向或纵向设置等(此例选择纸张横向)。

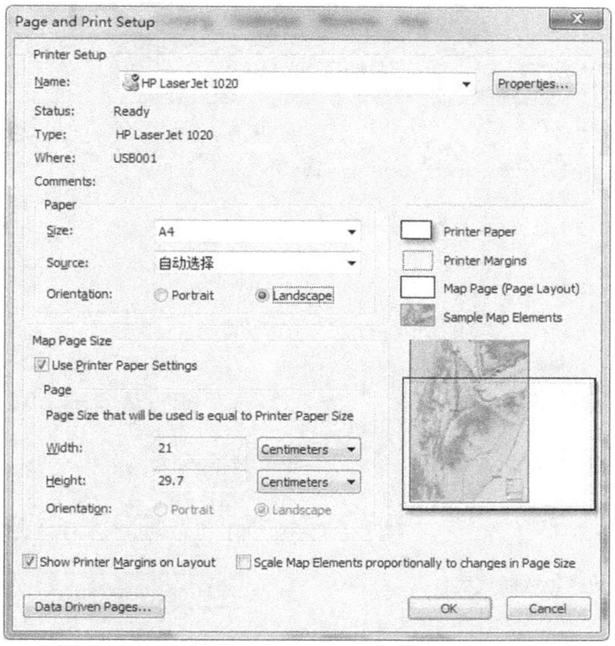

图 3—26　页面和打印设置

11.2 数据框的调整

使用[Select Elements]工具选中数据框,调整数据框大小和位置,与纸张大小相匹配。

11.3 调整地图数据显示位置和比例尺

首先使用[Tools]工具条上的放大、缩小、移动等工具调整地图数据显示位置,以适合页面大小;其次,观察[Standard]工具条上的地图比例尺分母,尽可能使其为常用比例尺大小(可直接输入比例尺分母)。观察页面数据布局状况。调整好后如图 3—27 所示(1:1,000,000)。

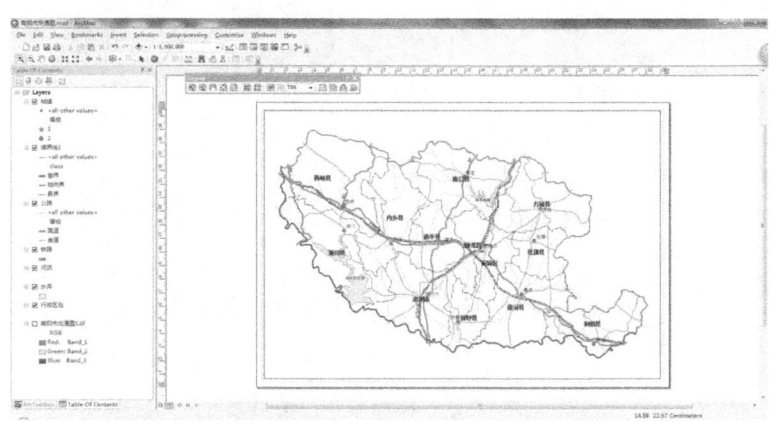

图 3—27　比例尺的调整效果

11.4 插入地图标题

点击[菜单]→[Insert]→[Title],打开[Insert Title]对话框,输入地图标题(如:南阳市交通图),点击确定后,在地图页面上出现"地图标题"文本框,双击该文本框,打开地图标题属性对话框

(如图 3-28 所示),点击[Change Symbol…],打开符号选择对话框,对字体、字号、颜色进行调整。

图 3-28 地图标题属性对话框

11.5 插入地图边框

点击[菜单]→[Insert]→[Neatline…],打开[Neatline]对话框(如图 3-29 所示),选择放置位置、边框类型、背景色、边框阴影等。点击确定,观察效果。

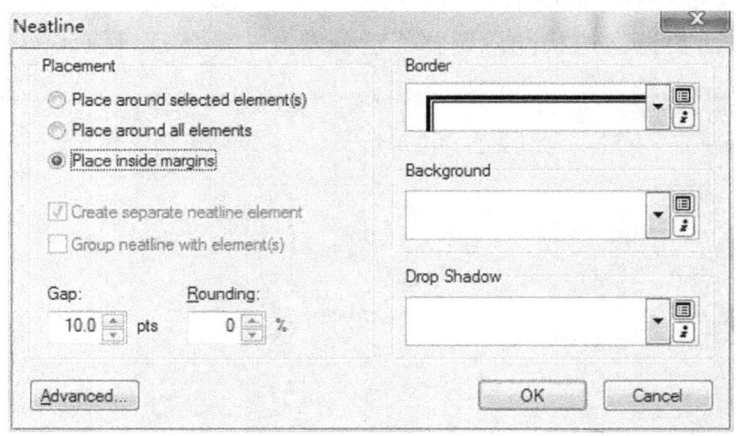

图 3-29 地图边框对话框

11.6 插入图例

(1) 点击[菜单]→[Insert]→[Legend…],打开[Legend Wizard]对话框,挑选需要标识图例的图层(如图 3-30 所示),可以更改图例排列顺序、设置图例占据列数,点击下一步。

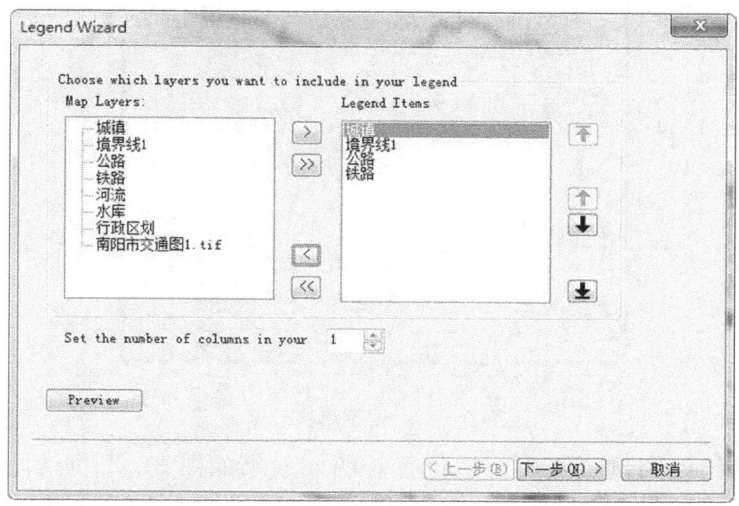

图 3-30　图例向导

（2）设置图例标题文本内容、颜色、大小、字体等属性（如图 3-31）。

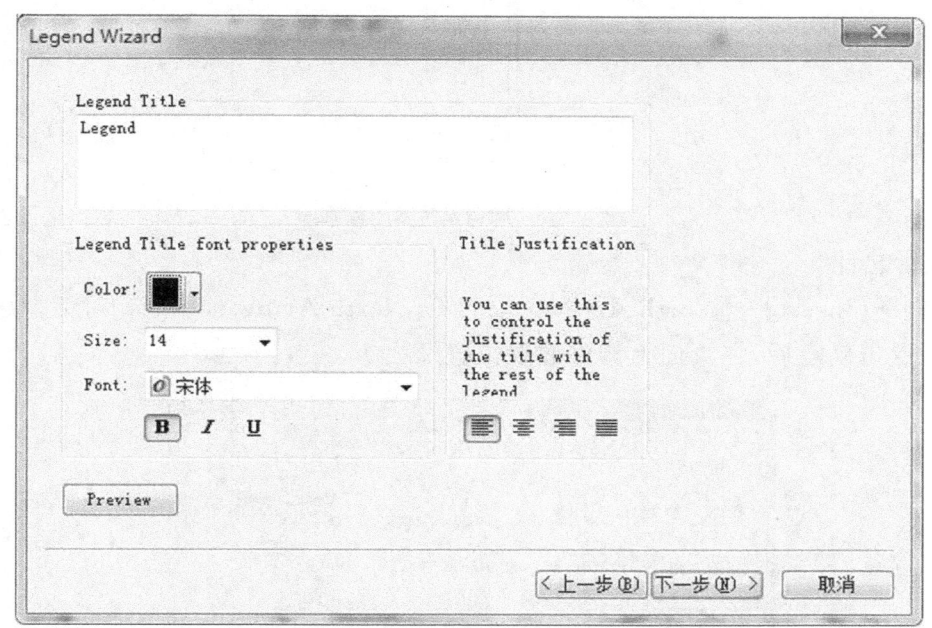

图 3-31　图例文本属性设置

（3）依次点击下一步，分别设置图例边框属性、调整图例贴片的大小和形状、图例之间的间隔等，最后点击完成按钮。

（4）设置图例属性

使用[Select Elements]工具选中图例框，右键单击，点击[Properties]，打开图例属性对话框，按照图 3-32 所示，依次对每项图例进行设置（每项图例仅显示图层名称、标注）。

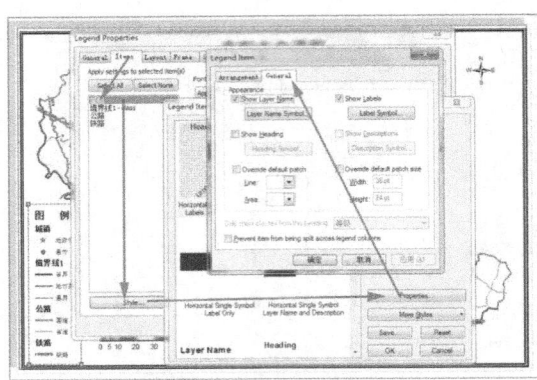

图 3—32 图例属性设置

全部设置完成后,拖放图例至页面合适位置。图例效果如图 3—33 所示。

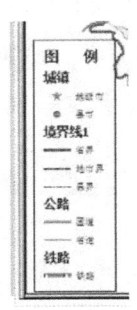

图 3—33 图例设置效果设置

11.7 插入指北针

点击[菜单]→[Insert]→[North Arrow…],打开[North Arrow selector]对话框(图 3—34),选择指北针类型,点击确定后,在页面上调整放置位置及大小。

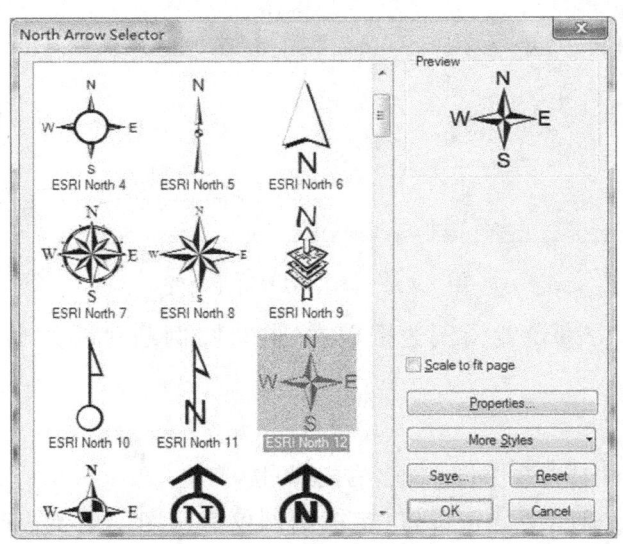

图 3—34 选择指北针

11.8 插入比例尺

(1)点击[菜单]→[Insert]→[Scale Bar…],打开[Scale Bar selector]对话框(图 3—35),选择

一种比例尺,点击确定。在页面上移动比例尺符号至适当位置。

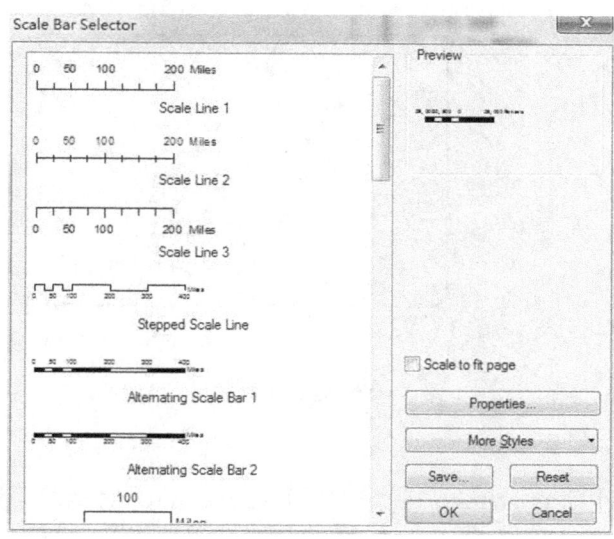

图 3-35 选择比例尺

(2) 设置比例尺属性

在页面比例尺上右键单击,点击[Properties],打开比例尺属性对话框(如图 3-36)。

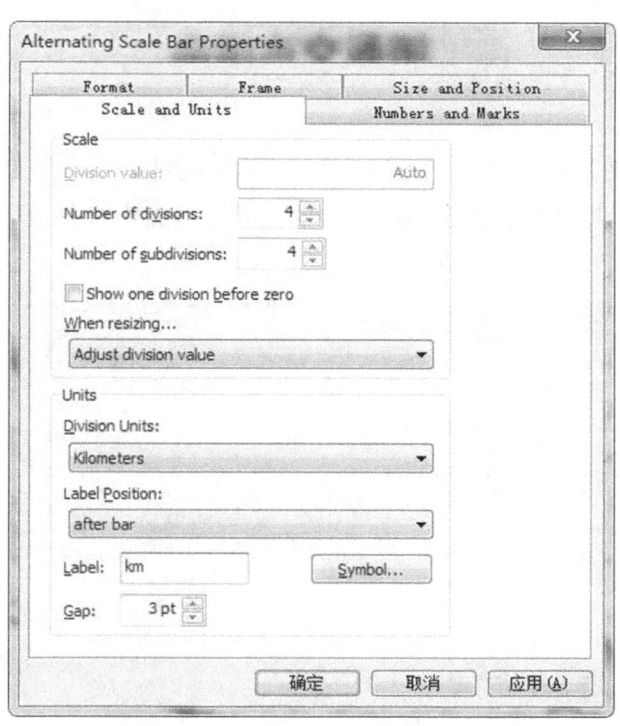

图 3-36 比例尺属性设置

在[Scale and Units]页面中,设置分隔单位为"Kilometers",标注栏设置为"km"。点击确定,观察效果。

所有地图元素添加完成后效果如图 3-37 所示。

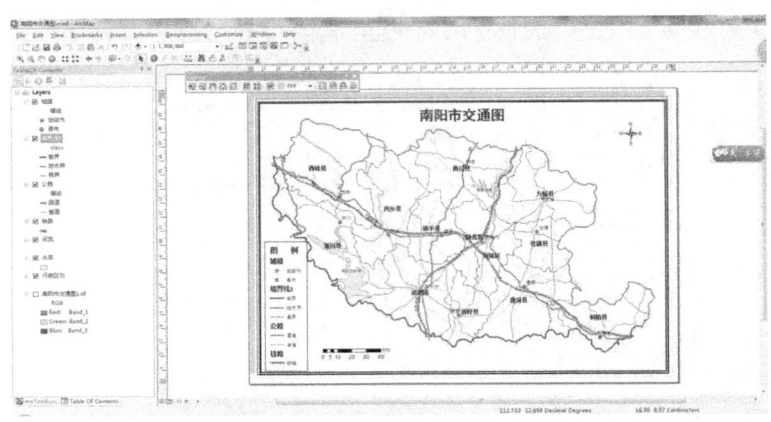

图 3-37 地图整饰效果

12. 地图输出

点击[菜单]→[File]→[Export map…],打开[Export map]对话框,设置保存位置、文件名称、图片格式、图片分辨率等。

13. 南阳市各县产业结构比例图制作

13.1 添加储存字段

(1)在"行政区划图层"分别增加三个字段,名称分别为第一产业、第二产业、第三产业,字段类型统一设置为单精度型。

(2)录入三产数据(见行政区划属性表)。

13.2 设置饼状图

(1)打开[行政区划]图层属性表,在[Symbology]标签页[show]栏目内[Charts]中,点击饼状图(Pie),添加三产字段,并设置配色方案(如图 3-38 所示),点击[Size…]按钮,修改符号大小至适当数据,点击确定。

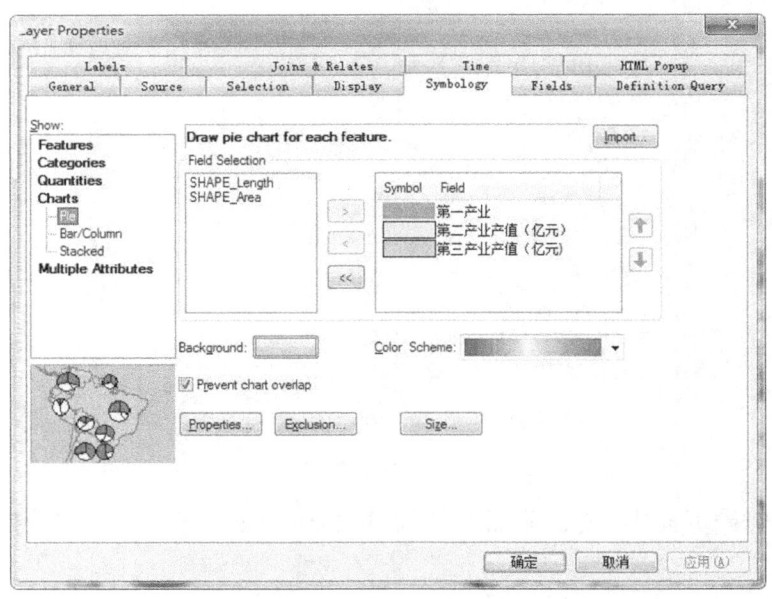

图 3-38 饼状图制作

(2) 修改地图名称

(3) 修改图例符号（增加行政区划图层符号项）

整体效果见图 3－39

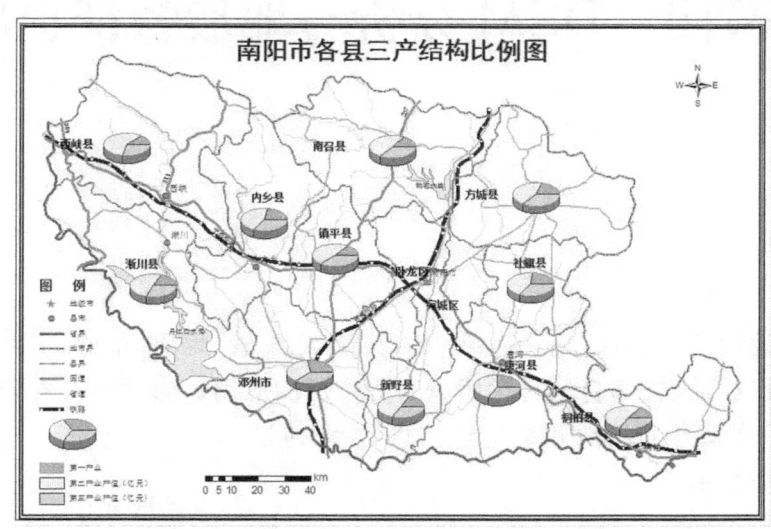

图 3－39　南阳市各县产业结构比例图

四、实验总结

本实验完成后,要学会在 ArcCatalog 中建立数据库(重点是要素集的构建及坐标系的选择、要素类及属性字段的设计等),在 ArcMap 模块中重点理解并学会图像配准、空间数据(点、线、面地物)与属性数据的录入与编辑、地物分类符号化设置、地图整饰(重点是图例的设计)等操作,从而掌握空间数据编辑与专题地图制作方法。读者也可以添加新增地物数据(如:高速公路、高铁线路等)以更新地图数据。最后可尝试更改饼状图为柱状图、堆叠柱形图,加深对多种专题图的理解。

实验四 DEM 分析与地形特征提取

一、实验目的

DEM 描述的是地面高程信息,它在测绘、水文、气象、地貌、地质、土壤、工程建设、通讯、军事等国民经济和国防建设以及人文和自然科学领域有着广泛的应用。通过本次实验,使读者掌握 DEM 的生成方法,学会从 DEM 中提出常用的地形信息,主要包括:

1. TIN 的生成与显示。
2. 格网 DEM 数据生成。
3. 提取等高线。
4. 山地阴影显示。
5. 可视性分析。
6. 地形剖面线绘制。
7. 坡度图、坡向图、坡度变率、坡向变率、地形起伏度、地面粗糙度、高程变异等信息的提取。

二、实验说明

1. 该实验类型为综合性实验,需 2 学时。
2. 实验数据存放在…\GIS 实习\实习 4DEM 分析,其中 data 文件夹存放原始数据,result 文件夹存放结果数据。

三、实验过程

1. 地理处理环境设置

启动 ArcMap,点击[菜单]→[Geoprocessing]→[Environments…],打开[Environments Settings]对话框,在[Workspace]中设置[当前工作空间]和[临时工作空间](如图 4-1 所示)。

实验四　DEM分析与地形特征提取

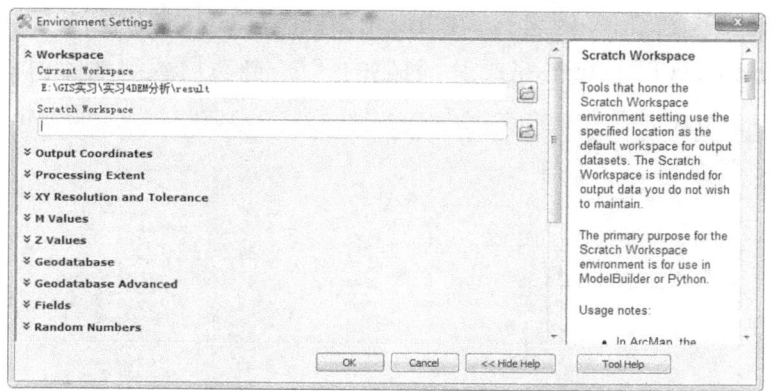

图4-1　设置当前工作空间

> 当前工作空间：运行工具时获取输入和放置输出的工作空间。
>
> 临时工作空间：支持"临时工作空间"环境设置的工具可将指定的位置用作输出数据集的默认工作空间。"临时工作空间"专门用于存放不愿保留的输出数据。"临时工作空间"环境的主要用途是供"模型构建器"使用。

2. TIN的生成与显示设置

2.1 加载data文件夹中的spot.shp文件（高程点数据），如图4-2。打开该图层的属性表，观察字段数据，其中[HEIGHT]字段储存的是每个平面点（共150个点）的高程数据。将使用该字段生成TIN模型。

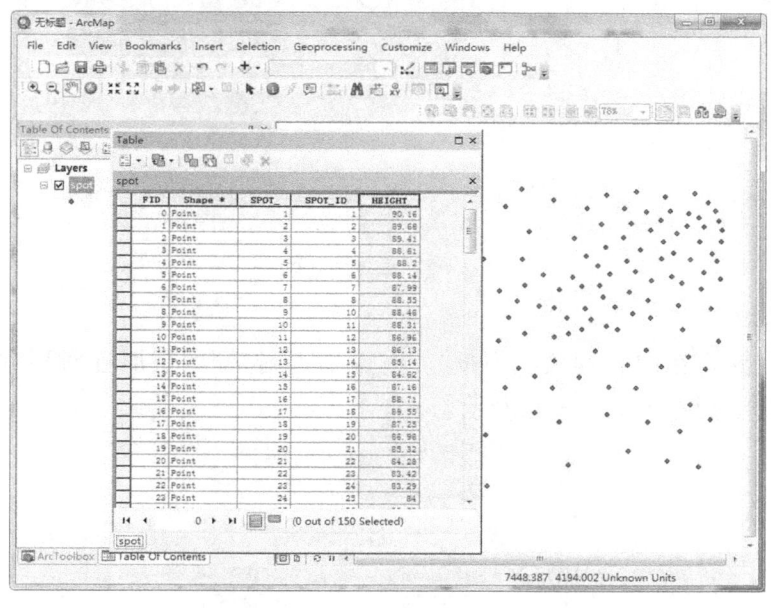

图4-2　加载高程点数据

2.2 TIN的生成

启动[ArcToolbox]模块，点击[3D Analyst Tools]→[Data Management]→[TIN]→[Create TIN]，打开创建TIN工具（如图4-3所示）。点击[Output TIN]文本框右侧[打开文件]图标，定

位至目标文件夹,并输入生成 TIN 的名称;在[Input Feature Class]下拉箭头中选择"spot"文件;确认生成高程字段为"HEIGHT"。点击完成后,创建的 TIN 自动加载到地图窗口(如图 4-4 所示)。

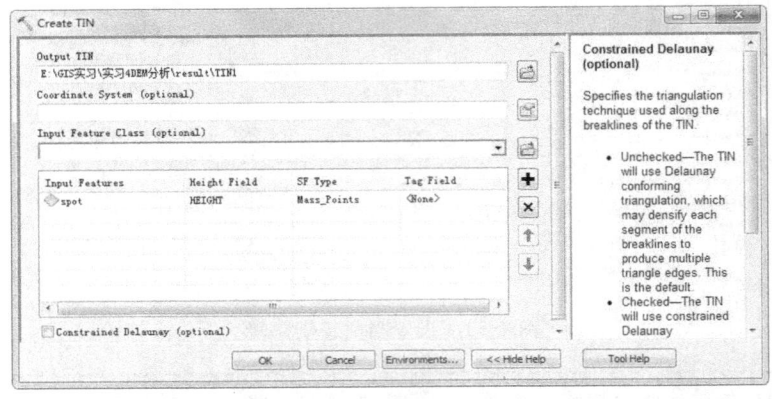

图 4-3　创建 TIN 对话框

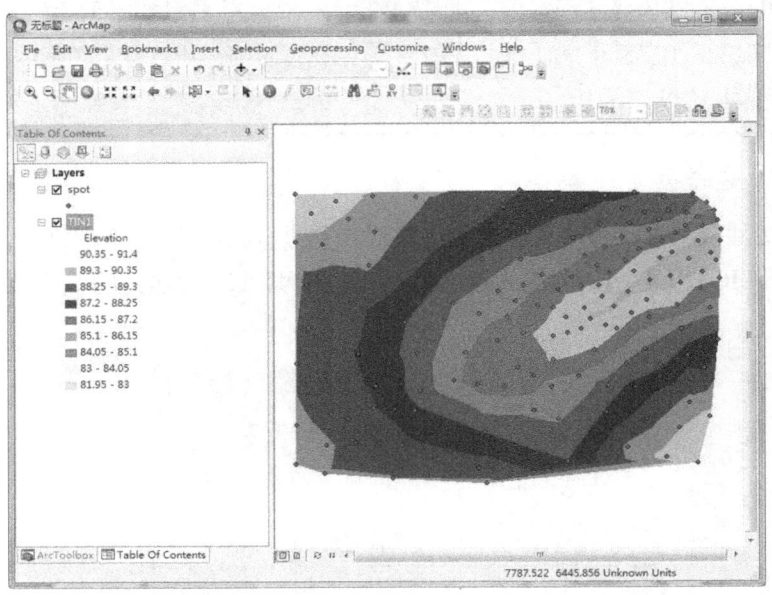

图 4-4　生成的 TIN

2.3 TIN 的显示设置

(1)显示 TIN 边界。在内容列表[TIN1]上右键单击,打开图层属性对话框,按照图 4-5 所示添加 TIN 的边界符号。结果如图 4-6 所示。

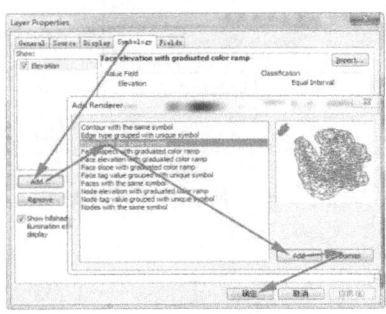

图 4-5　TIN 的显示设置

实验四 DEM分析与地形特征提取

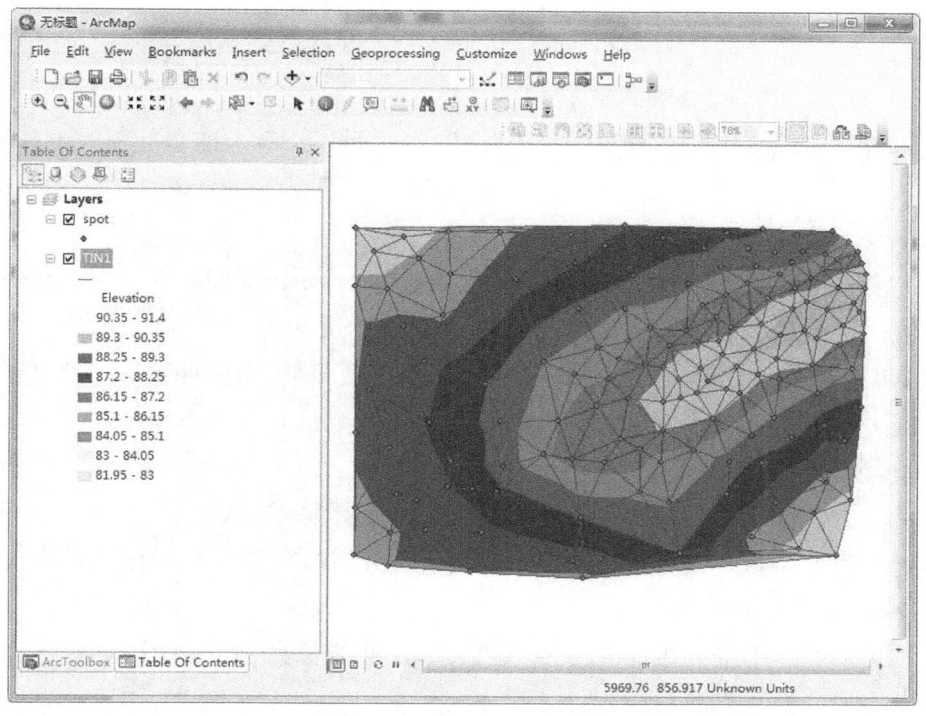

图4—6 显示TIN的边界

（2）用坡度渲染TIN。在图4—5[Add Renderer]对话框中使用"Face slope with graduated color ramp"，观察效果。

（3）用坡向渲染TIN。在图4—5[Add Renderer]对话框中使用"Face aspect with graduated color ramp"，观察效果。

2.4 TIN转换为GRD数据

启动[ArcToolbox]模块，点击[3D Analyst Tools]→[Conversion]→[From TIN]→[TIN to Raster]，打开转换工具。

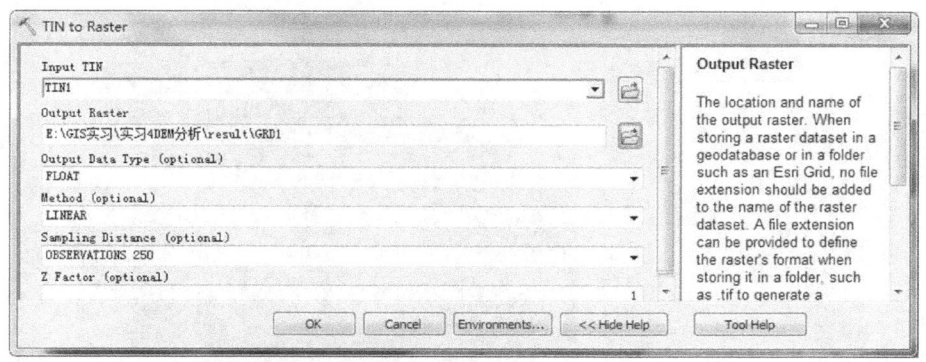

图4—7 TIN转换为GRD数据

· 61 ·

参数说明：

Input TIN：点击下拉箭头，输入要转换的 TIN 文件。

Output Raster：点击右侧"打开文件夹图标"，观察路径、输入准备生成 GRD 数据的文件名。

Output Data Type(optional)：

FLOAT—输出栅格将使用 32 位浮点型，支持介于 $-3.402823466e+38$ 到 $3.402823466e+38$ 之间的值。这是默认设置；

INT—输出栅格将使用合适的整型位深度。该选项可将 z 值四舍五入为最接近的整数值，并将该整数写入每个栅格像元值。

Method(optional)：

LINEAR—通过向 TIN 三角形应用线性插值法来计算像元值。这是默认设置。

NATURAL_NEIGHBORS—通过使用 TIN 三角形的自然邻域插值法计算像元值。

Sample Distance(optional)：

OBSERVATIONS—定义可分割输出栅格最长边的像元数。默认情况下，此方法与值 250 配合使用。

CELLSIZE—定义输出栅格的像元大小。

Zfactor(optional)：Z 值将乘上的系数。此值通常用于转换 Z 线性单位来匹配 XY 线性单位。默认值为 1，此时高程值保持不变。

转换结果如图 4—8 所示。放大图像，观察栅格数据格式。

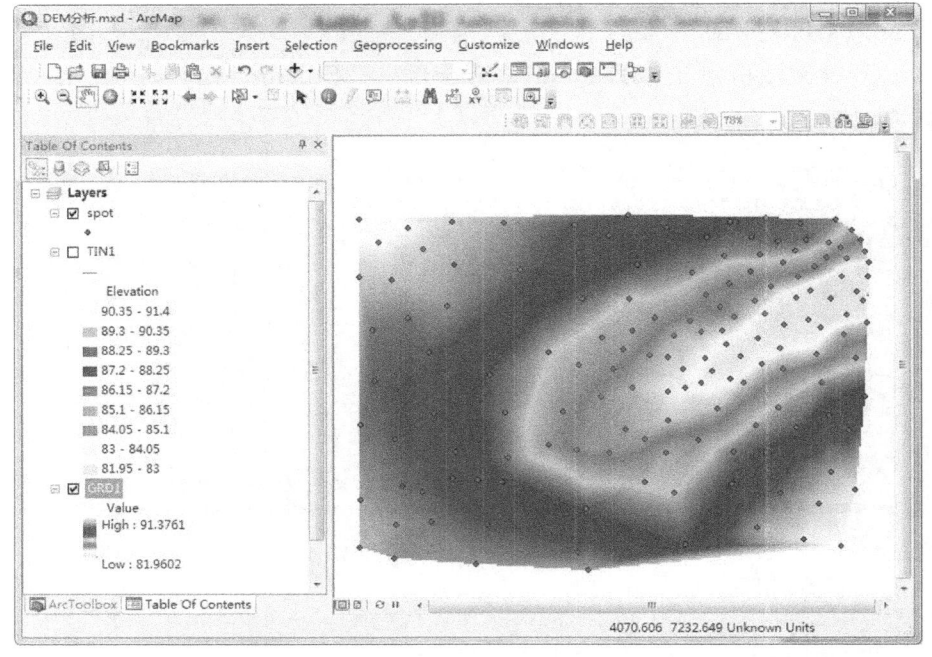

图 4—8 转换后的 GRD 数据

3. 提取地形等高线

3.1 加载 DEM 数据

新建地图文档,加载"data"文件夹中的"elevation"文件(如图 4—9),观察数据该区域高程变化范围(438—4361m)。

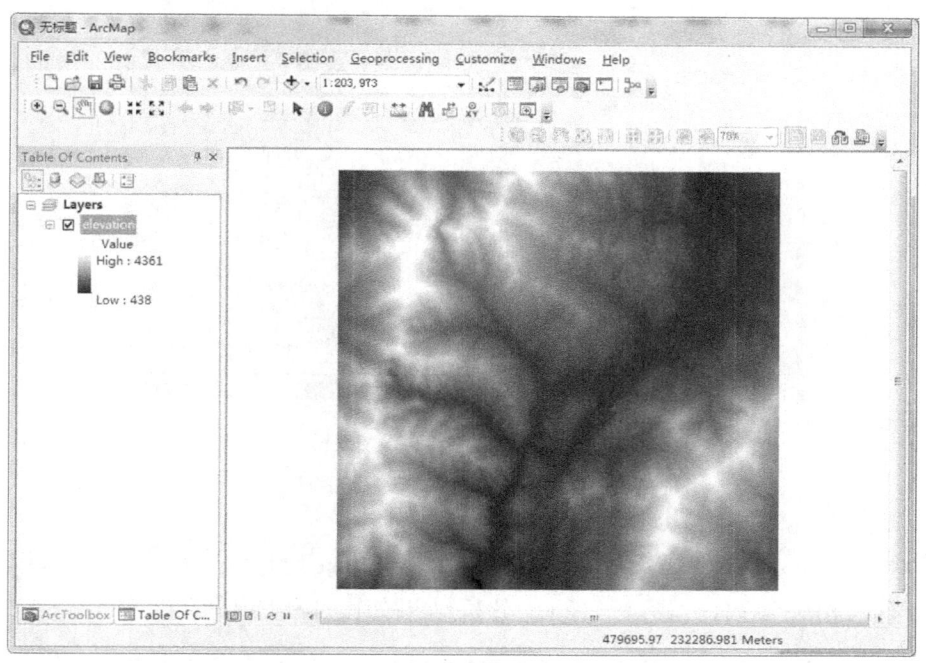

图 4—9 "elevation"文件

3.2 定位至[ArcToolbox]模块,点击[Spatial Analyst Tools]→[Surface]→[Contour],打开创建等高线工具(如图 4—10)。

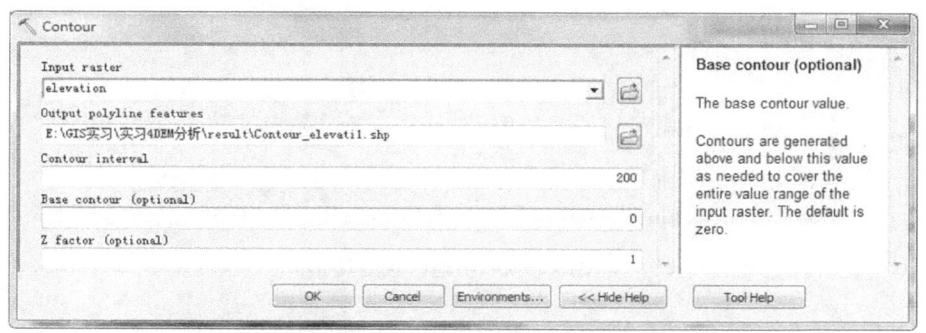

图 4—10 等高线工具

参数说明:

Input raster:输入栅格。

Output polyline feature:输出线要素的径路及名称。

Contour interval:等值线间的间距。

Base contour:定义要加上或减去等值线间距以描绘等值线的起始 z 值。默认值为 0。

3.3 转换后自动加入内容列表,右键打开该图层的属性表,查看[CONTOUR]字段(结果如图4—11所示)。

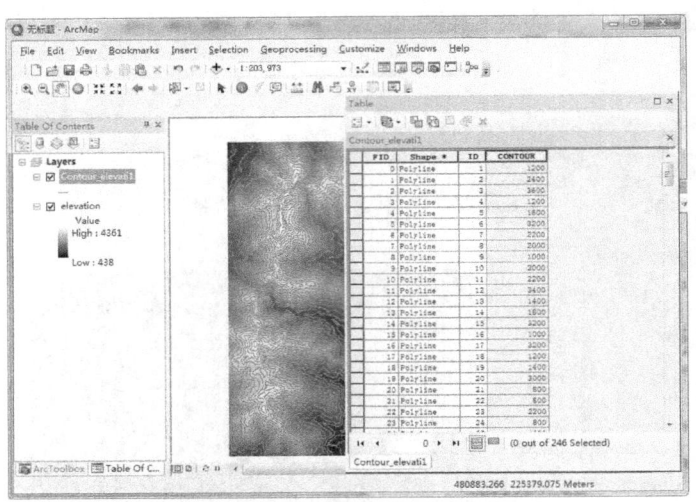

图4—11 提取的等高线数据

4. 山地阴影显示

定位至[ArcToolbox]模块,点击[Spatial Analyst Tools]→[Surface]→[Hillshade],打开创建山地阴影工具,输入相关参数(如图4—12)。分析结果如图4—13所示。

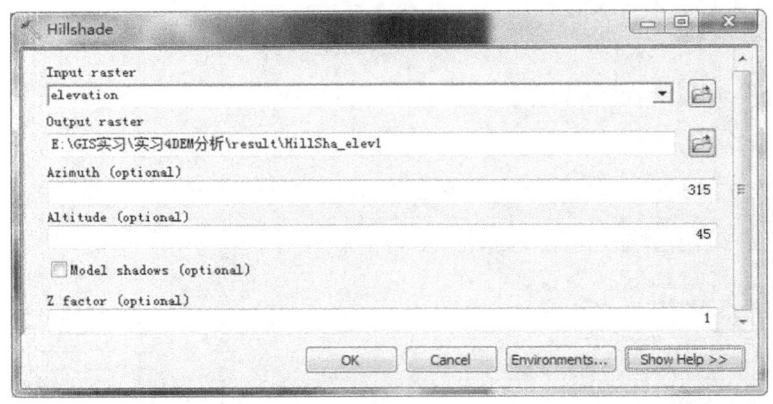

图4—12 山地阴影工具

> 参数说明:
> Input raster:输入栅格。
> Output raster:输出栅格的径路及名称。
> Azimuth(optional):太阳方位角。
> Altitude(optional):太阳高度角。
> Model shadows(optional):要生成的阴影浮雕的类型。未选中 — 输出栅格仅考虑局部照明角度,不考虑阴影的影响。选中 — 输出阴影栅格同时考虑局部照明角度和阴影。

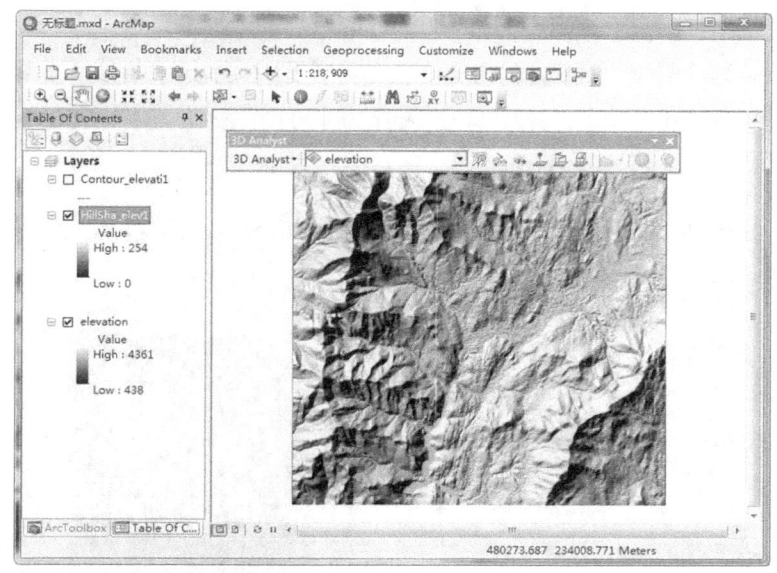

图 4-13 山地阴影图

5. 两点间通视分析

在[3D Analyst]工具条中,点击[Create Line of Sight]按钮,出现"Line of Sight"对话框,输入"观察点偏离高度"和"目标点偏离高度";鼠标指针表为十字光标,在地形表面从观察点至目标点画出一条直线,系统绘制出一条红绿相间的一条直线,绿色表示连线上的可见部分,红色表示连线上的不可见部分(如图 4-14 所示)。观察点与目标点之间是否可见,注意观察 ArcMap 窗口左下方状态栏中的文字显示(Target is visible,或 Target is not visible)。

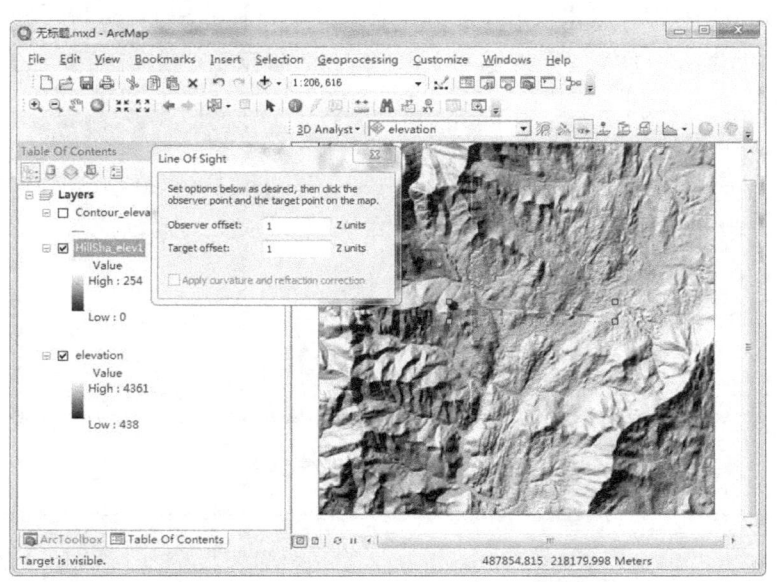

图 4-14 两点间通视分析

6. 地形剖面线绘制

地形剖面线:在地表从一个点出发到另一个点沿途的地形变化情况。通常横坐标表示距离,纵坐标表示地形高度。

在[3D Analyst]工具中选择"插入线"按钮,在DEM图中画出一条线(可以是一条直线,也可以是一条折线),之后在[3D Analyst]工具中点击选择"剖面图"按钮,便生成了上述所画线段的剖面图(如图4-15所示)。

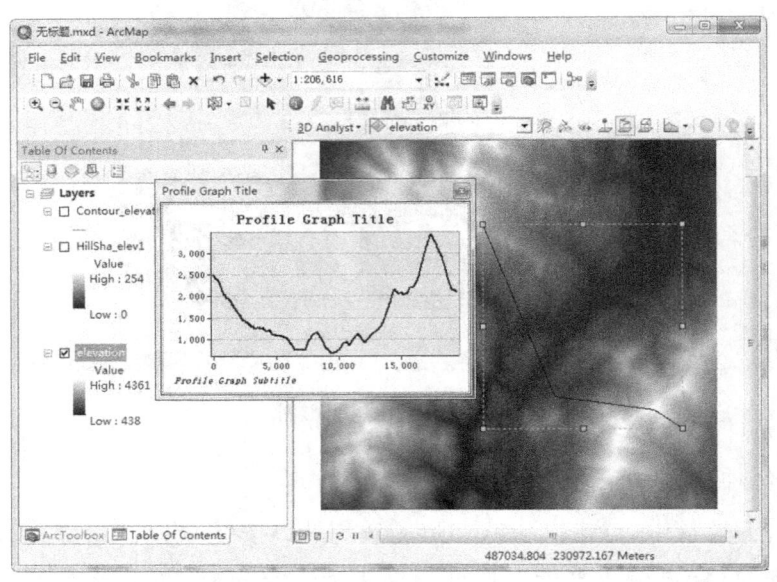

图4-15　地形剖面线

7. 坡度图生成与坡度分级

7.1 生成坡度图

定位至[ArcToolbox]模块,点击[Spatial Analyst Tools]→[Surface]→[Slope],打开创建坡度工具,输入相关参数(如图4-16)。分析结果如图4-17所示。

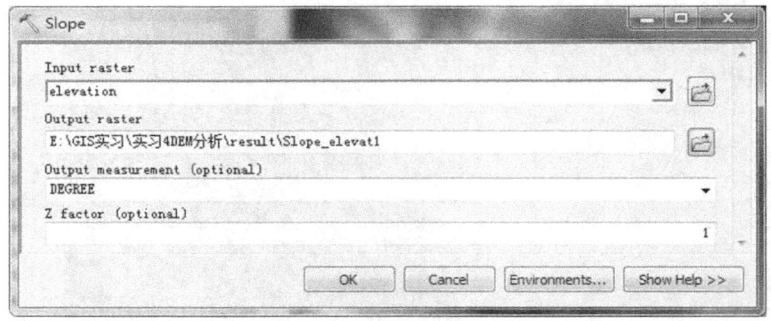

图4-16　创建坡度图工具

参数说明：

Input raster：输入高程栅格数据。

Output raster：输出栅格的径路及名称。

Output measurement(optional)：输出测量单位(度或百分比)。

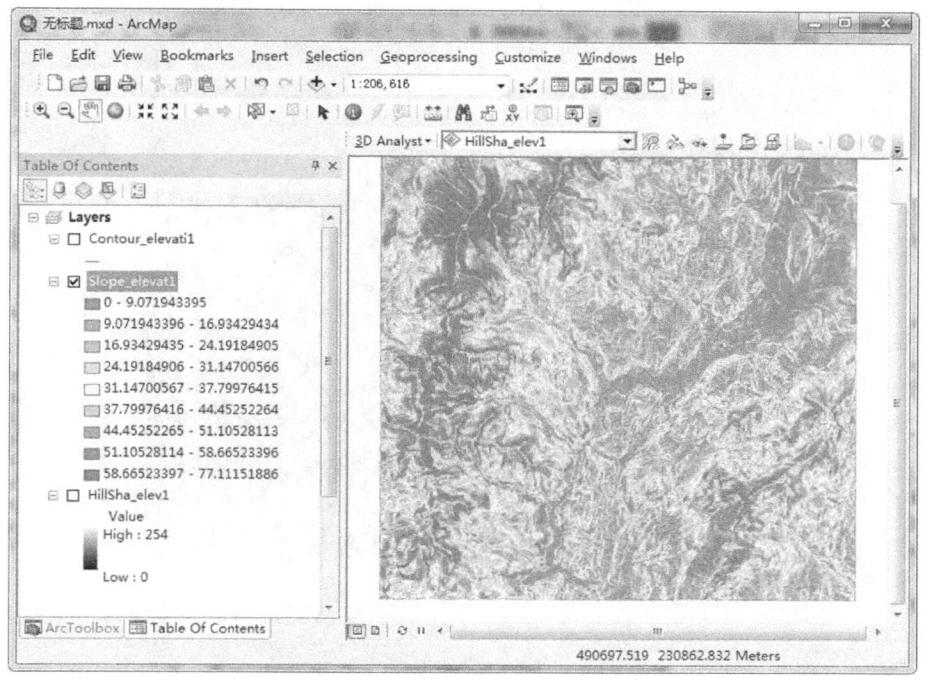

图 4-17 生成的坡度图

7.2 坡度分级图

定位至[ArcToolbox]模块,点击[Spatial Analyst Tools]→[Reclass]→[Reclassify],打开创重分类工具,输入相关参数(如图 4-18)。

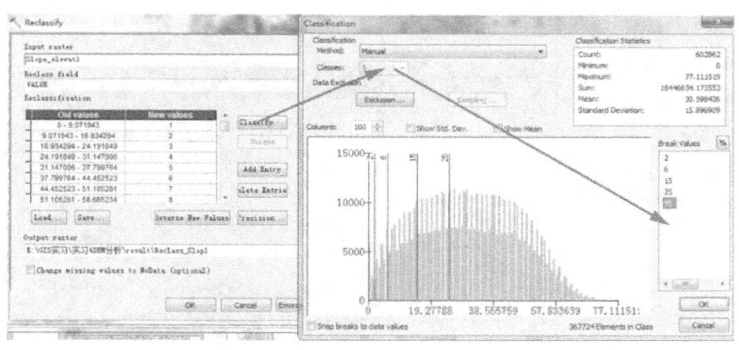

图 4-18 重分类工具

> 参数说明:
>
> Input raster:输入坡度图。
>
> Reclass field:重分类字段(使用默认值 VALUE)。
>
> 点击[Classify…]按钮,进入"Classification"对话框,定义分类数(Classes),定义分类断点值(Break Values,此处分为五类,0~2;2~6;6~15;15~25;25~90)。点击[OK]返回"Reclassify"对话框,观察"Reclassification"栏目表内的分类方案。
>
> Output raster:输出栅格路径及名称。

生成坡度分级图后,打开该图层属性对话框,设置符号配色方案,结果如图4-19所示。

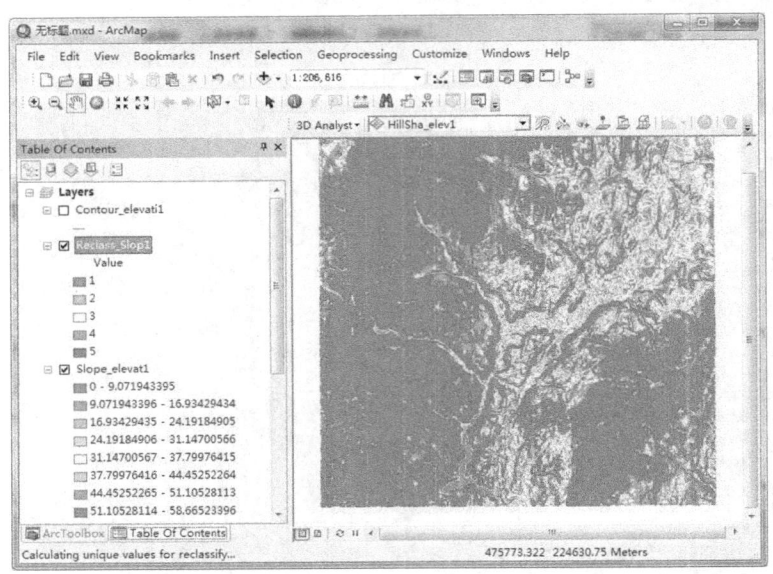

图4-19 生成的坡度分级图

注意观察"坡度图"与"坡度分级图的差异"。

8. 坡向图与坡向重分类

8.1 生成坡向图

定位至[ArcToolbox]模块,点击[Spatial Analyst Tools]→[Surface]→[Aspect],打开创建坡向工具,输入相关参数(如图4-20)。

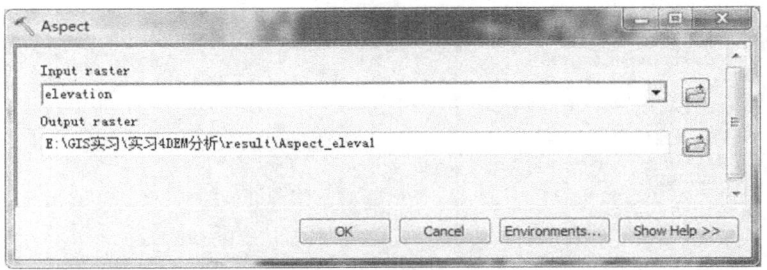

图4-20 创建坡向图工具

参数说明:

Input raster:输入高程栅格数据。

Output raster:输出栅格的径路及名称。

分析结果如图4-21所示。

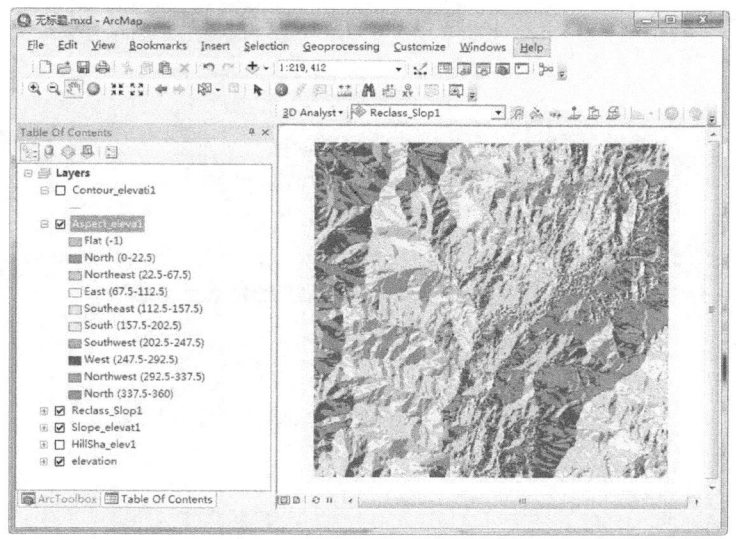

图 4-21 生成的坡向图

8.2 坡向分类图

此处准备生成阴坡、阳坡图。

（1）定位至[ArcToolbox]模块,点击[Spatial Analyst Tools]→[Reclass]→[Reclassify],打开创重分类工具,输入相关参数(基本步骤参照图 4-18)。

> 参数说明：
> Input raster：输入坡向图。
> Reclass field：重分类字段（使用默认值 VALUE）。
> 点击[Classify…]按钮,进入"Classification"对话框,定义分类数(Classes),定义分类断点值(Break Values,此处分为三类:0~90;90~180;180~360)。点击[OK]返回"Reclassify"对话框,观察"Reclassification"栏目表内的分类方案(阳坡赋值1,阴坡赋值0,如图 4-22 所示)。
> Output raster：输出栅格路径及名称。

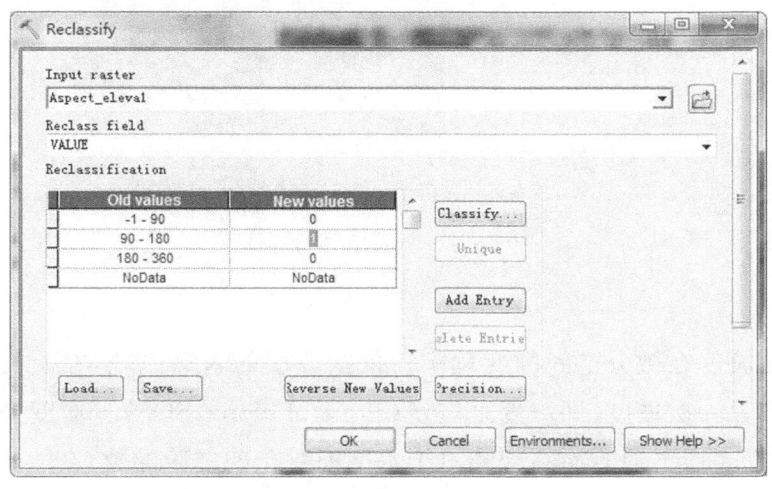

图 4-22 坡向分类方案

（2）生成坡向分类图后，打开该图层属性对话框，设置符号配色方案和标注（如图4－23所示）。

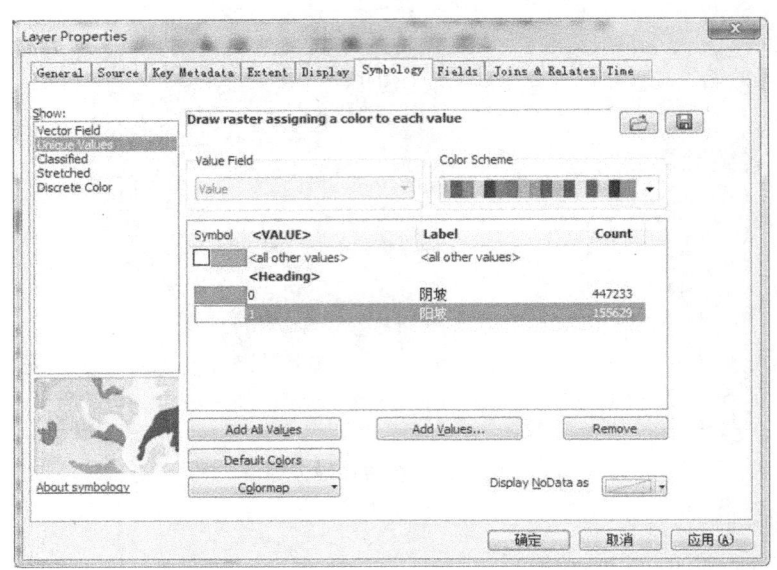

图4－23　坡向符号及标注设置

坡向分类结果如图4－24所示。

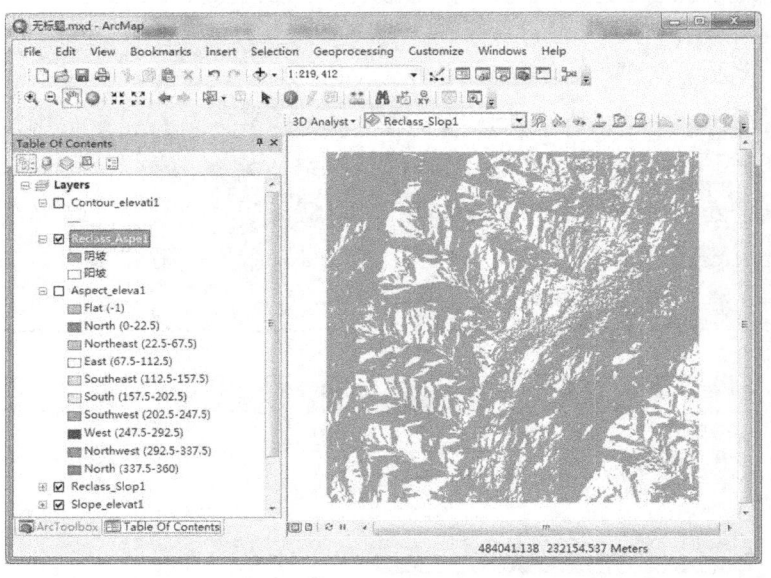

图4－24　阴坡、阳坡分布图

9. 坡度变率图

坡度变率是地面坡度在微分空间的变化率。依据坡度的求算原理，在所提取的坡度值的基础上对地面每一点再求算一次坡度，即坡度之坡度（slope of slope，SOS）。坡度是地面高程变化率的求解。因此，坡度变率表征了地表面高程相对于水平面变化的二阶导数。

定位至［ArcToolbox］模块，点击［Spatial Analyst Tools］→［Surface］→［Slope］，打开创建坡度

工具,输入相关参数(如图 4-25)。分析结果如图 4-26 所示。

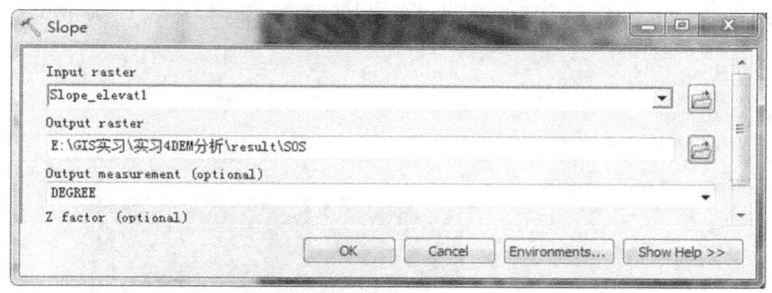

图 4-25 计算坡度变率

> 参数说明:
> Input raster:输入坡度图。
> Output raster:输出栅格的径路及名称(SOS)。
> Output measurement(optional):输出测量单位(度或百分比)。

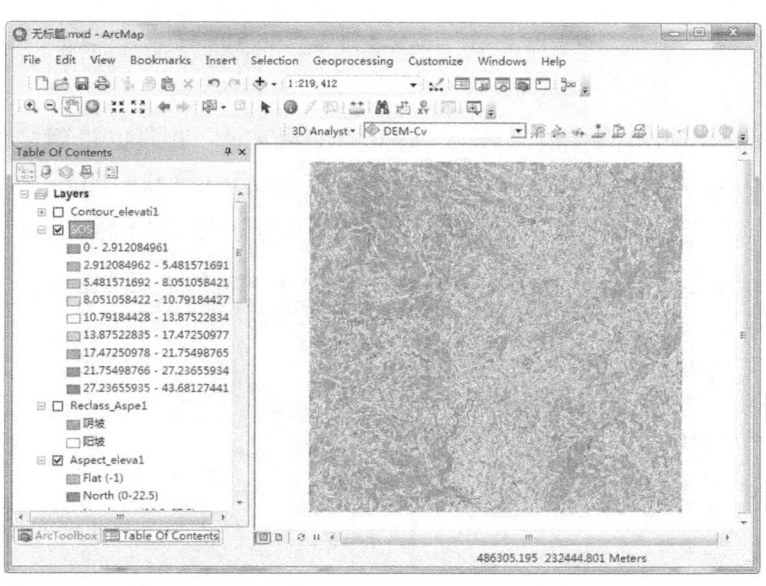

图 4-26 坡度变率图

10. 坡向变率图

地面坡向变率,是指在地表的坡向提取基础之上,进行对坡向变化率值的二次提取,亦即坡向之坡度(Slope of Aspect,SOA)。地面坡向变率是一个反映等高线弯曲程度的指标,数值较大者代表山脊线或山谷线。

由于坡向算法原因,如果直接在坡向图上求坡度,北向面坡将会产生较大误差。如:在正北方向附近,5°和355°之间坡向差值只是10°,若直接计算则数值相差350°。所以,要利用反地形思路,纠正北坡地区的坡向变率误差。具体步骤如下:

10.1 由原始 DEM,直接求算坡向变率图(SOA1)。

定位至[ArcToolbox]模块,点击[Spatial Analyst Tools]→[Surface]→[Slope],打开创建坡度工具,输入相关参数(注意:输入栅格为坡向图,结果图命名为SOA1)。分析结果如图4-27所示。

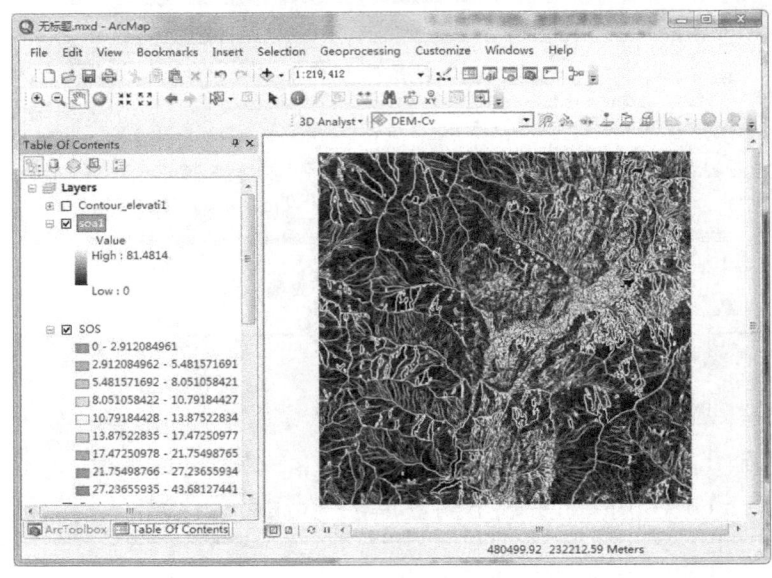

图4-27 原始坡向变率SOA1

10.2 求反地形

反地形,即让原始DEM最高点变最低点,最低点变最高点,坡向也将随之发生180°变化。

定位至[ArcToolbox]模块,点击[Spatial Analyst Tools]→[Map Algebra]→[Raster Calculator],打开栅格计算器工具,输入计算公式(如图4-28)。分析结果如图4-29所示。

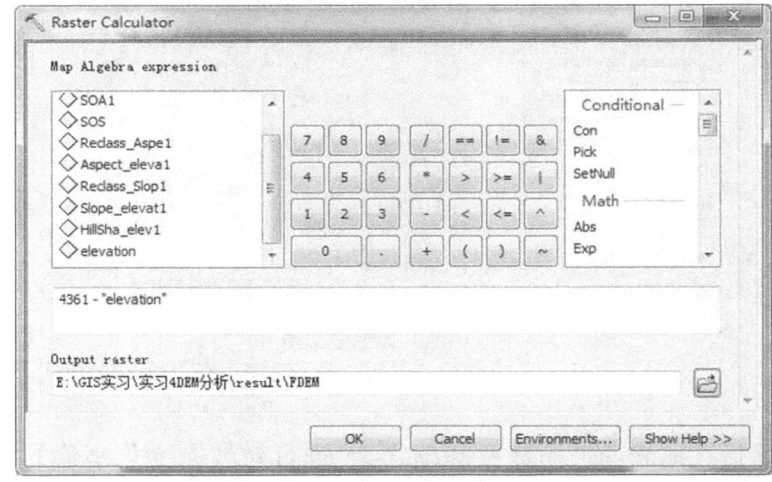

图4-28 求反地形FDEM

实验四 DEM 分析与地形特征提取

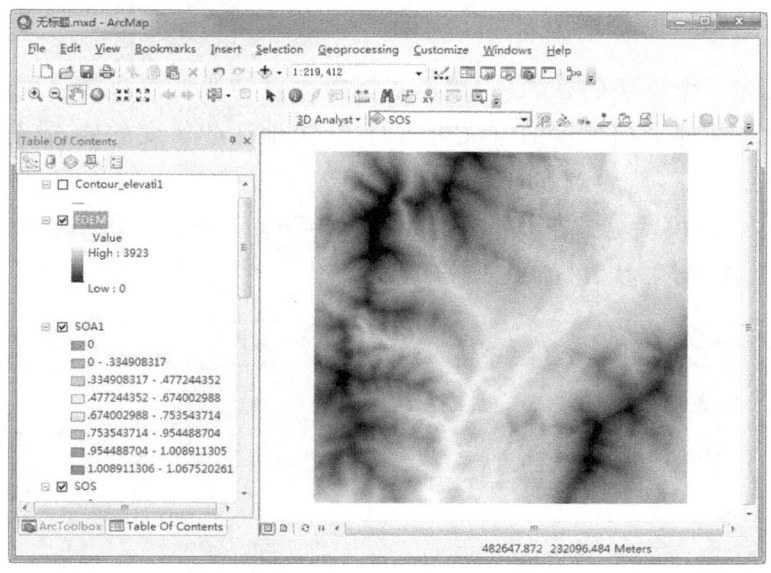

图 4-29 反地形 DEM(FDEM)

10.3 求反地形的坡向变率图 SOA2

(1) 打开坡向工具，输入栅格为"反地形 DEM"(FDEM)，输出栅格命名为"Aspect_FDEM1"。

(2) 打开坡度工具，输入栅格为"Aspect_FDEM1"，输出栅格命名为"SOA2"。

10.4 消除误差后的坡向变率

定位至[ArcToolbox]模块，点击[Spatial Analyst Tools]→[Map Algebra]→[Raster Calculator]，打开栅格计算器工具，输入计算公式：

(("SOA1" ＋ "SOA2") － Abs("SOA1" － "SOA2")) / 2

计算结果如图 4-30 所示。

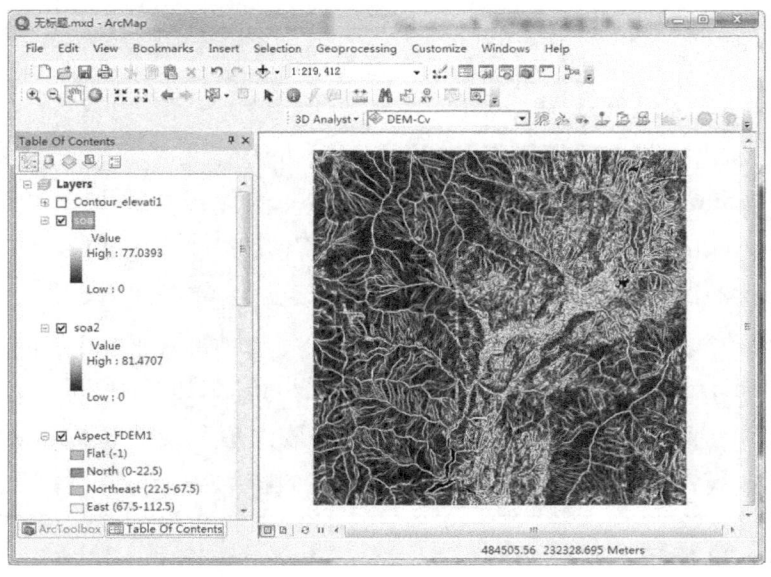

图 4-30 消除误差后的坡向变率图

11. 地形起伏度

地形起伏度是指在一个特定的区域内,最高点海拔高度与最低点海拔高度的差值,是划分地貌类型的一个重要指标。从地形起伏度的定义可以看出,求地形起伏度的值,首先要求出一定范围内海拔高度的最大值和最小值,然后对其求差值即可。

定位至[ArcToolbox]模块,点击[Spatial Analyst Tools]→[Neighborhood]→[Focal Statistics],打开焦点统计工具,输入参数(如图4—31)。

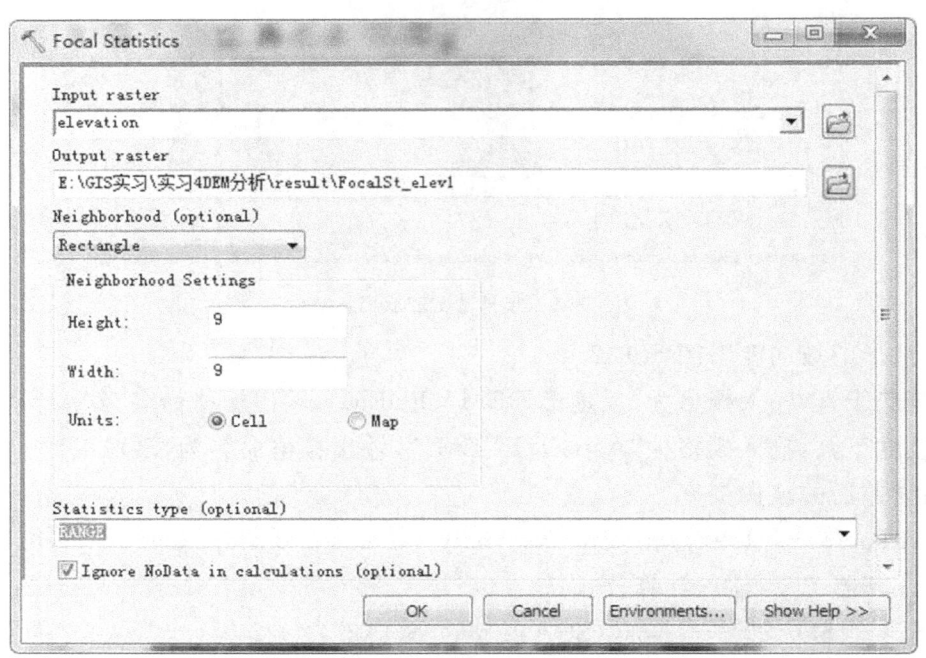

图4—31 焦点统计工具

参数说明:

Input raster:输入原始DEM图。

Output raster:输出栅格的径路及名称(FocalST_elev1)。

Neighborhood (optional):指定邻域类型(Annulus—环形;Circle—圆形;Rectangle—矩形;Wedge—扇形;Irregular—不规则形状)。此例选择"矩形"。

Neighborhood Settings:定义邻域大小(此处选择9*9),单位为"cell"。

Statistics type (optional):指定统计类型(MEAN—平均值;MAJORITY—众数;MAXIMUM—最大值;MEDIAN—中位数;MINIMUM—最小值;MINORITY—计算邻域中出现次数最小的数;RANGE—计算邻域中的单元格的范围(最大值和最小值之间的差值);STD—标准偏差;SUM—总和;VARIETY—计算邻域中单元格的种类)。此处选择"RANGE"。

计算结果见图4—32所示。

实验四　DEM分析与地形特征提取

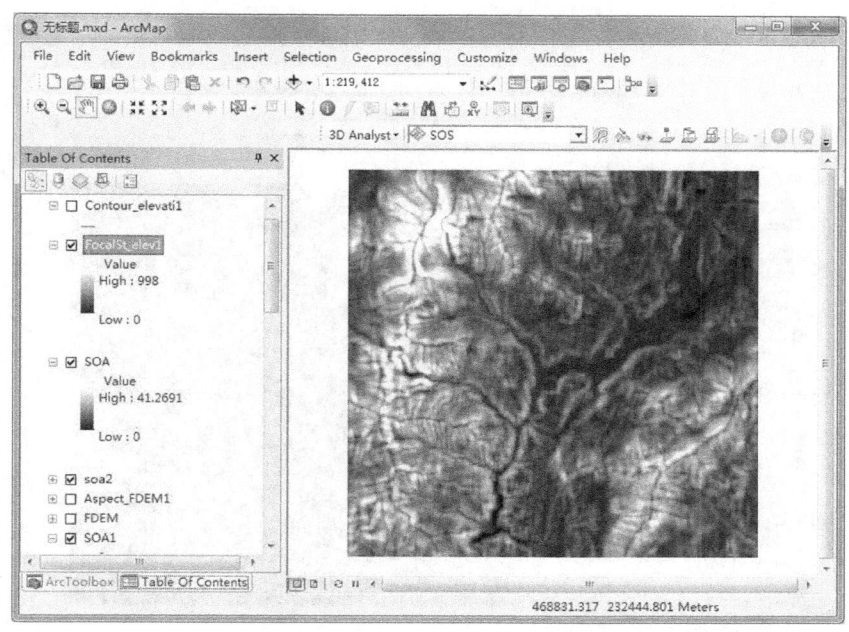

图4-32　地形起伏度图

12. 地面粗糙度

地面粗糙度定义为特定区域内地表面积与其在水平面上的投影面积之比。是反映地表起伏变化与侵蚀程度的主要指标。

12.1 提取DEM的坡度：Slope（若已有坡度图，则进入下一步）。

12.2 用栅格计算器求地面粗糙度

定位至[ArcToolbox]模块，点击[Spatial Analyst Tools]→[Map Algebra]→[Raster Calculator]，打开栅格计算器工具，输入计算公式（如图4-33所示）

1 /Cos("Slope_elevat1" * 3.14159 / 180)

定义输出栅格的路径及名称（Roughness），分析结果如图4-34所示。

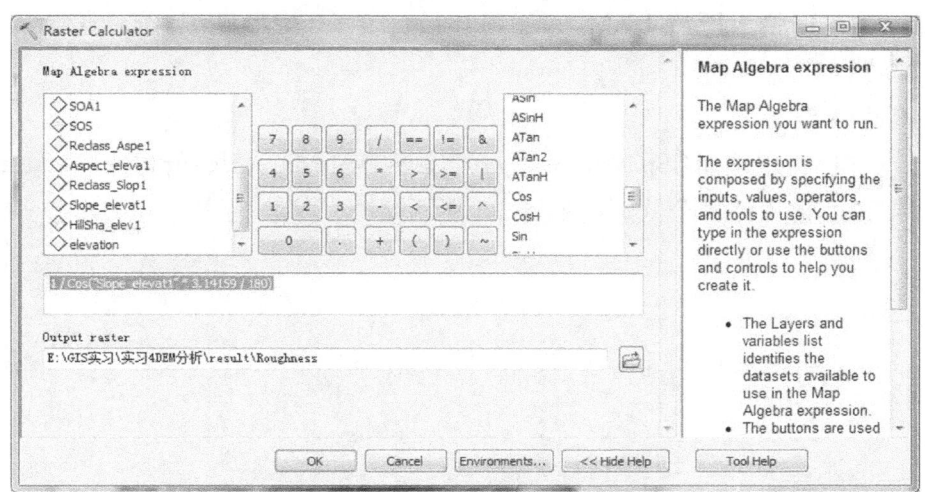

图4-33　计算地表粗糙度

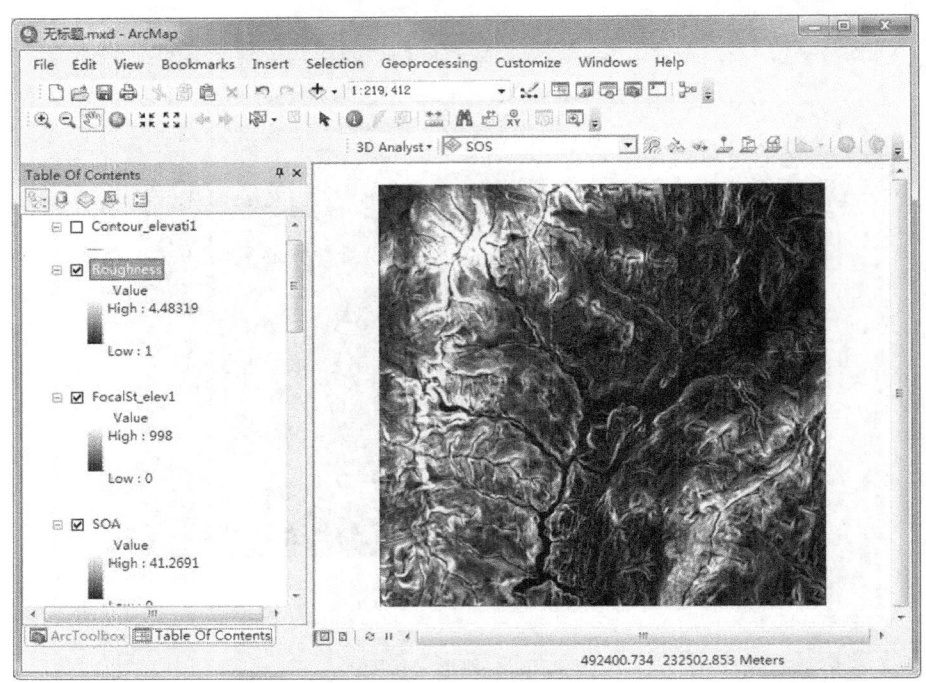

图 4-34 地表粗糙度图

13. 高程变异

高程变异,即高程变异系数,为指定范围内所有格网单元的标准差与平均高程之比。

13.1 求邻域内的标准差

[ArcToolbox]模块,定位至[Spatial Analyst Tools]→[Neighborhood]→[Focal Statistics],打开焦点统计工具,输入栅格为原始DEM,邻域设为9*9矩形区域,统计值为标准差STD,输出文件命名为"STD"。

13.2 求邻域内的平均值

[ArcToolbox]模块,定位至[Spatial Analyst Tools]→[Neighborhood]→[Focal Statistics],打开焦点统计工具,输入栅格为原始DEM,邻域同样设为9*9矩形区域,统计值为MEAN,输出文件命名为"MEAN"。

13.3 计算高程变异

[ArcToolbox]模块,定位至[Spatial Analyst Tools]→[Map Algebra]→[Raster Calculator],打开栅格计算器工具,输入计算公式(如图4-35所示)

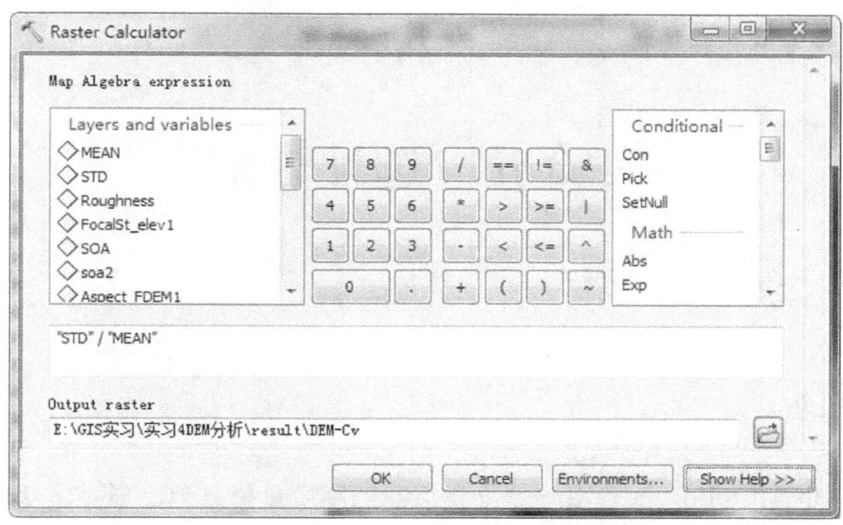

图 4－35　计算高程变异系数

计算结果如图 4－36 所示。

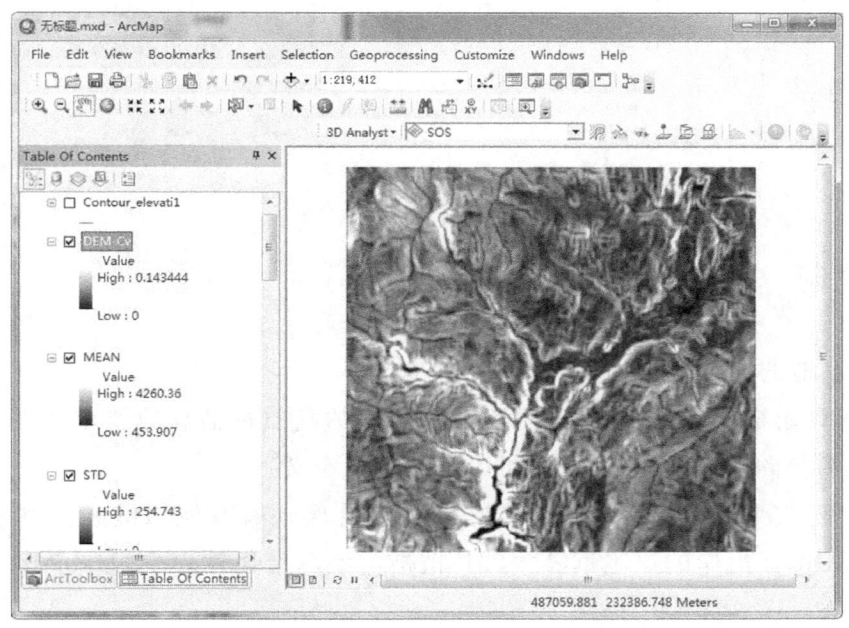

图 4－36　高程变异图

四、实验总结

DEM 分析和应用非常广泛。本实验仅介绍一些基本的、常用的方法（重点是 TIN 的生成与显示，提取等高线，坡度图、坡向图、坡度变率、坡向变率、地形起伏度、地面粗糙度等信息的提取），其他分析方法（如山脊线与山谷线提取、明暗等高线制作、日照分析、流域水文分析等）可参考其他专题资料自行学习。

实验五　选址分析

一、实验目的

本练习的任务是为 California 食虫鸣禽寻找潜在的高质量栖息地。通过本次实验,主要理解并掌握以下 ArcGIS 的常用空间分析功能:
1. 缓冲区分析。
2. 叠加分析。
3. 选择分析。
4. 属性表的连接。
5. 数据融合。
6. 模型构建。

二、实验说明

1. 高质量栖息地的标准(需同时满足下列条件)

(1) 对食虫鸣禽而言,公路形成了一种障碍。潜在的高质量栖息地要求离开主要公路一定距离(具体距离数值由公路图层属性表中的"distance"字段定义);

(2) 食虫鸣禽喜欢生活在有特定种类植被的区域,尽管还有其他的植被类型适合它们的生活,但它们最喜欢 SanDiego 沿岸的鼠尾草灌木(即:植被类型图层属性表中"Habitat"字段值为 1 的区域);

(3) 合适的气候类型且面积比较大的区域("CLIMATE_ID" = 2 AND "Shape_Area" ≥ 1089000 OR "CLIMATE_ID" = 3 AND "Shape_Area" ≥ 2178000);

(4) 海拔高度低于 250m 被认为是最合适的栖息地;

(5) 地形坡度大于 40°的区域筑巢的可能性很小,被认为是不合适的栖息地。

依据上述标准,找出同时满足全部条件的区域分布位置。

2. 为便于理解,本实验分为两部分。第一部分按照逐项标准分步求解,第二部分利用构建模型方法一次求解。

3. 该实验类型为设计性实验,需 4 学时。

4. 实验数据采用 ArcGIS9 软件自带数据,存放在…\GIS 实习\实习 5 需找生物高质量的栖息地\，其中"San_Diego"存放原始数据，"result"存放结果数据。

三、实验过程

1. 准备工作

1.1 地理处理环境设置

（1）打开 ArcCatalog，在本实习文件夹中建立"Temp_Results.mdb"数据库，用于存放临时数据；在"result"文件夹下建立 Habitat_Analysis.mdb 数据库，用于存放结果数据。

（2）启动 ArcMap，点击[菜单]→[Geoprocessing]→[Environments…]，打开[Environments Settings]对话框，在[Workspace]中设置[当前工作空间]和[临时工作空间]（如图 5.1 所示）。

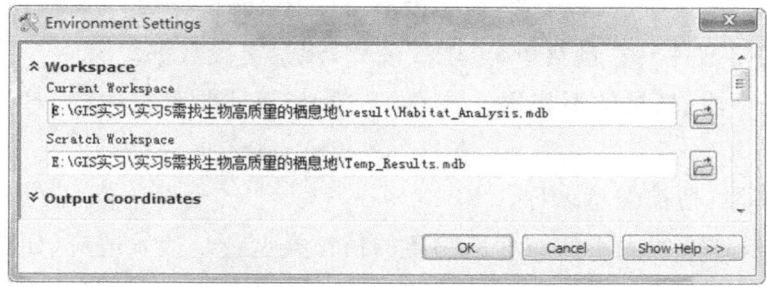

图 5-1 设置工作空间

1.2 加载数据

（1）点击工具条上的[Add Data]按钮，添加气候、海拔、主要公路、坡度等数据（如图 5-2 所示）。

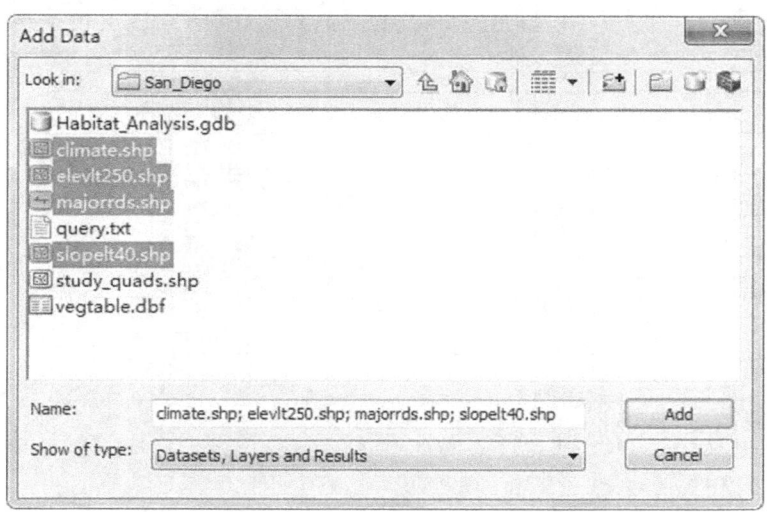

图 5-2 加载数据

（2）点击工具条上的[Add Data]按钮，添加"…San_Diego\ Habitat_Analysis.gdb\vegtype 要素类。

（3）点击工具条上的[Add Data]按钮，添加"…San_Diego\vegtable.dbf 数据（表格文件）。

1.3 数据观察与说明

(1) “majorrds”图层:该区主要公路数据。打开其属性表,观察[Class]字段(公路等级,1 到 4 级,公路等级不同,其影响范围有所差异),依据该字段设置分类符号;[Distance]字段用来定义食虫鸣禽栖息地需要避开公路的距离。

(2) “climate”图层:气候类型分布图。打开其属性表,观察[CLIMATE ID]字段,并依据该字段设置分类符号。

(3) “elevlt250”图层:海拔地域 250m 的分布区域。

(4) “slope40”图层:坡度低于 40 °的分布区域。

(5) “vegtype”要素类:打开其属性表,观察[HOLLAND95]字段(植被类型代码,并依据该字段设置分类符号,如图 5—3 所示)。注意:该表没有[HABITAT]字段。

(6) vegtable (表格文件):右键菜单,点击[open],观察字段数据。

[HOLLAND95]字段:植被类型代码。注意,与“vegtype”要素类中的[HOLLAND95]分类方法一致!

[VEG_TYPE]字段:植被类型名称。

[HABITAT]字段:“0”代表不适应食虫鸣禽的植被类型;“1”代表适应(如图 5—3 所示)。

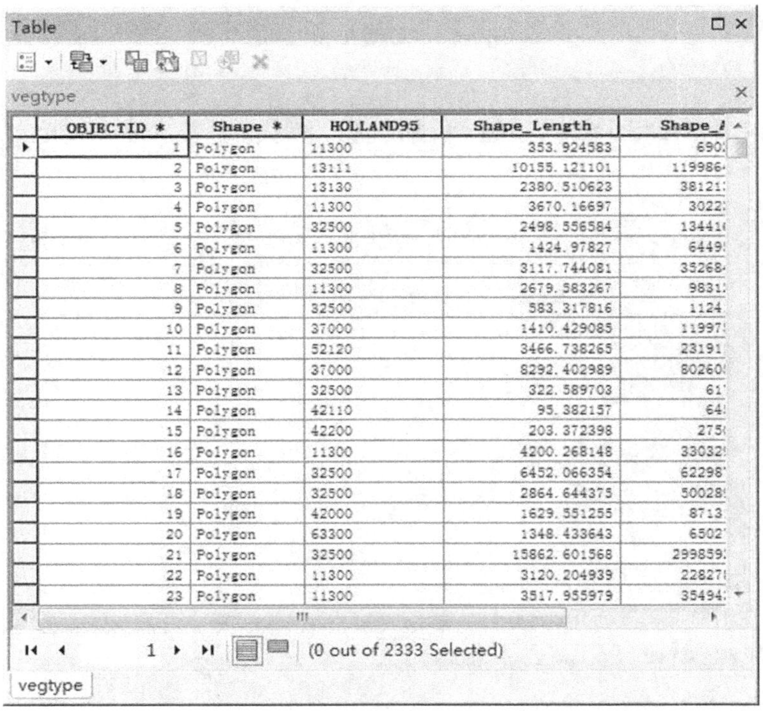

Table

vegtype

OBJECTID *	Shape *	HOLLAND95	Shape_Length	Shape_A
1	Polygon	11300	353.924583	690
2	Polygon	13111	10155.121101	119986
3	Polygon	13130	2380.510623	38121
4	Polygon	11300	3670.16697	3022
5	Polygon	32500	2498.556584	13441
6	Polygon	11300	1424.97827	6449
7	Polygon	32500	3117.744081	35268
8	Polygon	11300	2679.583267	9831
9	Polygon	32500	583.317816	1124
10	Polygon	37000	1410.429085	11997
11	Polygon	52120	3466.738265	23191
12	Polygon	37000	8292.402989	80260
13	Polygon	32500	322.589703	61
14	Polygon	42110	95.382157	64
15	Polygon	42200	203.372398	275
16	Polygon	11300	4200.268148	33032
17	Polygon	32500	6452.066354	62298
18	Polygon	32500	2864.644375	50028
19	Polygon	42000	1629.551255	8713
20	Polygon	63300	1348.433643	6502
21	Polygon	32500	15862.601568	299859
22	Polygon	11300	3120.204939	22827
23	Polygon	11300	3517.955979	35494

1 (0 out of 2333 Selected)

vegtype

图 5—3 vegtable (表格文件)字段

1.4 “vegtype”要素类属性表与“vegtable ”(表格文件)的连接

(1) 在目录列表[vegtype]图层上调出右键菜单,[Joins and Relates]→[Joins…](如图 5—4 所示),打开“Join Data”对话框,按照图 5—5 所示设置参数。

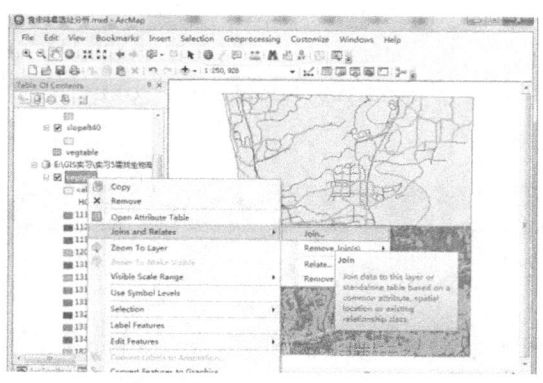

图 5－4　属性表连接菜单

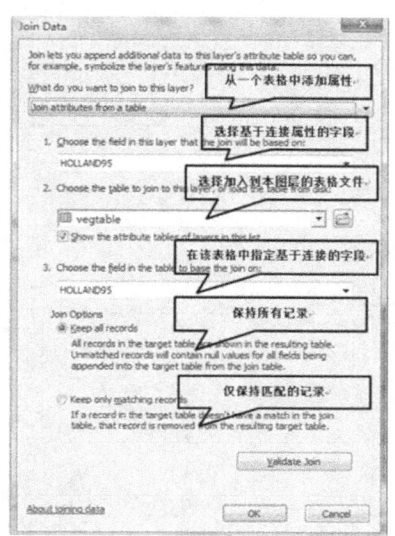

图 5－5　join data 对话框

(2) 再次打开"vegtype"要素类的属性表，该属性表已增加了"HABATIT"字段（如图 5－16 所示）。

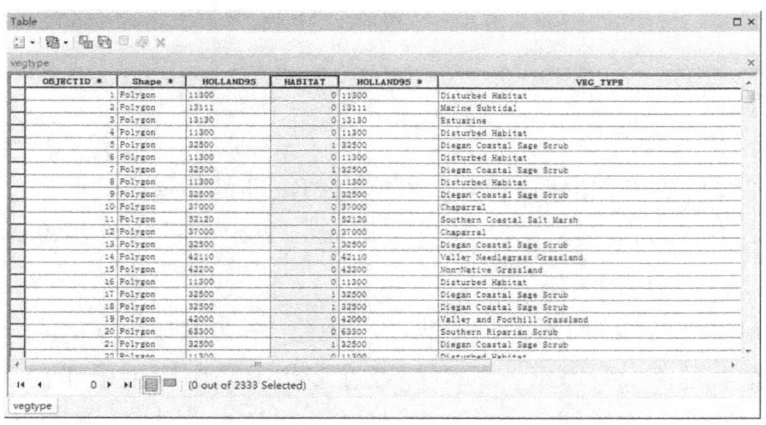

图 5－6　添加属性后的"vegtype"要素类的属性表

(3) 依据"HABATIT"字段对"vegtype"要素类进行分类符号化（"0"代表不适应食虫鸣禽的植被类型；"1"代表适宜的植被类型）。

· 81 ·

2. 建立公路缓冲区

定位至[ArcToolbox]模块，点击[Analyst Tools]→[Proximity]→[Buffer]，打开缓冲区工具，设置参数（如图5－7所示）。

图5－7 缓冲区对话框

参数说明：

Input Features：输入要素类。

Output raster：输出要素类的路径与名称（生成的缓冲区图层）。

Distance [value or field]：缓冲区距离（Linear unit—固定值，设置距离单位；Field—指定字段作为缓冲区距离）。此例选Field。

Side Type (optional)：缓冲区边线类型。FULL—两边均缓冲；LEFT—仅在左边缓冲；RIGHT—仅在右边缓冲；OUTSIDE_ONLY—仅在多边形外围产生缓冲。此例选FULL。

End Type (optional)：缓冲区端点类型。ROUND—圆角；FLAT—平角。此例选ROUND。

> Method (optional)：产生缓冲区方法。PLANAR—欧式缓冲；GEODESIC—测地线缓冲。此例选 PLANAR。
>
> Dissolve Type (optional)：融合类型。NONE—不融合；ALL—全部融合；LIST—从下表中指定字段，对属性一致的缓冲区进行融合。此例选 NONE。
>
> Dissolve Field(s) (optional)：指定融合的字段。

生成的公路缓冲区如图 5-8 所示。注意观察，不同等级公路产生的缓冲区距离是不一样的；缓冲区内将不适宜食虫鸣禽的栖息。

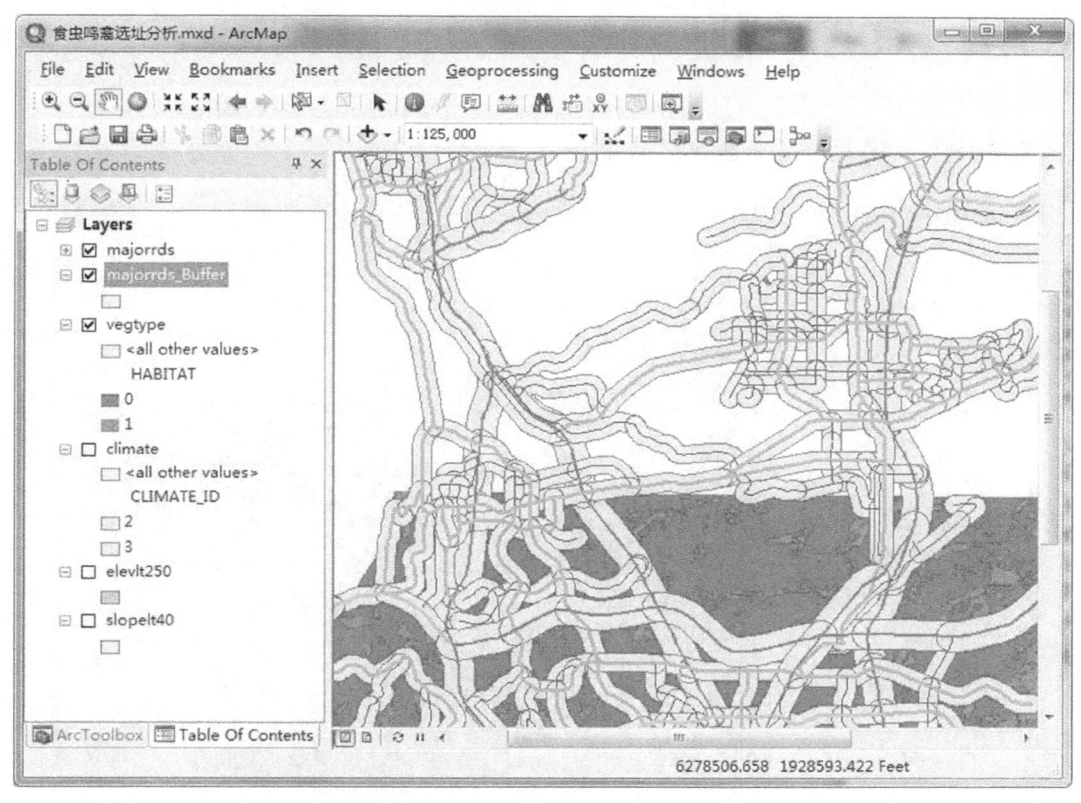

图 5-8 公路缓冲区

3. 挑选合适的植被类型

只有"Vegtype"图层属性表中"Habitat"字段值为 1 的区域，才是食虫鸣禽喜欢生活的植被种类。为便于后面的分析，需要单独成为一个图层。

定位至[ArcToolbox]模块，点击[Analyst Tools]→[Extract]→[Select]，打开选择工具，设置参数（如图 5-9 所示，指定输入要素类和输出要素类，构造 SQL 表达式）。

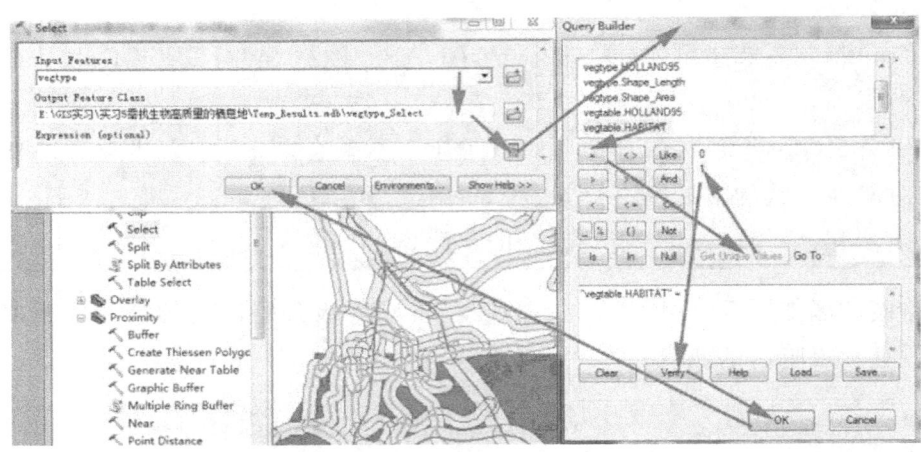

图 5-9　select 工具设置

计算结果如图 5-10 所示,注意观察结果。

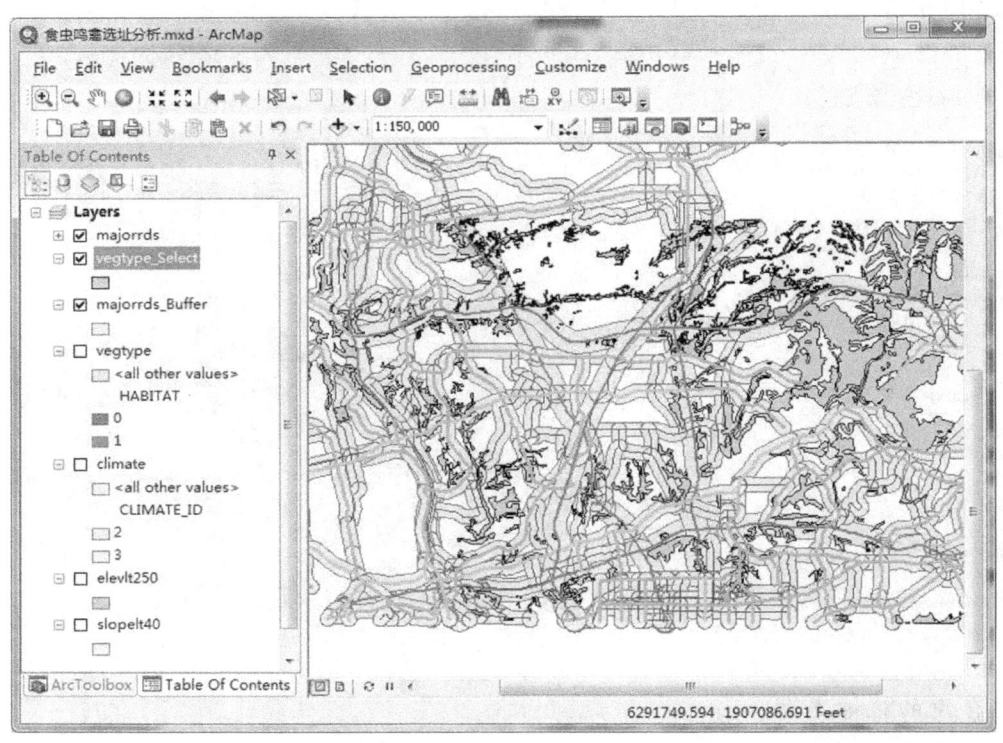

图 5-10　合适的植被类型分布图

4. 寻找同时满足"合适的植被""气候""海拔""坡度"要求的区域

使用叠加分析工具(求交集)。定位至[ArcToolbox]模块,点击[Analyst Tools]→[Overlay]→[Intersect],打开求交集工具,设置参数(如图 5-11 所示)。

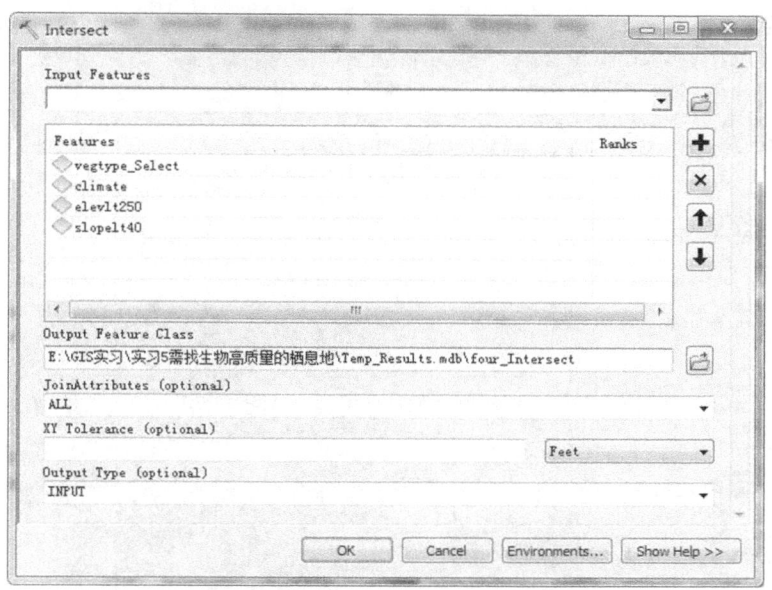

图 5-11　求交集工具

参数说明：

Input Features：输入要素类。点击下拉箭头，依次选择"合适的植被"、"气候"、"海拔"、"坡度"要素类。

Output Feature Class：输出要素类的路径与名称（如 four_Intersect）。

JoinAttributes（optional）：确定输入要素中的哪些属性将转移到输出要素类。ALL—来自输入要素的所有属性都将被传送到输出要素类（默认设置）；NO_FID—除了来自输入要素的 FID 之外的所有属性都将转移到输出要素类；ONLY_FID—只有来自输入要素的 FID 字段将被传输到输出要素类。此处选默认值。

XY Tolerance（optional）：分隔所有要素坐标（节点和顶点）的最小距离。此处选默认值。

Output Type（optional）：输出类型。INPUT—返回的交集部分将与具有最低维度几何的输入要素具有相同的几何类型。如果所有输入都是多边形，则输出要素类将包含多边形。如果一个或多个输入要素类是线且没有任何输入是点，则输出将是线。如果一个或多个输入是点，则输出要素类将包含点（默认设置）。LINE—Line 交叉点将被返回，这只有在没有任何输入是点的情况下才有效；POINT—交点将被返回，如果输入是线或多边形，则输出将是多点要素类。

计算结果如图 5-12 所示。注意观察，该区域与公路缓冲区有叠加。

GIS 软件实验案例精讲—基于 ArcGIS 10

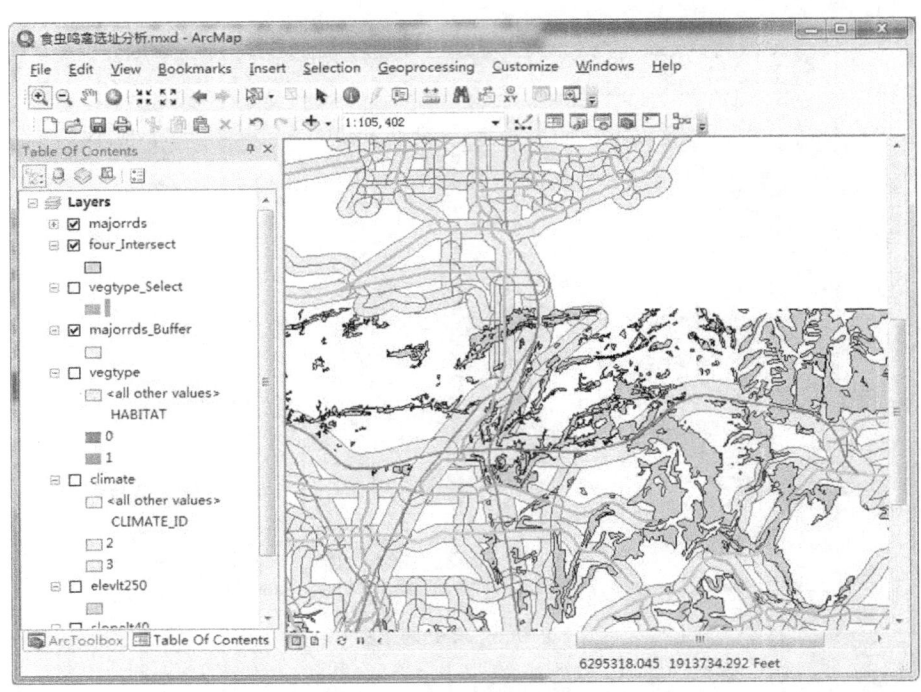

图 5-12 同时满足 4 个条件的区域

5. 从图 5-12 中剔除公路缓冲区

使用叠加分析工具（擦除）。定位至[ArcToolbox]模块，点击[Analyst Tools]→[Overlay]→[Erase]，打开擦除工具，设置参数（如图 5-13 所示）。

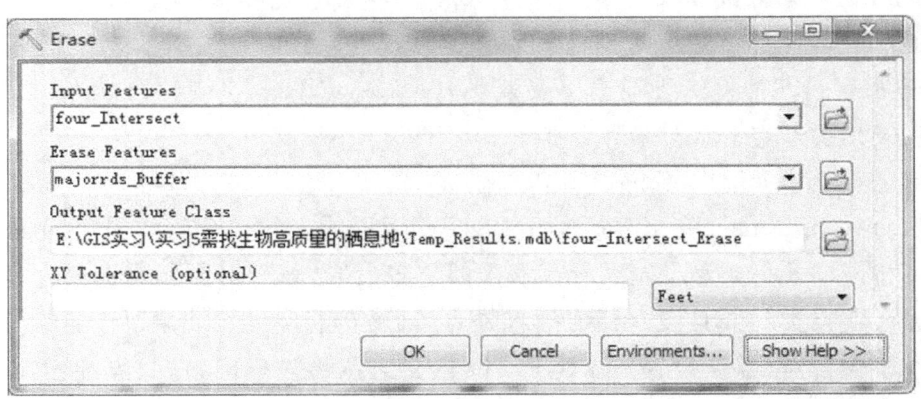

图 5-13 擦除工具

参数说明：
Input Features：输入要素类。
Erase Features：选择擦除要素类。
Output Feature Class：输出要素类
XY Tolerance (optional)：X、Y 容差。

计算结果如图 5-14 所示，注意观察是否与公路缓冲区重叠。

实验五 选址分析

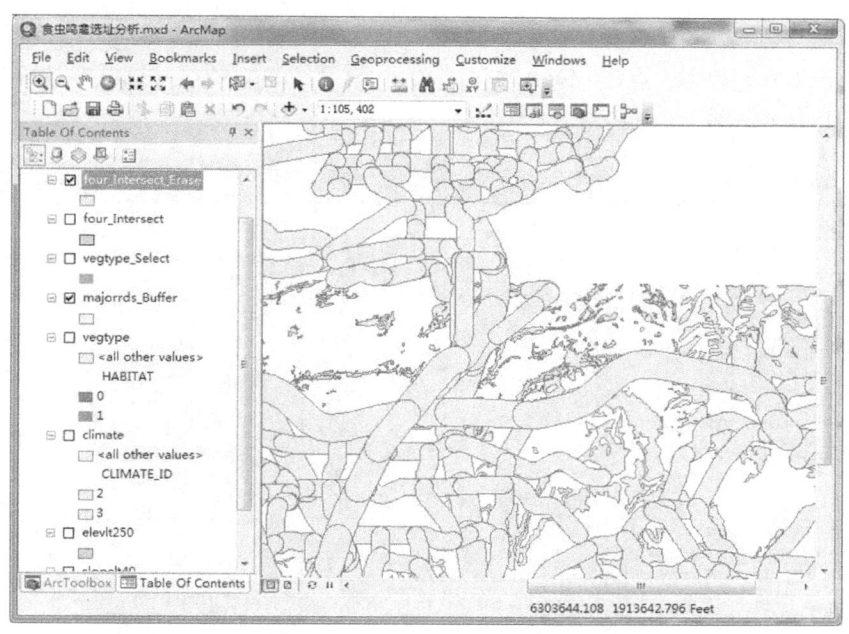

图5－14 擦除公路缓冲区后

6. 融合边界

6.1 问题分析

仔细观察图5－14，虽然"four_intersect_Erase"图层同时满足"合适的植被类型"、"远离公路"、"海拔高度低于250m""坡度小于40°"，但放大地图浏览时不难发现，一些相邻多边形共用一条边界（如图5－15所示，原因是其两侧属性不完全一致造成的，如气候类型差异或植被类型差异等），尽管它们都满足条件，但若考虑题目的第三个条件（单个区域面积不能小于1089000或2178000平方英尺）时，在剔除零星图斑前需要对上述相邻多边形进行合并处理，以消除公用边界，即融合边界。

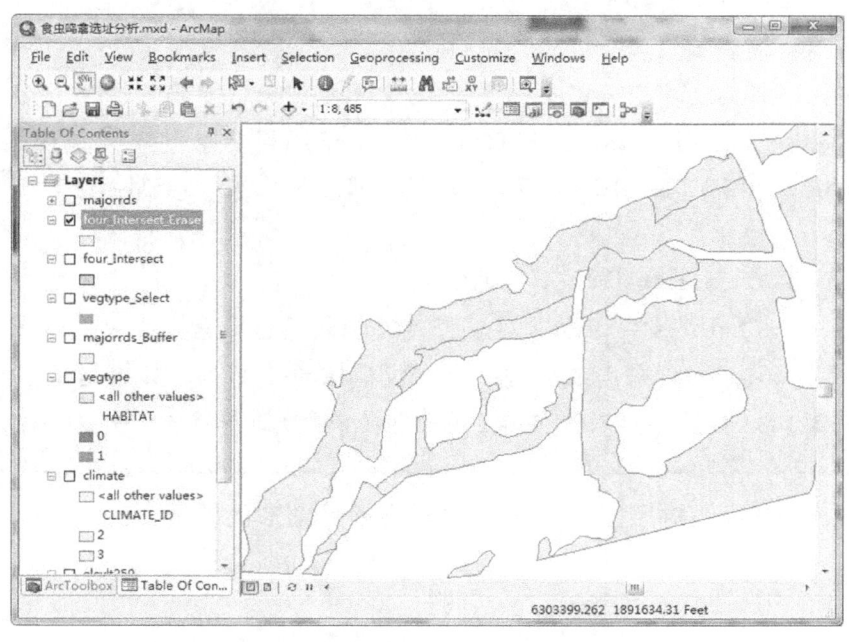

图5－15 需要融合边界的相邻多边形

6.2 边界融合

定位至[ArcToolbox]模块,点击[Data Management Tools]→[Generalization]→[Dissolve],打开融合工具,设置参数(如图5-16所示)。

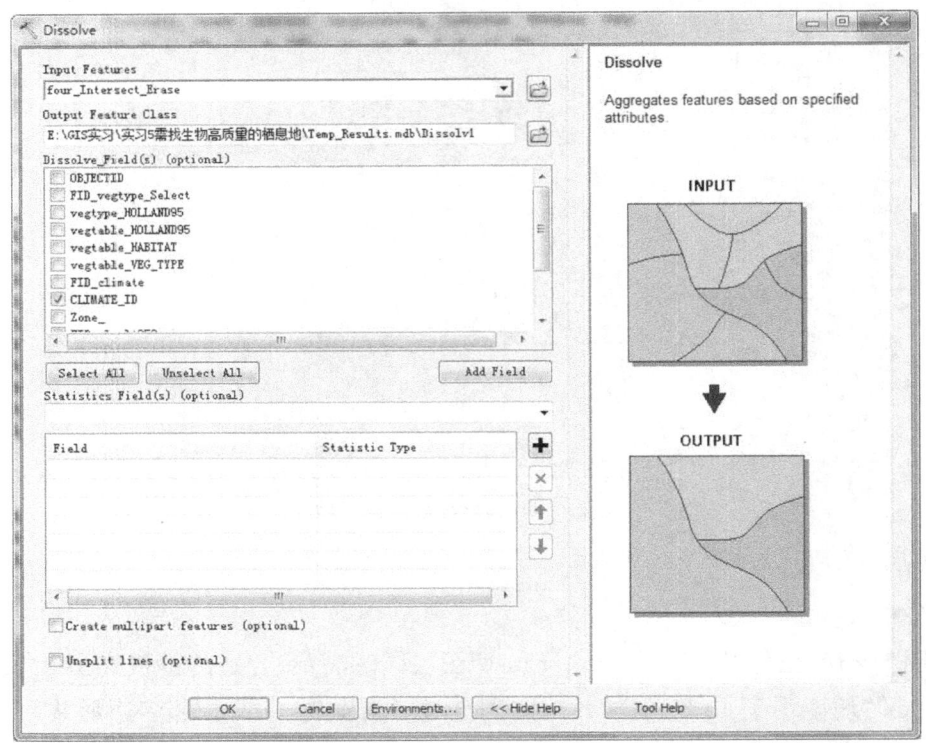

图5-16 边界融合

参数说明:

Input Features:输入要素类。

Output Feature Class:输出要素类

Dissolve_Field(s) (optional):使用融合字段。由于题目要求气候类型且面积大于某一数值,所以此处使用[CLIMATE-ID]字段融合(即相邻多边形若[CLIMATE-ID]一致则合并,否则不合并)。

Statistics Field(s) (optional):统计字段。

Create multipart features (optional):是否允许创建组合要素。

Unsplit lines (optional):取消线分割。参数仅适用于线输入。如果指定了默认值,则会将线融合为单个要素;否则,只将具有公共端点(称为伪节点)的两条线合并为一条连续线。

完成后如图5-17所示,对照图5-15,观察融合前后图形的差异。

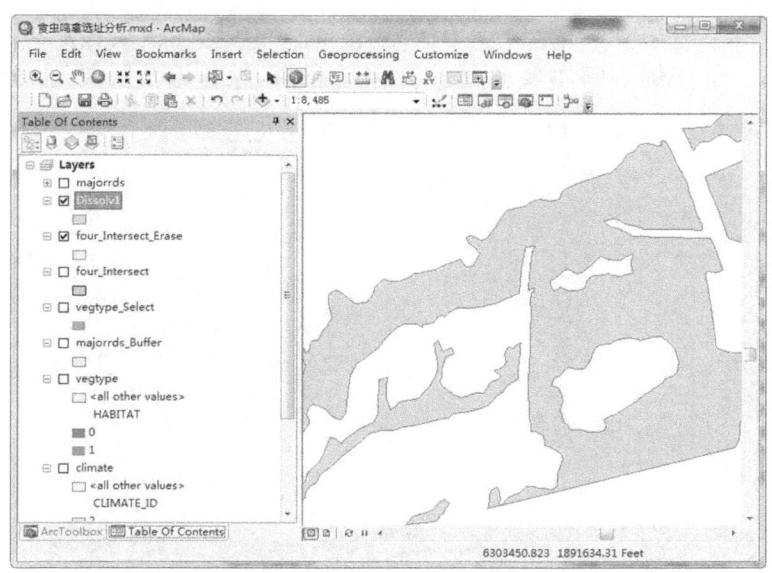

图 5-17 融合后数据

7. 挑选气候类型合适且面积较大的区域

要求：在气候带 1 或 2 中（CLIMATE_ID" = 2）植被面积大于等于 1089000 平方英尺，或者气候带 3 中（CLIMATE_ID" = 3））植被面积大于等于 2178000 平方英尺。

定位至[ArcToolbox]模块，点击[Analyst Tools]→[Extract]→[Select]，打开选择工具，设置参数（如图 5-18 所示，指定输入要素类和输出要素类，构造 SQL 表达式）。

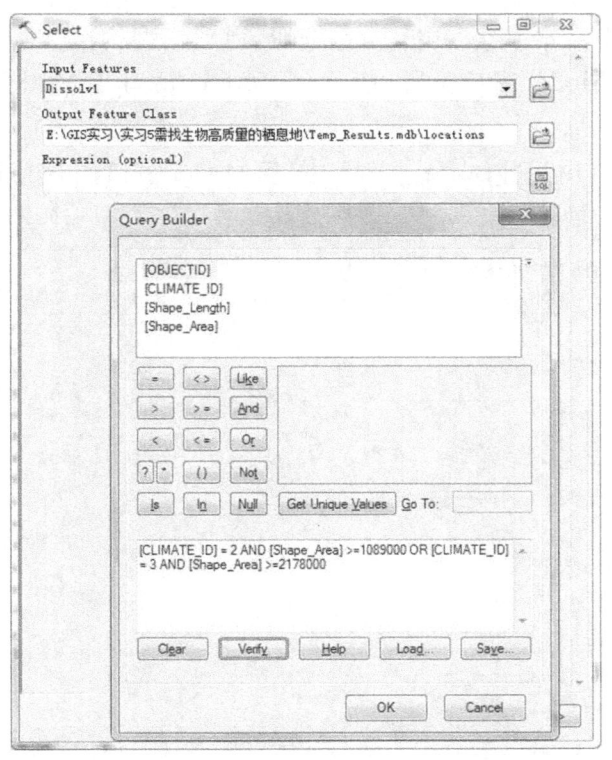

图 5-18 构造 SQL 表达式

计算结果如图5-19所示,注意观察本图层数据与"Dissolv1"图层的差异。至此,已找出满足所有条件的分布区域。请仔细理解本实验每一步骤的意图、操作方法及处理结果。

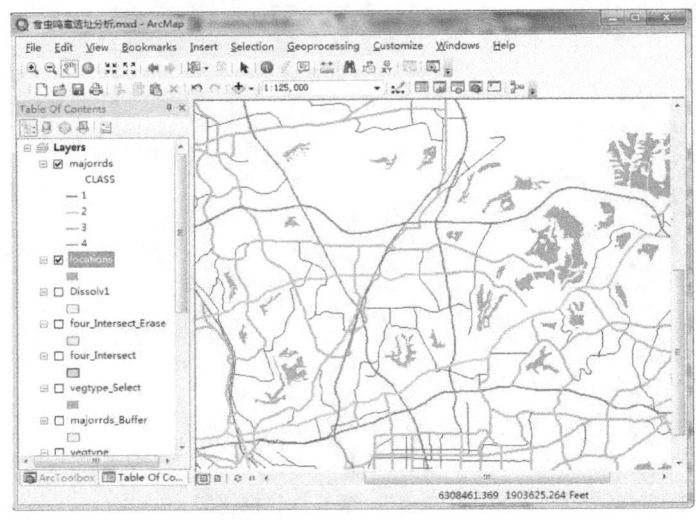

图5-19 locations图层

8. 构建模型求解

Modelbuilder(模型构建器)是一个用来创建、编辑和管理模型的应用程序。模型是将一系列地理处理工具串联在一起的工作流,它将其中一个工具的输出作为另一个工具的输入。也可以将模型构建器看成是用于构建工作流的可视化编程语言。

8.1 启动模型构造器。

在[Standard]菜单栏中点击[Modelbuilder]按钮,启动模型构造器。

调整ArcMap窗口和Model窗口位置,使ArcToolbox窗口与Model窗口并列显示。

8.2 加入缓冲区工具

(1)在ArcToolbox窗口找到[Buffer]工具,拖至Model窗口内,如图5-20。

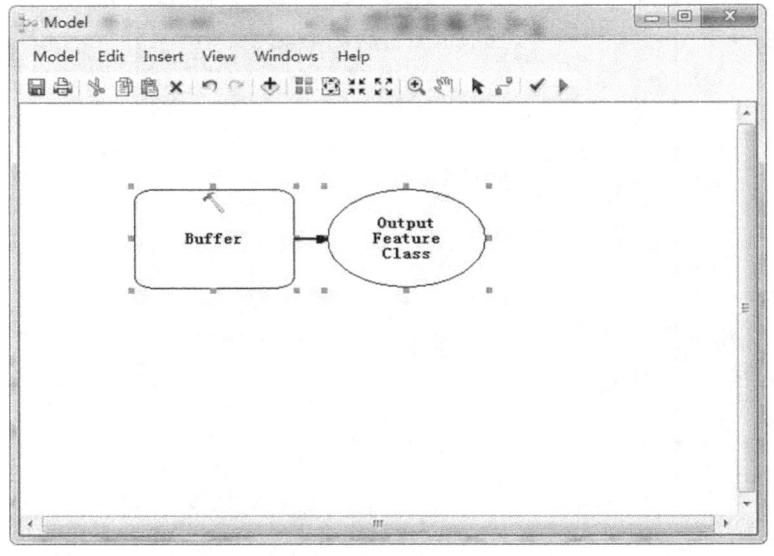

图5-20 拖入buffer工具

（2）设置 buffer 工具。在 model 窗口"Buffer"工具上双击,打开 buffer 工具对话框,输入相关参数（在模型构建器双击工具和在 ArcToolbox 打开,是完全一样的设置）,如图 5-21 所示。

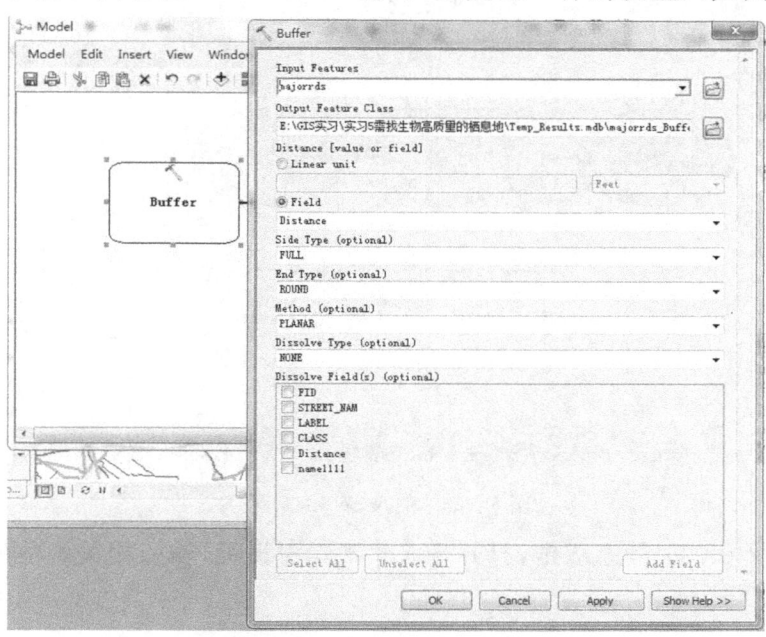

图 5-21　设置 buffer 工具

参数设置完成后,model 窗口中输入要素显示为蓝色,工具图标显示为黄色,输出要素显示为绿色,表示流程将处于"可运行"状态（如图 5-22 所示）。

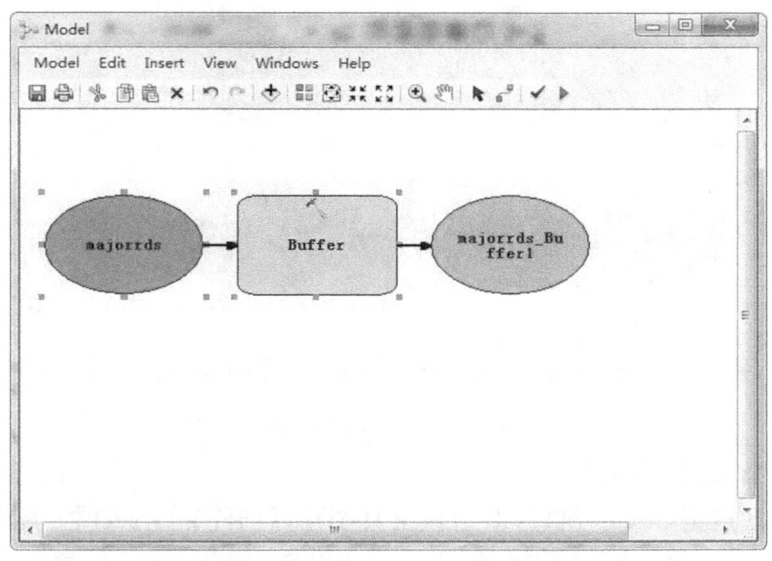

图 5-22　可运行的 buffer 工具

8.3 加入挑选植被类型工具

在 ArcToolbox 窗口找到[Select]工具,并拖至 Model 窗口内,如图 5-23。

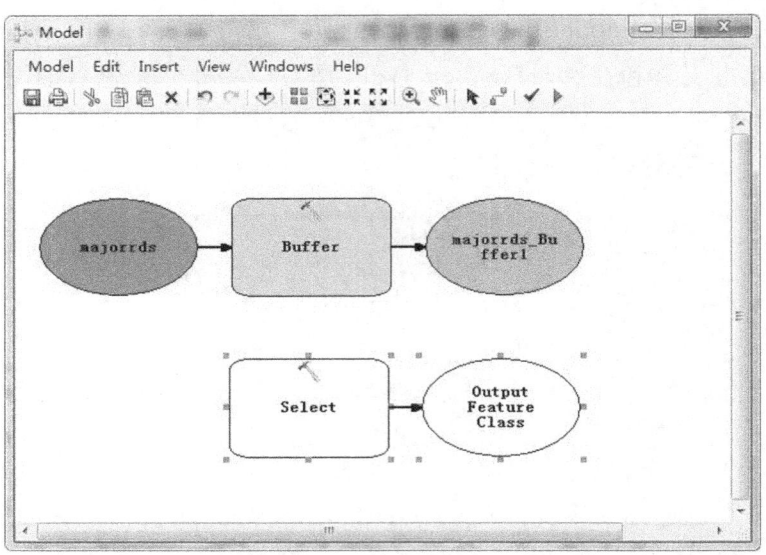

图 5-23 加入 Select 工具

在 model 窗口"Select"工具上双击,打开 Select 工具对话框,输入相关参数(参见图 5-9)后,如图 5-24 所示。

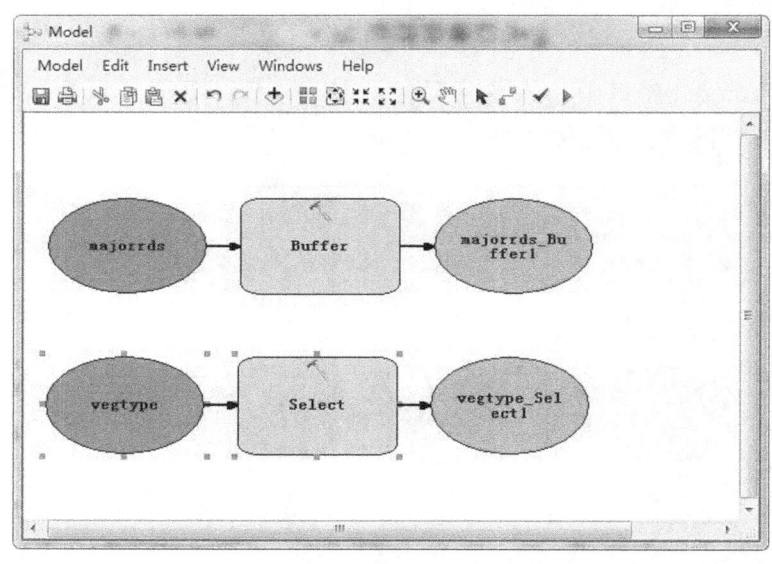

图 5-24 加入选择工具

8.4 加入叠加分析工具(求交集)

将[Intersect]工具拖至 model 窗口,双击该工具图标,打开[Intersect]工具参数设置对话框(如图 5-25 所示),点击"Input Feature"下拉箭头。其中蓝色图标为已加入工具产生的派生数据,黄色图标为 ArcMap 内容列表中的图层数据。

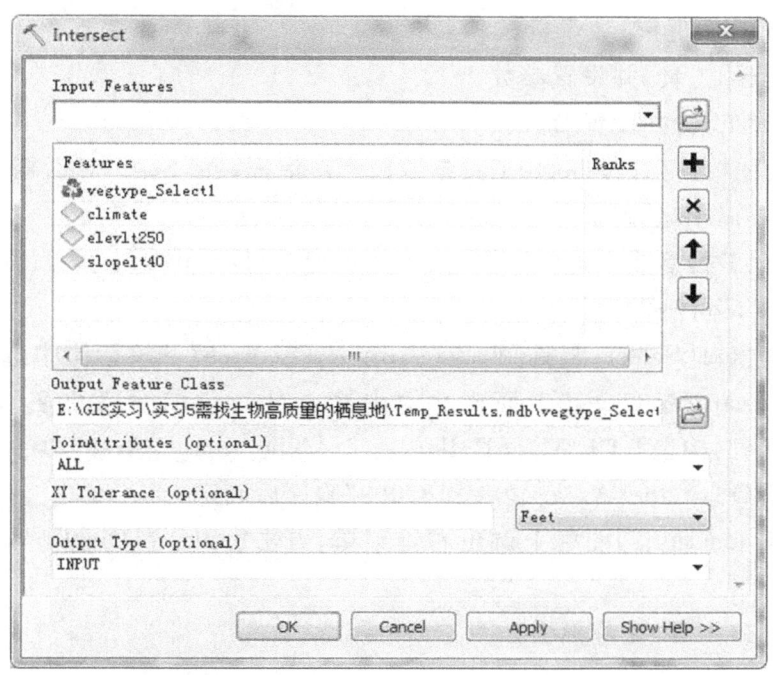

图 5-25 选择输入要素类

输入相关参数后确定。加入该工具后，在 Model 窗口工具条上点击[Auto layout]（自动布局模型）按钮，点击[Full Extent]（满窗口显示模型），结果如图 5-26 所示。

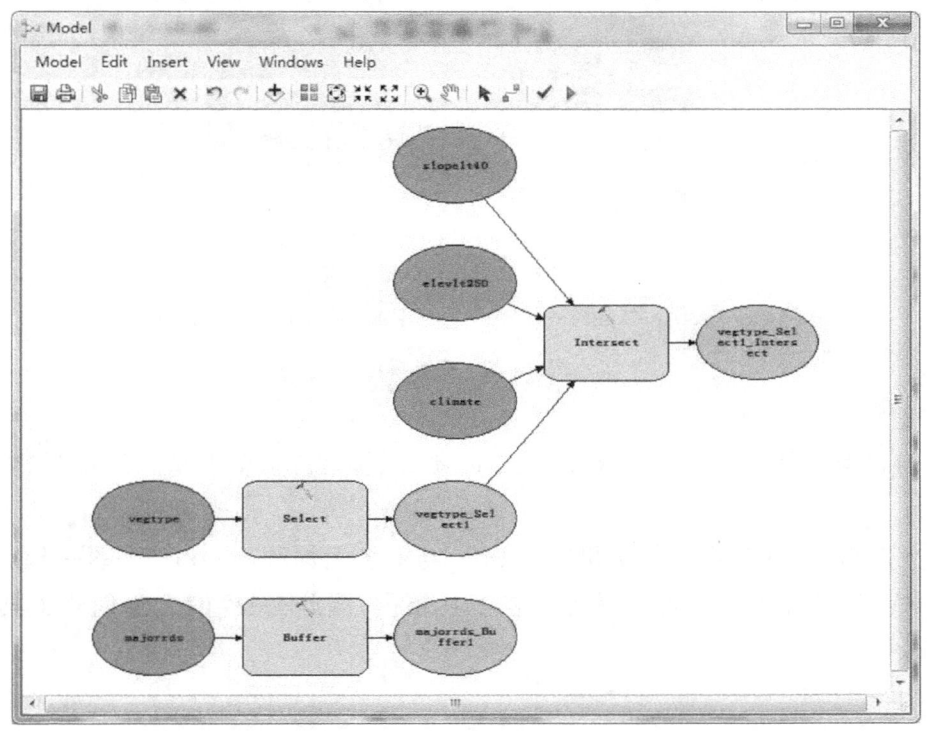

图 5-26 自动布局

8.5 加入[Erase]工具,并设置参数。

8.6 加入[Dissolve]工具,并设置参数。

8.7 加入[Select]工具,并设置参数。

(1) 双击该工具图标,打开[Select]工具参数设置对话框,在[SQL]对话框中没有[Shape_Area]字段(因为前一工具尚未运行)。

(2) 退出[Select]工具参数设置对话框,在 Model 窗口[Dissolve]工具条图标上右键单击,打开右键菜单,点击"Run",运行该模型。

(3) 双击 Model 窗口[Select]工具图标,在"Input Features"下拉箭头中选择前一工具运行结果文件;在"Output Features Class"下面文本框中输入"location1"(文件名);点击[SQL],打开"Query Builder"对话框,构造"[CLIMATE_ID] = 2 AND [Shape_Area] >=1089000 OR [CLIMATE_ID] = 3 AND [Shape_Area] >=2187000"验证后确定。

(4) 在输出要素[location1]图标上调出右键菜单,点击"Add to Display"(运行结果自动加入 ArcMap 窗口)。

再次自动布局窗口内容,完整模型如图 5－27 所示。

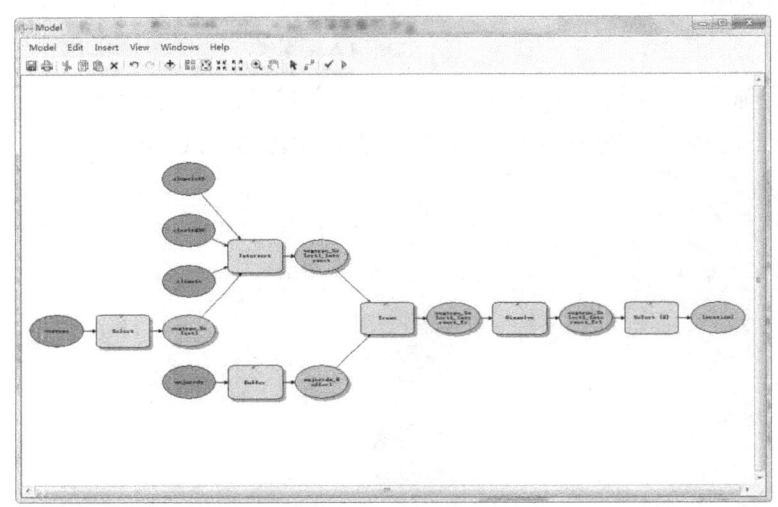

图 5－27 完整模型

8.8 运行模型

在 Model 窗口菜单栏[model]→[Run Entire Model],运行整个模型。注意观察运行过程中图标的变化。

在 ArcMap 窗口,观察分步计算结果"location"与模型运算"location1"是否一致。

可以保存模型。模型的保存必须是保存在工具箱内,因此,保存前先要创建工具箱(结果位于"模型 1"文件夹中)。

9. 制图输出

在页面布局中,添加图名、图例、比例尺、指北针等地图元素,调整布局(如图 5－99 所示)。

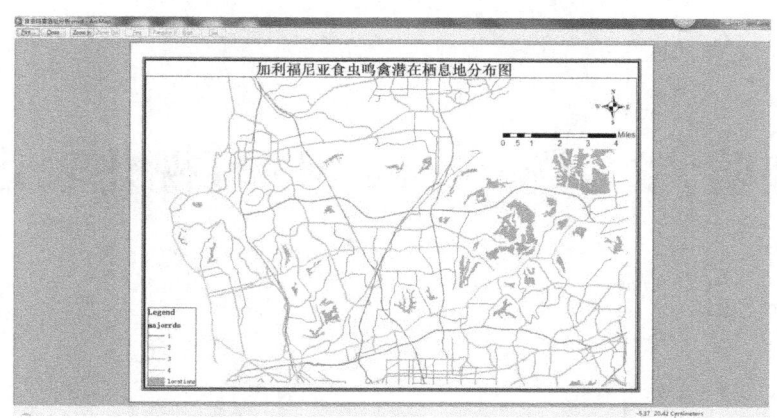

图 5-28 潜在栖息地分布

四、实验总结

本次实验完成后,主要理解并学会缓冲区分析、叠加分析、地物选择分析时 SQL 表达式构造、数据融合等 ArcGIS 的常用空间分析工具的含义及操作。在使用各种工具时,要注意不同参数的含义;学会初步运用 Modelbuilder 构造简单的地理模型。

实验六　ArcScene 3D 可视化表达

一、实验目的

ArcScene 将所有数据投影到当前场景所定义的空间参考中,默认情况下,场景的空间参考由所加入的第一个图层空间参考决定。ArcScene 中场景表现为平面投影,适合于小范围内精细场景刻画,可以在三维场景中漫游并与三维矢量与栅格数据进行交互。显示场景时,ArcScene 会将所有数据加载到场景中,矢量数据以矢量形式显示,栅格数据默认会降低分辨率来显示以提高效率。

1. 熟悉 ArcScene 用户界面。
2. 对地理数据进行透视观察、三维浏览。
3. 学会制作基本飞行动画方法。
4. 图像数据的三维显示。

二、实验说明

1. 该实验类型为基础性实验,需 2 学时。
2. 实验数据存放在…\GIS 实习\实习 6ArcScene 可视化表达。

三、实验过程

1. 启动 ArcScene

双击桌面上的 ArcScene 快捷方式图标,启动 ArcScene;或单击 Windows 任务栏上的[开始]→[所有程序]→[ArcGIS]→[ArcScene10.5],启动 ArcScene。启动后界面如图 6-1 所示。

图 6-1 ArcScene 缺省用户界面

2. 熟悉 ArcScene 用户界面

2.1 缺省用户界面

当 ArcScene 启动之后，缺省方式时的用户界面包括主菜单、"Standard"工具条和"Tools"工具条。"Standard"工具条包含常用的工具，不再赘述。

2.2 "Tools"工具条

也称为基础工具，包括导航、查询、测量等工具，可以优化 3D 视图与数据之间的交互效果，并能获得场景中要素的属性信息和几何信息。

图 6-2 [Tools]工具条

表 6.1 [Tools]工具条解释

名称	功能描述
Navigate	导航 3D 视图
Fly	在场景中飞行
Center on Target	将目标位置居中显示
Zoom to Target	缩放至目标处视图
Set Observer	在指定位置上设置观察点
Zoom In	放大视图
Zoom Out	缩小视图
Pan	平移视图
Full Extent	全图显示视图
Select Features	选择场景中的要素

续表

名称	功能描述
Clear Selected Features	清除所选要素,消除对所选要素的选择
Select Graphics	选择图形。选择、调整以及移动地图上的文本、图形和其他对象
Identify	单击地理要素查询属性
HTML Popup	触发要素中的HTML弹出窗口
Find	打开[查找]对话框,用于在地图中查找要素
Measure	在地图上进行几何测量
Time slider	打开[时间滑块]窗口,以便处理时间数据图层和表

3. 加载数据

点击[Add Data]按钮,加载…\GIS实习\实习6ArcScene可视化表达\中的Arc_Clip_river.shp(线要素)、Arc_Clip_river1.shp(面要素)、Arc_Clip_road.shp(线要素)、Arc_Clip_urb.shp(面要素)、tin数据。加载后如图6-3所示。

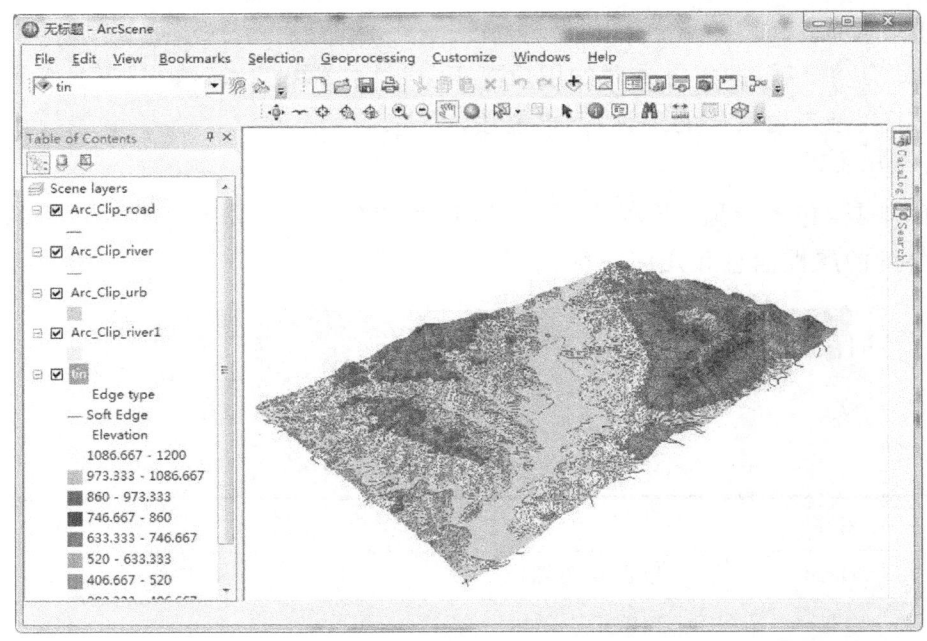

图6-3 加载数据

设置图层显示符号:更改所有图层符号,并在tin图层中关闭等高线显示,使图层显示更简洁。结果如图6-4所示。使用导航工具移动视图,可以观察到tin数据已经显示为三维模式,而其他图层仍显示为平面状态。

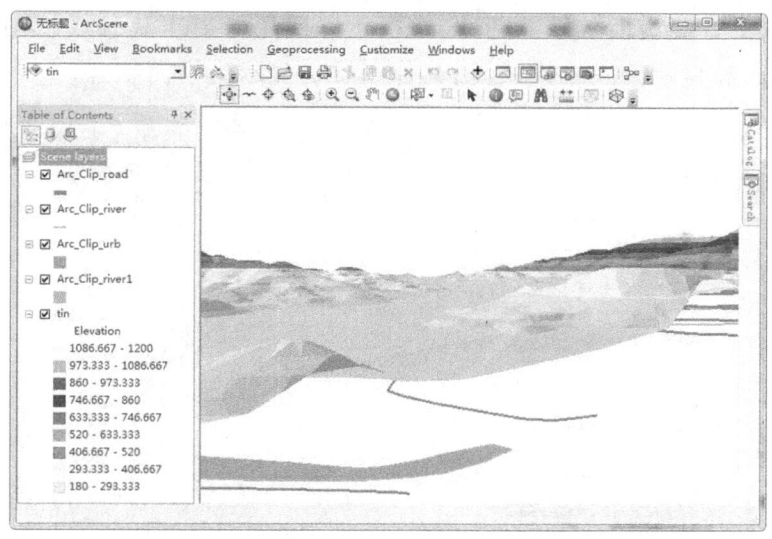

图 6-4　更改显示符号后效果

4. 数据三维显示

4.1 在图层列表面板(DOC)中,双击图层[tin],打开图层属性对话框,在[Base Heights]标签页中[Elevation from features]→[custom]数据改为 1.5,将高程数据夸大 1.5 倍(如图 6-5)。

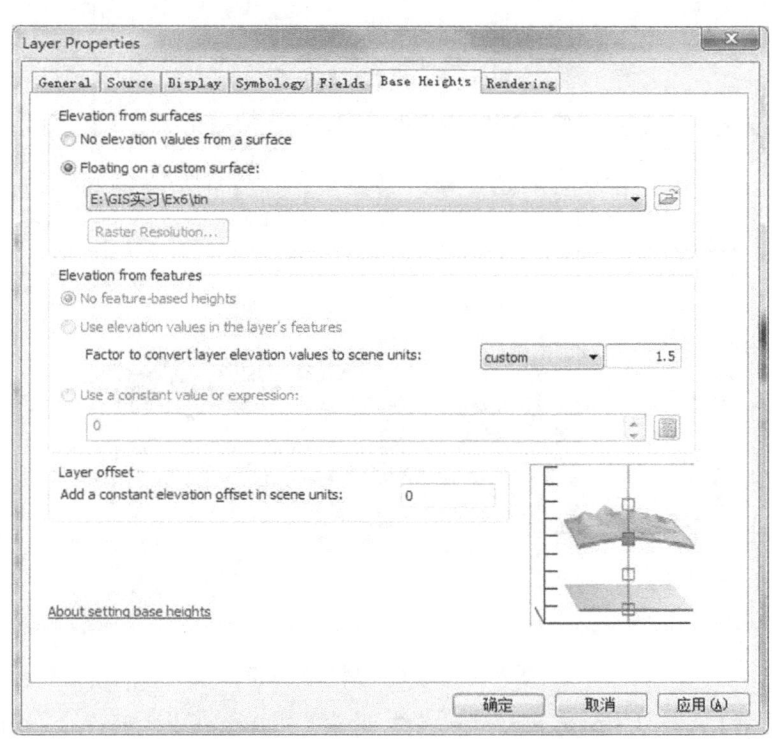

图 6-5　夸大高程

4.2 设置要素三维显示

在图层列表面板(DOC)中双键图层[Arc_Clip_road.shp],打开图层属性对话框,在[Base Heights]标签页中[Elevation from features]单选[Floating on a custom surface](如图 6-6 所示),

高程同时也夸大1.5倍。确定后效果如图6-7所示。使用导航工具移动视图,可以观察到[Arc_Clip_road.shp]数据已经显示为三维模式,而其他图层仍显示为平面状态。

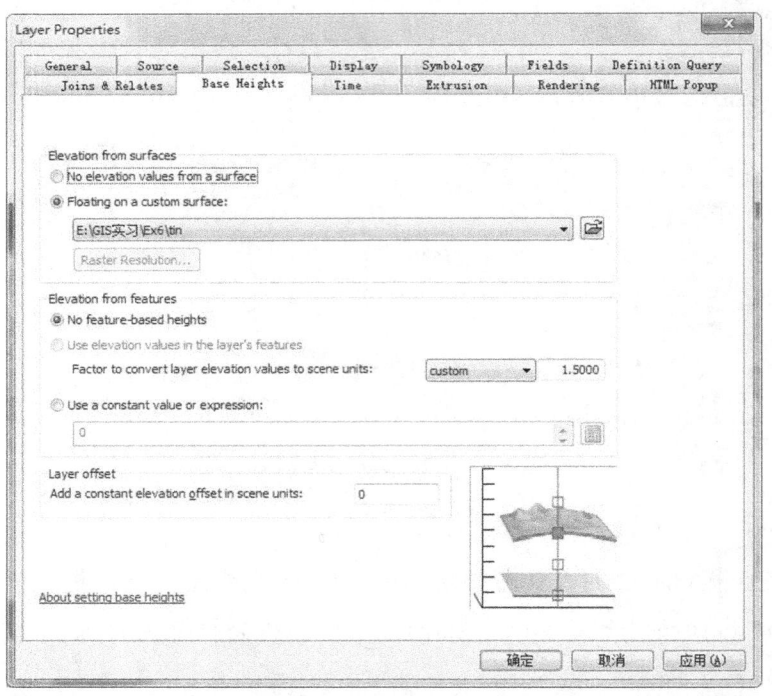

图6-6 设置道路高程

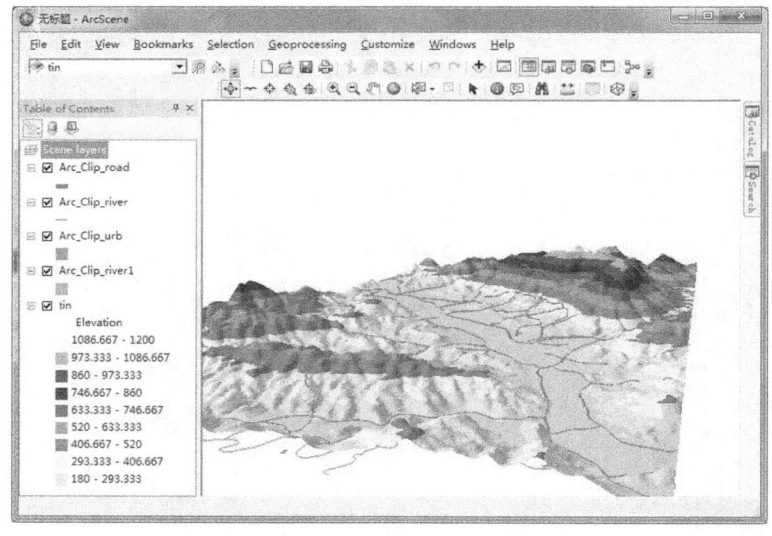

图6-7 道路图层显示效果

使用同样方法设置[Arc_Clip_river.shp](线要素)、[Arc_Clip_river1.shp](面要素)、[Arc_Clip_urb.shp](面要素),使用导航工具调整视图并观察,效果如图6-8所示。

图 6－8　要素三维显示效果

> 如有该区域的遥感影像数据，利用同样方法，可以使遥感影像附着于起伏不平的地形表面之上（注意取消 tin 的显示），即遥感影像具有地形的起伏特征，视觉效果更为逼真，有助于增强对影像模式及其与地形相关性的理解。

4.3　面状地物的垂直拉伸

使用导航及缩放工具，观察[Arc_Clip_urb.shp]图层要素，可见各要素依附于 tin 表面，建筑图没有立体效果。ArcSence 可以依据数据字段对矢量要素进行垂直拉伸（拉伸效果：点拉伸为垂线、线拉伸为立面、面拉伸为立方体），以增强三维效果。

在图层列表面板（DOC）中双键图层[Arc_Clip_urb.shp]，打开图层属性对话框，在[Extrusion]标签页按图 6－9 进行设置（按照属性表中[cengshu]的 10 倍进行拉伸）。拉伸后效果见图 6－10。

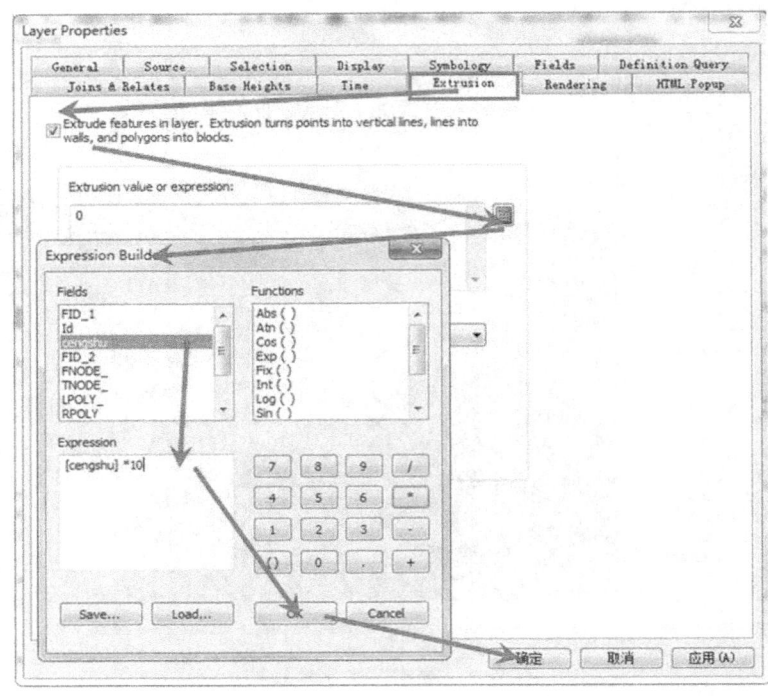

图 6-9 拉伸设置

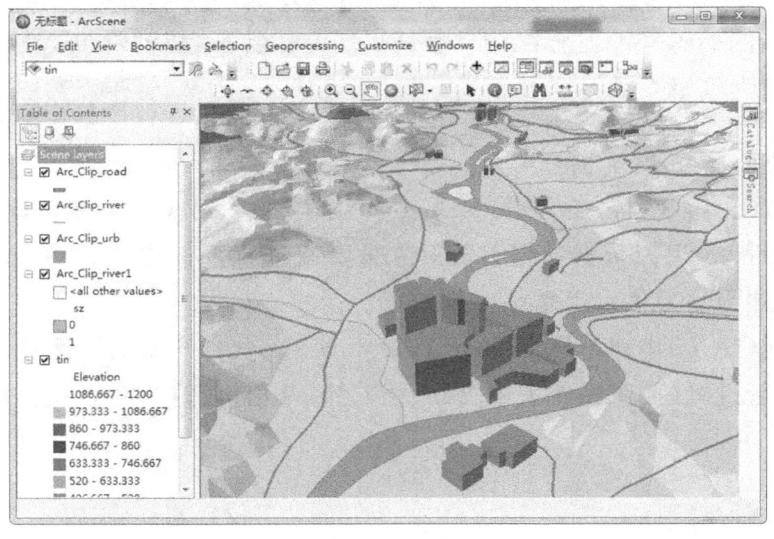

图 6-10 面状要素拉伸效果

5. 三维场景飞行与旋转

5.1 三维场景飞行

通过[Tools]工具条上的[Fly]按钮可以实行三维飞行(该按钮有飞行状态和停止状态)。通过点击鼠标左键可以加快飞行速度,右键单击可以减慢飞行速度,直至停止(左右键同时按下停止飞行),通过移动鼠标可以调整飞行方位和高度。

5.2 三维场景旋转

在图层列表面板(DOC)[Scene layers]双击,打开"Scene Properties"对话框,在[General]标签

页上勾选[Enable Animated Rotation](如图 6-11 所示)。确定后,在场景中使用导航工具,按下鼠标左键,向一个方向拖动,当场景移动时释放左键,场景即可自动旋转。

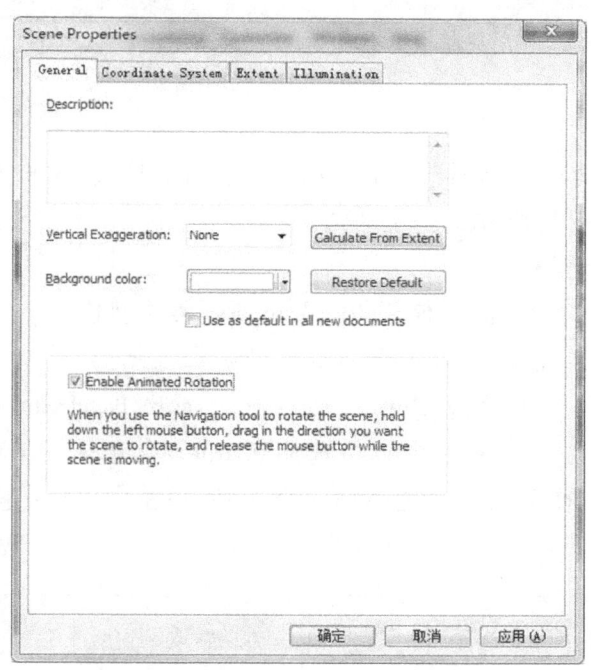

图 6-11 场景旋转设置

6. 三维飞行动画制作

动画是对一个对象(如一个图层)或一组对象(如多个图层)属性变化的可视化展现。它通过对动作进行存储,并在需要时播放,可以对视角的变化、文档属性的变更和地理要素的移动进行可视化显示。

在 ArcScene 中创建动画的方式有:捕获透视图作为关键帧创建动画、录制动画、使用 3D 书签创建动画、使用组动画显示图层之间可见性、沿预定义路径移动对象、根据路径创建动画等。此处主要讲述在 ArcScene 中捕获透视图作为关键帧创建动画、使用 3D 书签创建动画、根据路径创建动画的详细过程。

6.1 捕获视图作为关键帧创建动画

动画的最基本元素是关键帧,创建动画的最简单方法就是捕获关键帧。捕获的关键帧视图是特定时间场景中照相机的快照,将快照作为关键帧,通过创建一系列的关键帧以构建照相机轨迹,该轨迹将在研究区域中的两个感兴趣点之间播放动画。

(1) 导入[Animation]工具条

(2) 使用[Tools]导航到一个场景,按下[Animation]工具条上的"相机"按钮(捕获一个关键帧);再导航到另一个场景,再次"相机"按钮,捕获第二个关键帧;依次可以捕获多个关键帧(动画将在关键帧之间依次播放)。

(3) 点击[Animation]工具条上的"控制"按钮,打开[Animation Controls]工具条(如图 6-12 所示),点击[播放]按钮观察效果。

图 6-12 动画控制工具条

（4）在[Animation]工具条中单击[Animation]右边的下拉箭头→[Clear Animation]，消除创建的动画，以便下面内容使用其他方式创建动画。

6.2 使用 3D 书签创建动画

（1）使用[Tools]导航到一个场景，使用[Bookmarks]菜单创建一个空间书签；再导航到另一个场景，再次创建一个空间书签；依次可以多个书签。

（2）在[Animation]工具条中单击[Animation]→[Create Keyframe…]，打开→[Create Animation Keyframe]对话框。在[Type]下拉框中选择"Camera"，单击[New]按钮，创建新轨迹，勾选[Import from bookmarks]，在下拉框中选择第一个书签，单击[Create]按钮，如图 6-13 所示。为使轨迹显示动画，还需要向该轨迹中添加更多的关键帧。

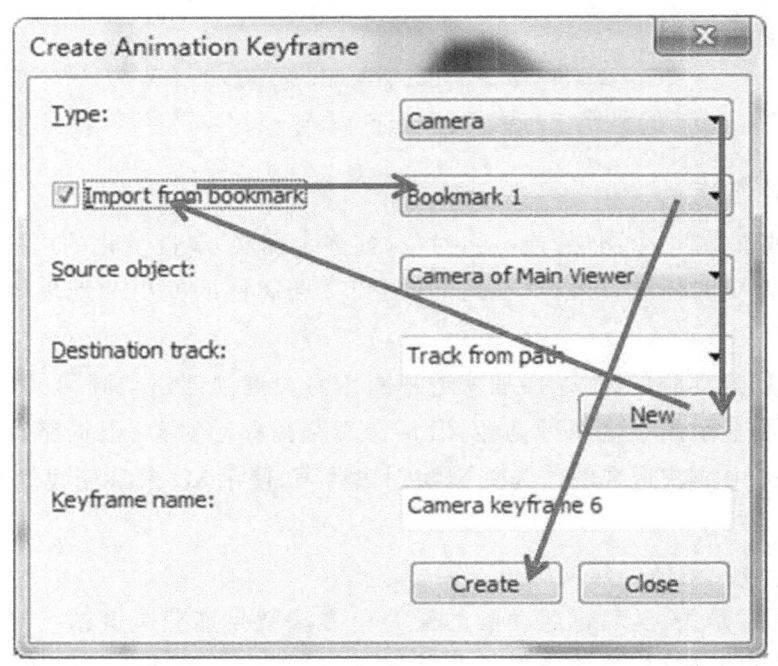

图 6-13 使用空间书签创建动画

（3）在上图中，选择第二个书签，点击[Create]按钮。重复该步骤，以添加多个空间书签作为关键帧。最后单击[Close]按钮。

（4）[Animation Controls]工具条上，点击[播放]按钮观察效果。

（5）在[Animation]工具条中单击[Animation]→[Clear Animation]，消除创建的动画，以便下面内容使用其他方式创建动画。

6.3 根据路径创建动画

让场景沿着选定的线要素飞行。

(1) 在场景文档中加入 path.shp 文件图层(位于…\GIS 实习\实习 6ArcScene 可视化表达\中)。

(2) 双击 path.shp 图层,打开[Layer properties]属性页,在[Base heights]标签页上"tin"为悬浮表面,垂直夸大 1.5 倍。确定后观察该图层(图中只有一条线要素)。

(3) 在 path.shp 图层上右键菜单→[Selection]→[Selection all],选中飞行线路。

(4) 在[Animation]工具条中单击[Animation]→[create fly by from path…](图 6-14),打开"create flyby from path"对话框。

(5) 单选"Selected line feature";[Vertical off]文本框中输入 700,使对象看上去是在表面上飞行;[simplification factor]滑块至"High";[path destination]单选第一项(如图 6-15 所示)。单击[Import]按钮关闭对话框。

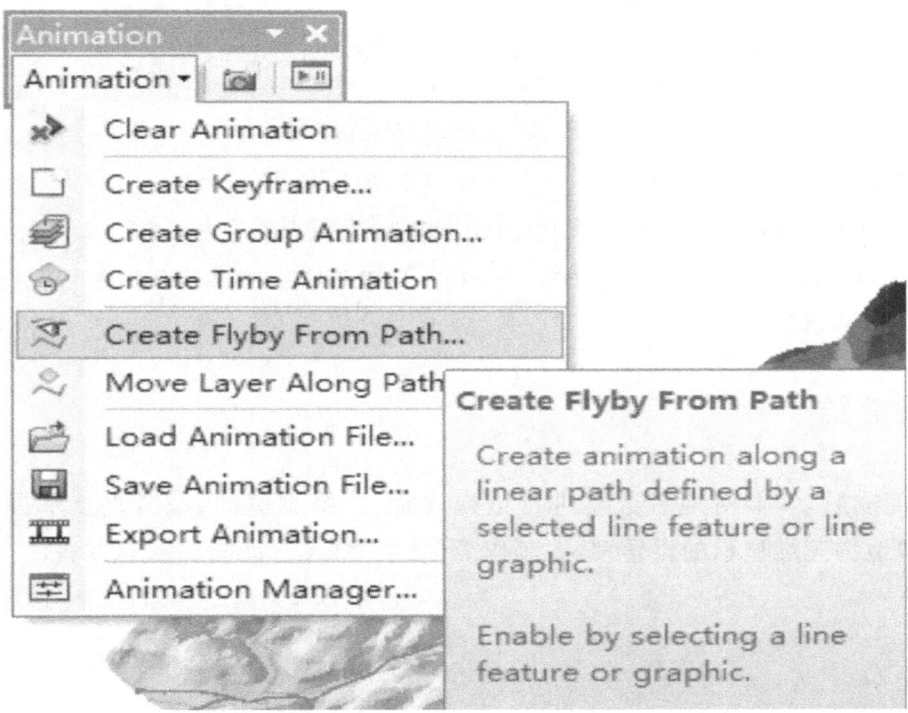

图 6-14 从路径创建动画

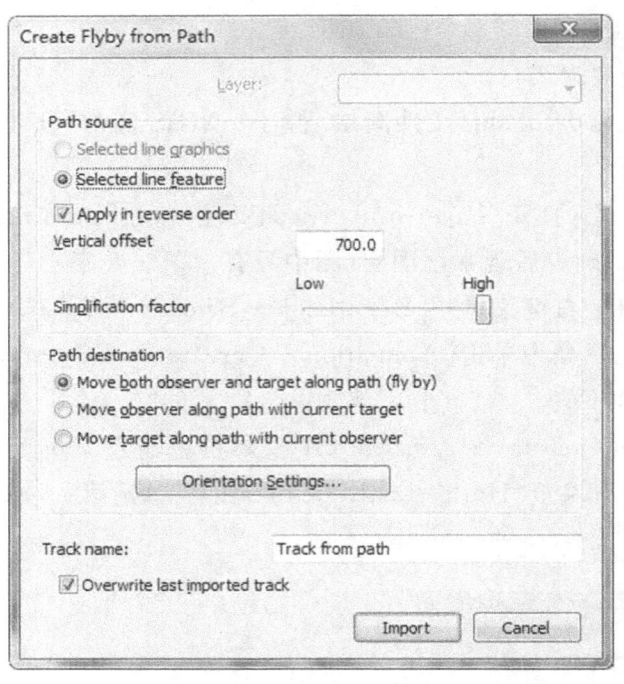

图 6-15 设置从路径创建动画

（6）在图层列表面板（DOC）中关闭 path.shp 文件图层显示。

（7）在[Animation Controls]工具条上，点击[播放]按钮观察效果。

（8）导出动画。在[Animation]工具条中单击[Animation]→[Export Animation…]可以将该动画导出为 avi 格式视频。

四、实验总结

本次实验完成后，学会对地理数据进行透视观察、三维浏览的方法，重点掌握基于高程数据（DEM 或 TIN）地物三维显示的设置；掌握制作简单的三维飞行动画的基本方法。

实验七 项目建设可行性分析

一、实验目的

通过本实验的学习,让学生掌握 Geodatabase、要素数据集、要素类的创建、手工矢量化、字段添加、属性赋值、空间叠加、概要统计、地图制作等方法。

二、实验说明

1. 实验背景

现有一经济开发区,由 5 大功能区组成,各功能区边界坐标和允许排污负荷量参见表单"功能区边界坐标和允许排污负荷量"(实验数据中)。现在此经济开发区内计划建设两个工业项目,其边界坐标和设计排污负荷量参见表单"项目区边界坐标和设计排污负荷量"(实验数据中)。建设项目通过环境审批的条件是建设项目设计排污量负荷不超过建设项目所占功能区允许排污量负荷之和。借助 GIS 软件工具,分析两个建设项目的可行性。

2. 实验准备

(1) 预装 ArcGIS 10.1(或更高版本)桌面版、Excel 2010(或更高版本)

(2) 实验数据:<项目建设可行性.xls>,含两个表单,①"功能区边界坐标和允许排污负荷量";②"项目区边界坐标和设计排污负荷量"。

(3) 实验类型、建议学时和实验要求。

本实验类型为基础性实验,建议设置 2~4 个学时。根据实验数据,至少应生成如下结果:

① 编制专题地图。地图中给出两个建设项目与开发区各功能区的位置关系,图上显示各功能区的名称、面积、允许排污负荷量、项目区的名称、面积、设计排污负荷量(要求有图例)。

② 输出统计表。a.建设项目使用开发区各功能区土地面积统计表;b.建设项目在开发区各功能区的排污负荷量统计表;c.项目审批结果表(可按项目审批条件自行设计)。

三、实验过程

1. 绘制功能区。

1.1 把功能区边界坐标转换为边界点。

(1) 点击 ArcMap 窗口中[Standard]工具条上的"➕"按钮,导航到存放数据的位置,把"项目建设可行性分析.xls"表格中的"功能区边界坐标和允许排污负荷量"表单添加到 ArcMap 中,如图 7－1 所示。

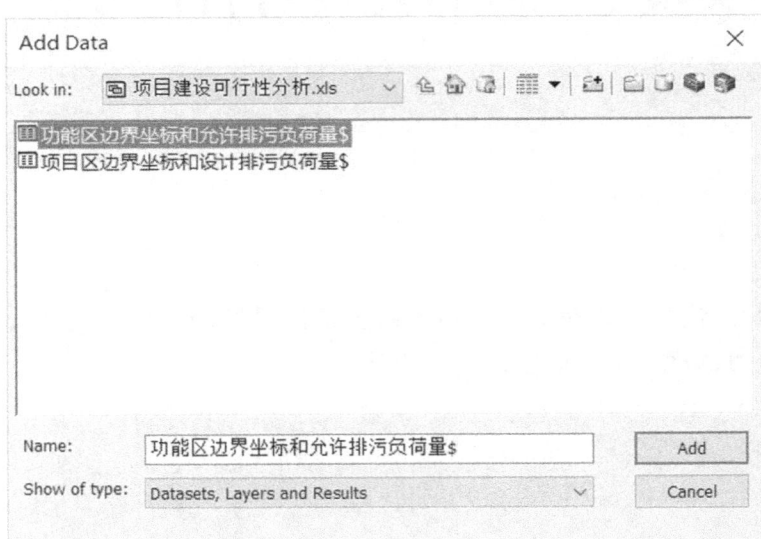

图 7－1　添加数据对话框

> 注意：添加数据操作 Excel 文件时,若出现"Failed to connect to database. An underlying database error occurred. 没有注册类"的提示,原因是你的电脑上没有安装微软的 Office 数据驱动。可以从以下地址 https://www.microsoft.com/en－us/download/details.aspx?displaylang=en&id=23734 下载并安装后再添加。

(2) 点击[File]－>[Add data]－>[Add XY Data]工具,设置如图 7－2 所示。然后连续点击两次 OK 按钮后,内容表中出现一个后缀为"Events"的图层。

图 7－2　Add XY Data 对话框设置

注意：在内容表中的"功能区边界坐标和允许排污负荷量"上右击后选择"Display XY Data…"，做和图 7-2 相同的设置，连续点击两次 OK 按钮，与用"Add XY Data"工具效果相同。

（3）在步骤 2）中得到的"Events"层上右击，在弹出的对话框中选择［Data］-＞［Export Data…］（如图 7-3），导出保存为"Pts_FunctionArea.shp"即得到了功能区的边界点。

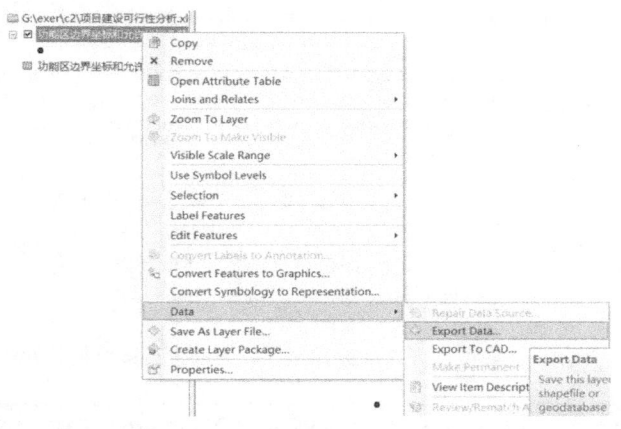

图 7-3 导出保存对话框

1.2 新建功能区要素类。

此处采用 Geodatabase 要素类的形式。实际操作中，也可采用 shapefile 的形式。

（1）新建 Geodatabase。在［Standard］工具条上点击"　　"按钮，在"Catalog"中导航到拟存放功能区要素类的文件夹，然后在该文件夹上右击后选择［New］-＞［File Geodatabase］（图 7.4），并重命名为"Ex1"。

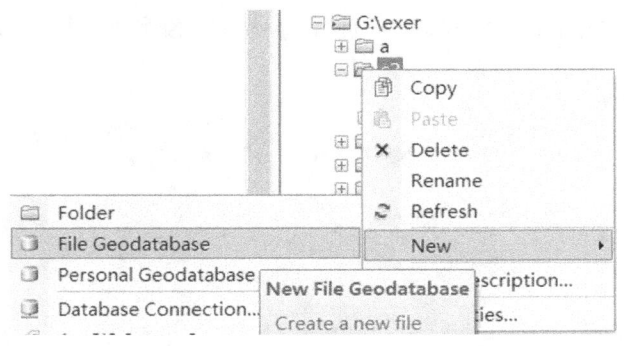

图 7-4 新建 File Geodatabase

注意：a. 新建 File Geodatabase 和 Personal Geodatabase 都可以，但它们在存储方式、存储容量、数据库性能等方面存在差异，推荐采用 File Geodatabase。b. Personal Geodatabase 的后缀名为".mdb"，File Geodatabase 的后缀名为".gdb"，若系统已经显示了后缀名，则重命名时只需修改后缀名前的部分，保留后缀名不变。

（2）新建要素数据集。在"Ex1.gdb"上右击后选择［New］-＞［Feature Dataset］，在弹出的对话框中输入名字"FunctionArea"后点击[下一步(N)],在弹出的对话框中选择[Import](如图7-5),选择功能区的边界点"Pts_FunctionArea.shp"文件后,点击[下一步(N)]后,再点击"Finish"完成。

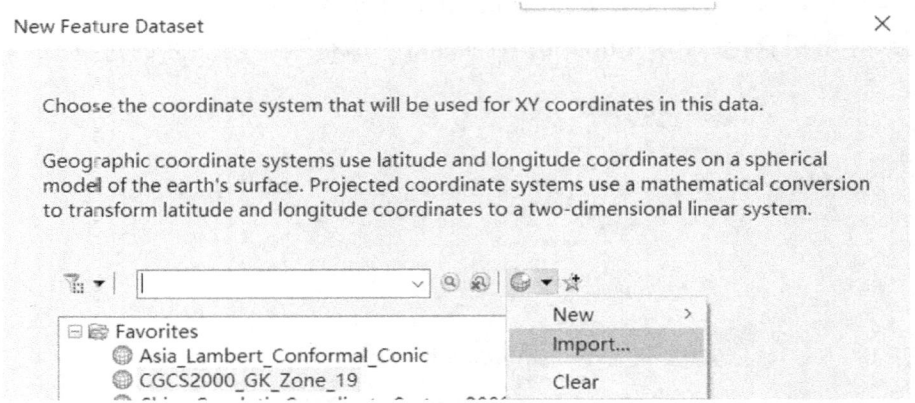

图7-5 采用导入匹配的方式从边界坐标数据取得要素数据集的空间范围

注意:图7-5中的"Import"主要为了定义要素数据集的空间范围。

(3)新建功能区要素类。在新建的数据集"FunctionArea"上右击后选择[New]->[Feature Class],在弹出的对话框中,Name属性输入"FA",确保类型为"Polygon Features",连续点击两次[下一步(N)]后,再点击[Finish]完成要素类的创建。

1.3 绘制功能区。

(1)用功能区边界点的x,y坐标以分子分母式对边界点进行标注。

① 双击图层"Pts_FunctionArea"打开层属性对话框,然后在其[label]选项中勾选"[abel features in this layer],设置标注字体为"宋体"标注字号为12,设置如图7-6所示。

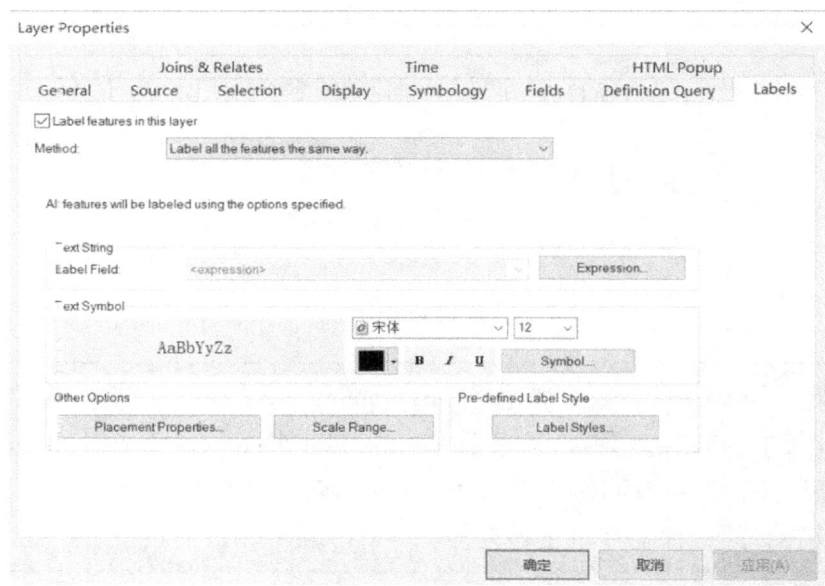

图7-6 标注对话框

② 在图 7-6 中点击[Expression]按钮，在弹出的对话框的表达式项中，录入表达式""<UND>" & [x] & "</UND>" & vbNewline & [y]"，如图 7-7 所示。

图 7-7 以分子分母式对边界点的 x,y 坐标进行标注

(2) 按"功能区边界坐标和允许排污负荷量"表单中的信息手工绘制功能区 A、B、C、D、E。

① 添加要素类"FA"到 ArcMap 窗口。

② 编辑工具条下启动编辑，并确保编辑对象为"FA"，如图 7-8 所示。

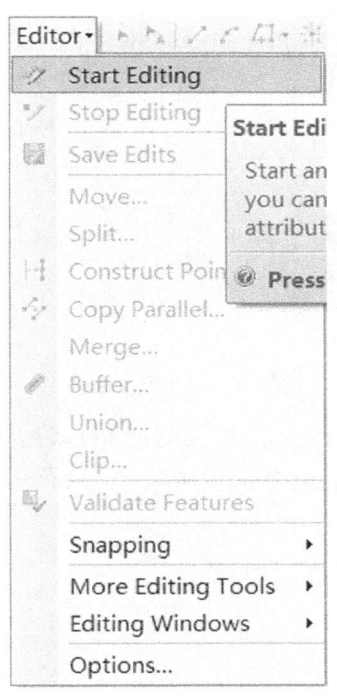

图 7-8 启动编辑

③ 从[Editor]—>[Snapping]—>[Snapping Toolbar]打开捕捉工具条,并开启点捕捉,如图7—9所示。

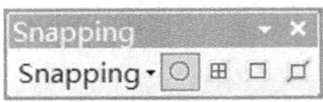

图7—9 设置点捕捉

④ 点击编辑工具条上的创建要素 按钮,在创建要素对话框中点击图层"FA",然后按照表单"功能区边界坐标和允许排污负荷量"中提供的每个功能区的边界点信息绘制功能区,每次双击鼠标左键可完成一个功能区的绘制。功能区A的绘制如图7—10所示。

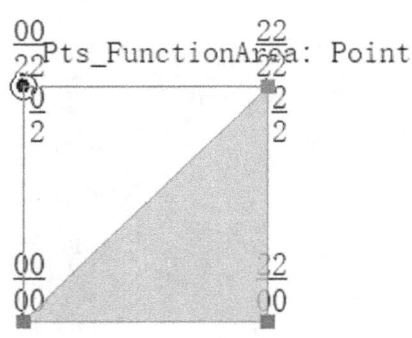

图7—10 绘制功能区A

⑤ 以绘制功能区A的方法完成所有功能区的绘制,然后在编辑器工具条上选择停止编辑并保存绘制的结果。功能区绘制的结果如图7—11所示。

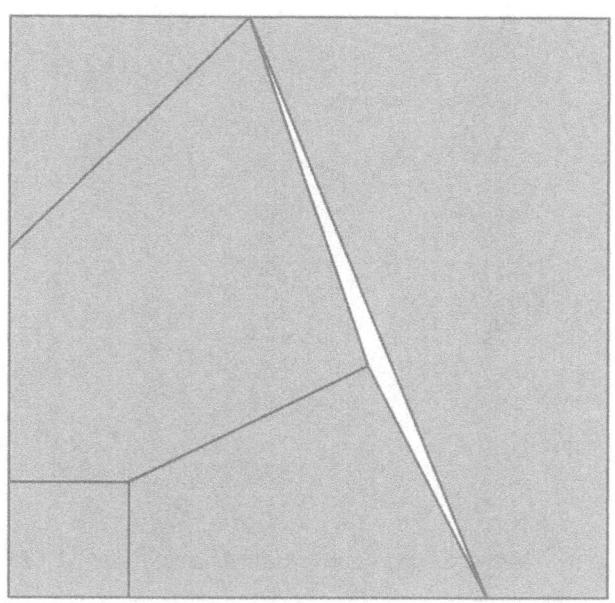

图 7-11 功能区绘制结果

1.4 在绘制的功能区属性表中添加字段并录入功能区和允许排污负荷量的信息。

(1) 打开"FA"的属性表,点击"Table Options"按钮,在弹出的菜单中点击[Add Field]按钮,如图 7-12 所示。

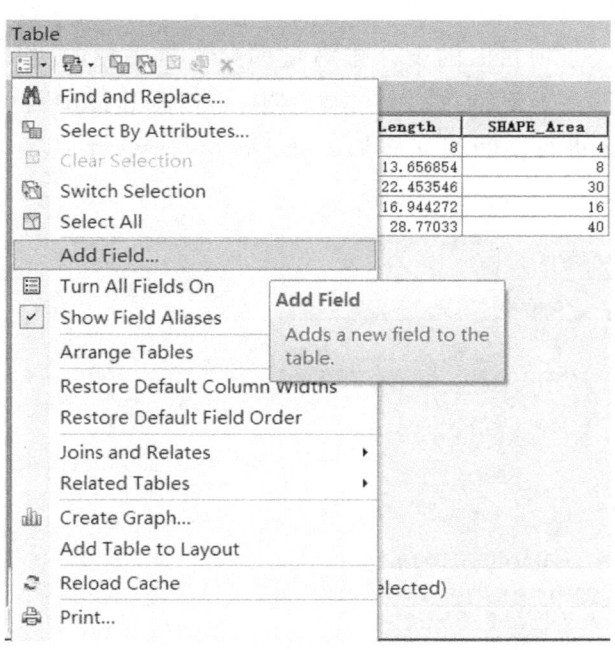

图 7-12 "Add Field"

(2) 分别添加一个文本型字段"FunctionArea"和一个短整型字段"YXPWFH"。文本型字段"FunctionArea"的添加如图 7-13 所示。

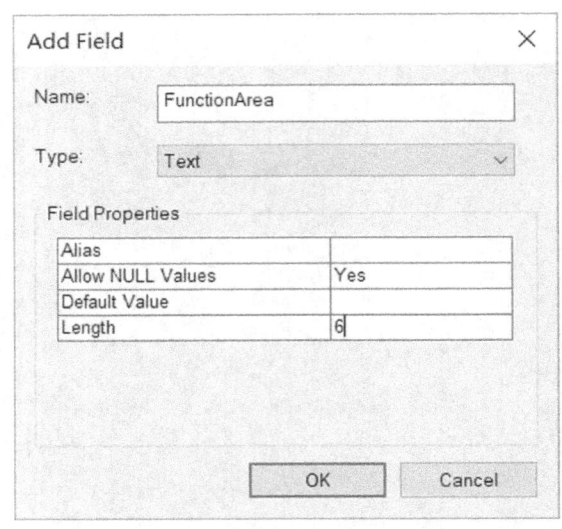

图 7-13 添加文本型字段"FunctionArea"

（3）启动编辑，按照表单"功能区边界坐标和允许排污负荷量"中的信息把功能区和各功能区允许排污负荷量录入功能区多边形的属性表中。

2. 绘制项目区。

以与绘制功能区相同的处理方式绘制项目区并录入相关属性，不再赘述。

3. 项目建设可行性评价

项目建设是否可行取决于项目区的设计排污量和允许排污量的对比。即，若设计排污量＞允许排污量，则项目建设不可行；若设计排污量≤允许排污量，则建设项目可行。

（1）把项目区和功能区进行空间相交叠加。从 Geoprocessing 主菜单下点击[Intersect]工具，设置如图 7-14 所示。

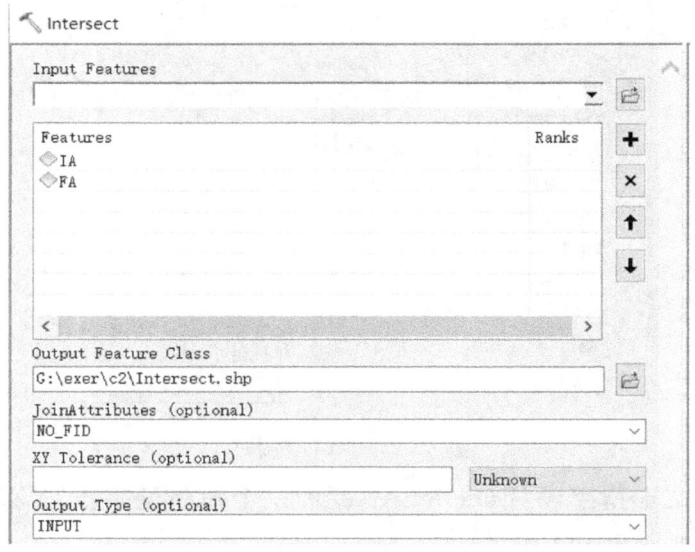

图 7-14 项目区和功能区相交叠加

（2）在相交叠加结果的属性表中添加浮点型字段"NewArea"用于存放叠加后多边形的面积。

（3）在新添加的字段"NewArea"上点击鼠标右键，在弹出的快捷菜单中选择[Calculate Geometry]，然后在弹出的对话框中选择计算面积。如图7-15所示。

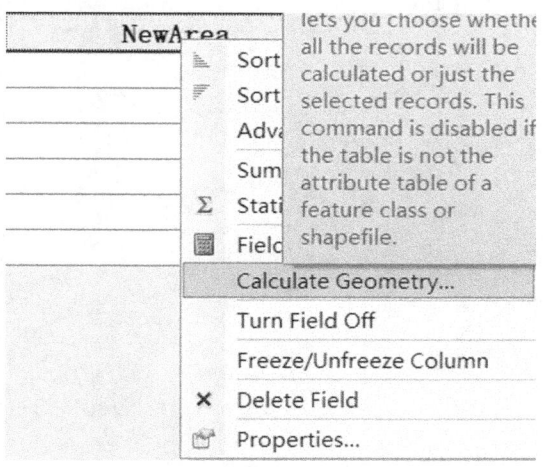

图7-15　计算新生成的多边形的面积

（4）在相交叠加结果的属性表中再次添加两个浮点型字段"SJPWL"和"YXPWL"分别用于存放设计排污量和允许排污量，设计排污量以设计排污负荷乘以计算的新面积计算得到，允许排污量以允许排污负荷乘以计算的新面积计算得到。设计排污量的计算如图7-16所示。

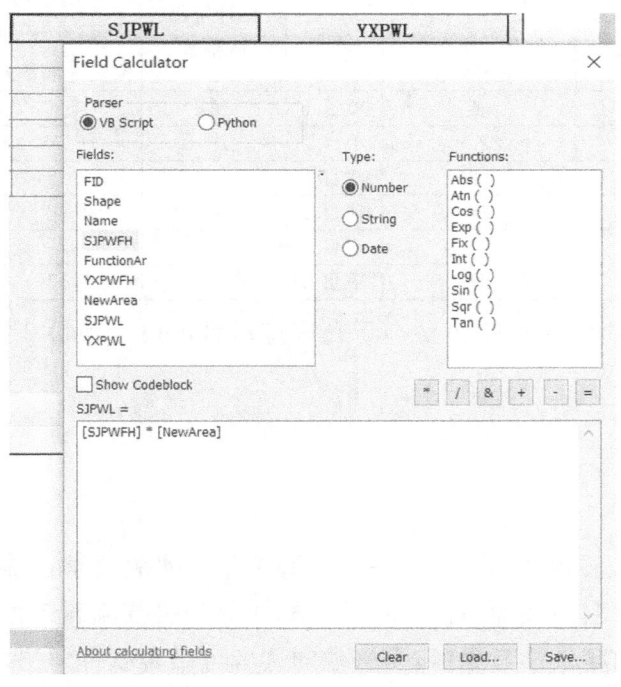

图7-16　设计排污量的计算

（5）按项目区名"Name"字段对设计排污量和允许排污量进行汇总求和。在"Name"字段上右击，在弹出的快捷菜单中选择[Summarize...]，在弹出的对话框中对设计排污量和允许排污量进行求和，如图7-17所示。

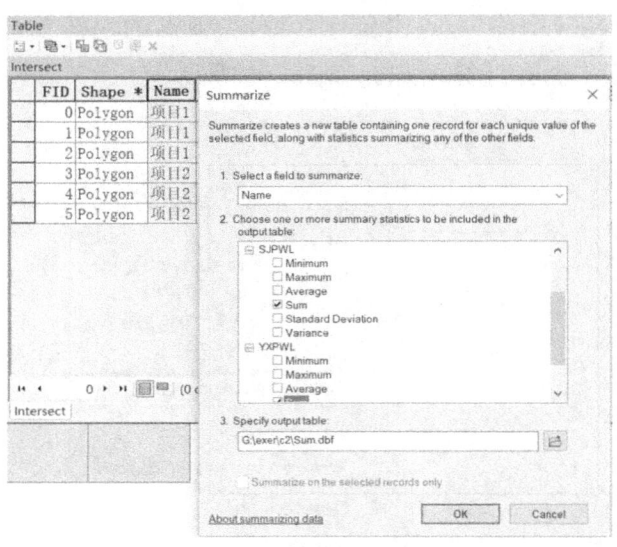

图 7-17 概要统计

(6) 对上述结果进行整理后,如表 7-1 所示。

表 7-1 项目审批表

功能区				项目				
名称	与项目区相交面积	允许排污单位量	允许排污总量(允许单位量*面积)	名称	设计排污单位量	设计排污总量(设计单位量*面积)	允许排污总量合计	设计排污总量合计
A	1	2	2	项目1	5	5		
C	3.75	6	22.5	项目1	5	18.75	30.75	30
D	1.25	5	6.25	项目1	5	6.25		
C	4.33	6	26	项目2	8	34.67		
D	4	5	20	项目2	8	32	110	117.87
E	6.4	10	64	项目2	8	51.2		

从表 7-1 可知,项目 1 的设计排污量小于允许排污量,可行;项目 2 的设计排污量大于允许排污量,不可行。

四、实验总结

本实验是一个简单的综合性实验项目,在对实验背景和实验要求正确把握的基础上,学生需综合运用矢量数据编辑、矢量空间叠加、符号化、地图标注等相关技能和知识解决实验案例中的问题。为了巩固实验效果,以下问题供读者思考,有兴趣的读者可结合软件解决之。

(1) 相交叠加操作时,结果图层不保留输入图层的属性会产生怎样的后果?

(2) 专题图中呈现两个建设项目与开发区各功能区的位置关系,图上显示各功能区的名称、面积、允许排污负荷量、项目区的名称、面积、设计排污负荷量等。

(3) 除手工绘制功能区和项目区外,考虑采用 ArcGIS 工具箱提供的工具进行绘制,或自己编写工具进行绘制。

实验八　某休闲娱乐建设项目适宜性评价和综合选址

一、实验目的

1. 了解和掌握适宜性评价和选址问题的一般求解过程。
2. 根据分段多项式的特点，掌握 ArcGIS 中通过重分类后分段赋值、书写表达式等途径实现分段多项式的方法。
3. 巩固 ArcGIS ModelBuilder 的操作方法。
4. 通过本实验，培养学生"举一反三"的能力，了解和掌握 ArcGIS 桌面软件中相关表达式、函数和代码的书写方法。

二、实验说明

1. 实验背景

某房地产开发公司规划建设一处休闲养老项目，经专家多次实地考察及综合分析，最终抽取了地形高程、地形坡度、地面坡向、与面状水体距离、与主要道路距离共 5 个影响项目选址的主要因素，并建立了各主要影响因素的专家打分模型影响（因素括号中备注的小数为因子权重值）。专家打分模型具体如下：

(1) 高程打分模型(0.15)：$f(x)=\begin{cases} 0, x<200\ or\ x>1500 \\ \dfrac{x-200}{400}, 200\leq x \leq 600 \\ 1, 600<x<800 \\ \dfrac{1500-x}{700}, 800\leq x \leq 1500 \end{cases}$　　　　（公式 8.1）

(2) 坡度打分模型(0.25)：$f(x)=\begin{cases} \dfrac{15-x}{15}, x\leq 15° \\ 0, x>15 \end{cases}$　　　　（公式 8.2）

(3) 坡向打分模型(0.25)：$f(x) = \begin{cases} 0 & 0° \leq x \leq 90° \, or \, 270° \leq x \leq 360° \\ \dfrac{x-90°}{90°} & 90° < x \leq 180° \\ 1 & x = -1 \\ \dfrac{270°-x}{90°} & 180° < x < 270° \end{cases}$ （公式 8.3）

(4) 到面状水体距离打分模型(0.20)：$f(x) = \begin{cases} \dfrac{500-x}{500} & x \leq 500 \\ 0 & x > 500 \end{cases}$ （公式 8.4）

(5) 到道路距离打分模型(0.15)：$f(x) = \begin{cases} \dfrac{x}{300} & x \leq 300 \\ 1 & x > 300 \end{cases}$ （公式 8.5）

根据建立的项目建设适宜性评价模型进行项目建设适宜性评价，并根据下列约束条件确定候选地块。约束条件如下：

▶综合评分≥0.85

▶项目区面积≥1 Km²

▶避开现有公园绿地区

2. 实验准备

(1) 预装 ArcGIS 10.1（或更高）桌面版

(2) 实验数据：

▶DEM：研究区数字高程模型

▶道路：研究区内的主要道路

▶面状水体：研究区内的面状水体

▶公园绿地：研究区内的主要公园绿地区

3. 实验类型、建议学时和实验要求

本实验类型为综合型实验，建议设置 2~4 学时。根据提供的实验数据，至少需得到以下成果：

(1) 各影响因子的打分结果。

(2) 建设项目适宜性评价结果（综合评分结果）。

(3) 3 个约束条件下的选址结果。

(4) 基于 ArcGIS ModelBuilder 的建模流程图。

三、实验过程

1. 地形高程因子的打分

1.1 从[ArcToolbox]—>[Spatial Analyst Tools]—>[Reclass]—>[Reclassify]"启动[Reclassify]工具，根据高程打分模型，对地形高程数据进行重分类，重分类的结果按打分模型中分段多项式的顺序赋对应的位置值，即从上到下赋值 1,2,3,4。如图 8-1 所示。

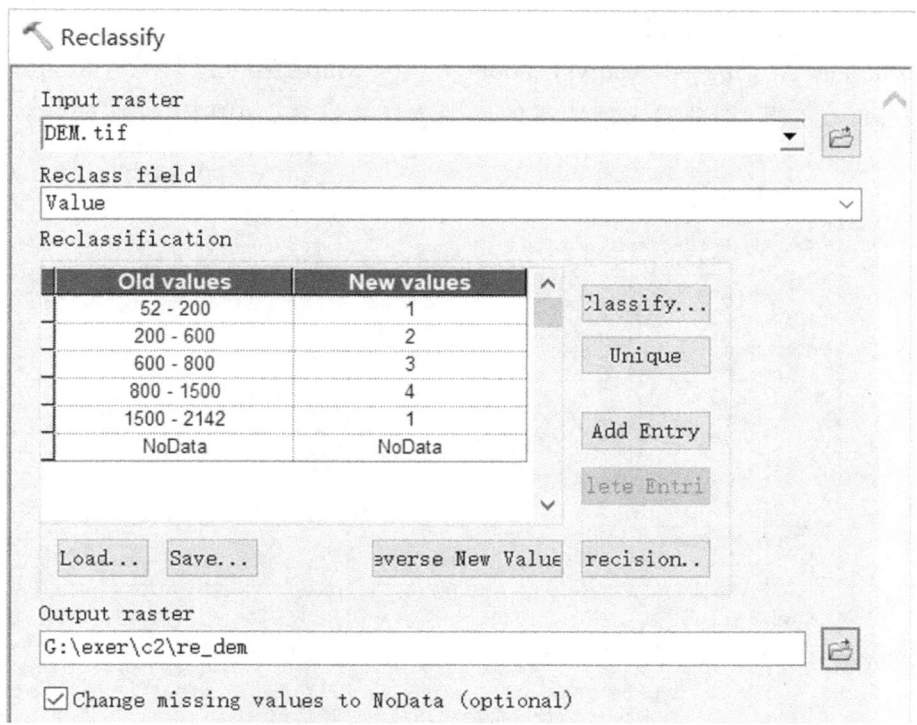

图 8-1 对地形高程进行重分类

1.2 计算分段多项式第二段的值

从[ArcToolbox]->[Spatial Analyst Tools] ->[Map Algebra]->[Raster Calculator]启动[Raster Calculator]工具,按分段多项式第二段的表达式计算,如图8-2所示。

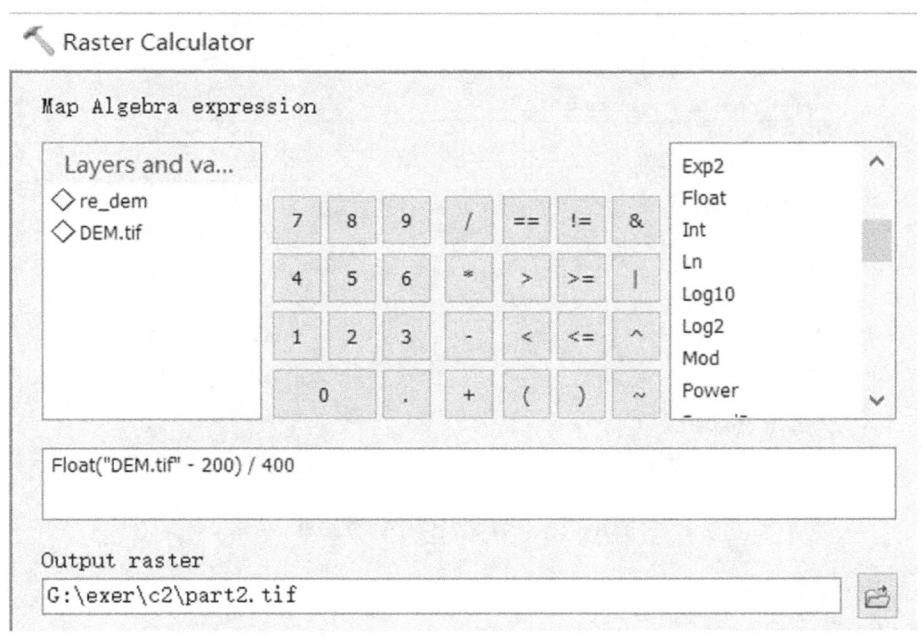

图 8-2 计算分段多项式第二段的值

1.3 计算分段多项式第四段的值

从[ArcToolbox]->[Spatial Analyst Tools]->[Map Algebra]->[Raster Calculator]启动[Raster Calculator]工具,按分段多项式第四段的表达式计算,如图8-3所示。

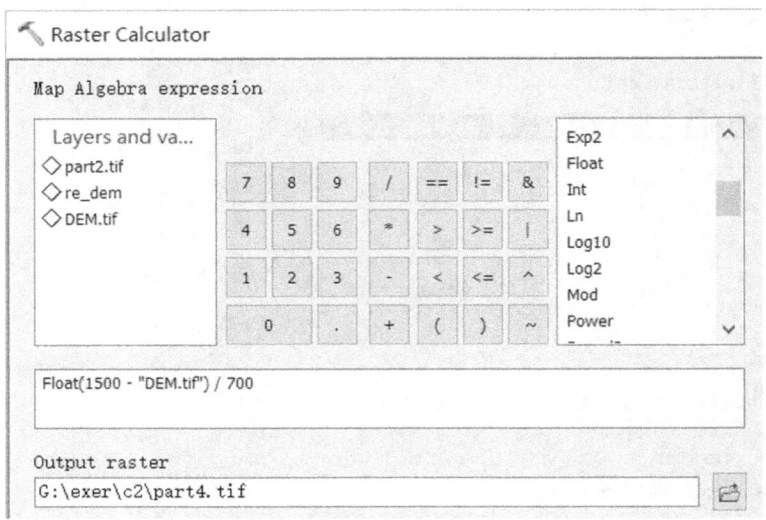

图8-3 计算分段多项式第四段的值

1.4 取得地形高程的打分结果

从[ArcToolbox]->[Spatial Analyst Tools]->[Conditional]->[Pick]启动[Pick]工具,按高程打分模型分别赋对应值,如图8-4所示。

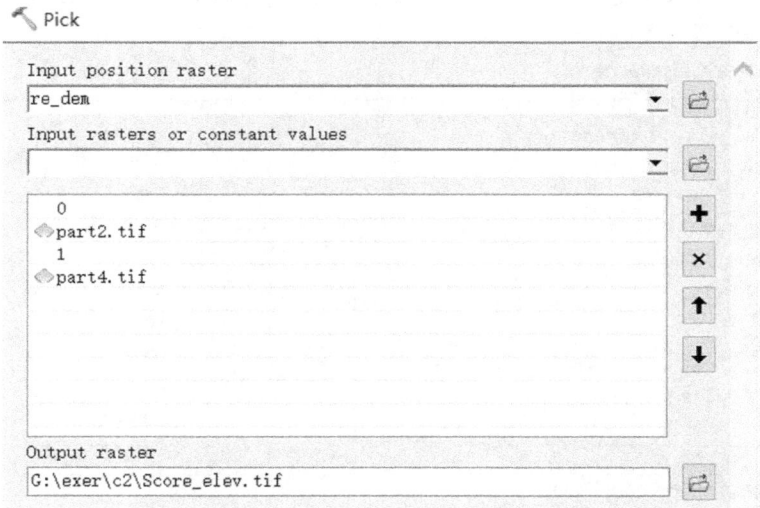

图8-4 计算高程因子评分结果

2. 地形坡度因子的打分

2.1 基于DEM数据计算地形坡度

从[ArcToolbox]->[Spatial Analyst Tools]->[Surface]->[Slope]启动[Slope]工具,计算以度计量方式的坡度,如图8-5所示。

实验八 某休闲娱乐建设项目适宜性评价和综合选址

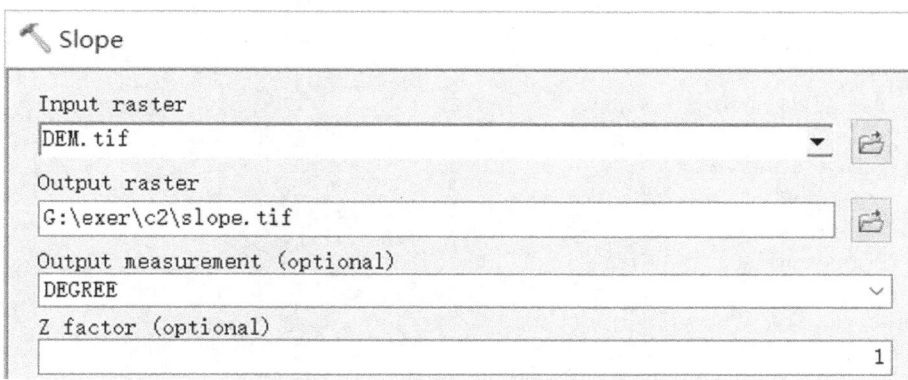

图 8-5 计算以"度"计算的坡度

2.2 对坡度因子按打分模型中的断点值分为 2 类，重分类的结果按打分模型中分段多项式的顺序赋对应的位置值，即从上到下赋值 1,2。如图 8-6 所示。

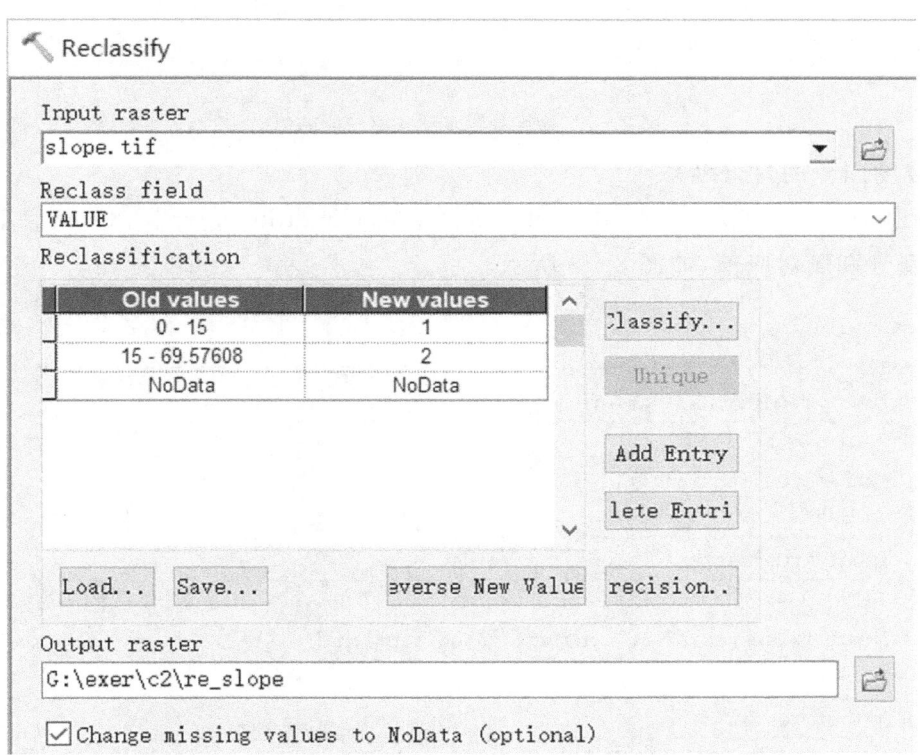

图 8-6 坡度重分类

2.3 计算坡度小于 15 度的打分值（即分段多项式第一段的值）。

从[ArcToolbox]—>[Spatial Analyst Tools]—>[Map Algebra]—>[Raster Calculator]启动[Raster Calculator]工具，按分段多项式第一段的表达式计算，如图 8-7 所示。

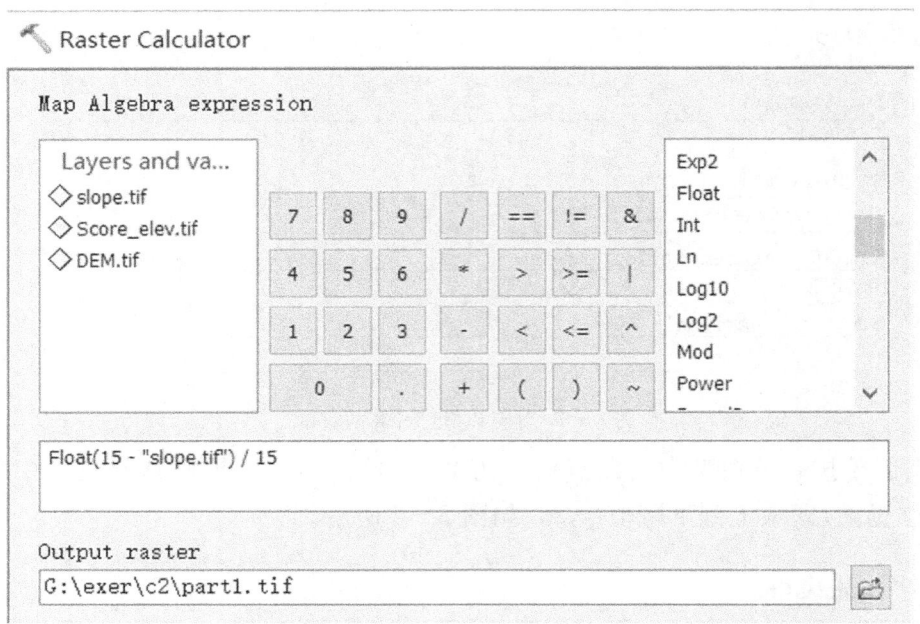

图 8-7 计算分段多项式第一段的值

2.4 取得坡度因子的打分结果

从[ArcToolbox]->[Spatial Analyst Tools]->[Conditional]->[Con]启动[Con]工具，按坡度打分模型分别赋对应值，如图 8-8 所示。

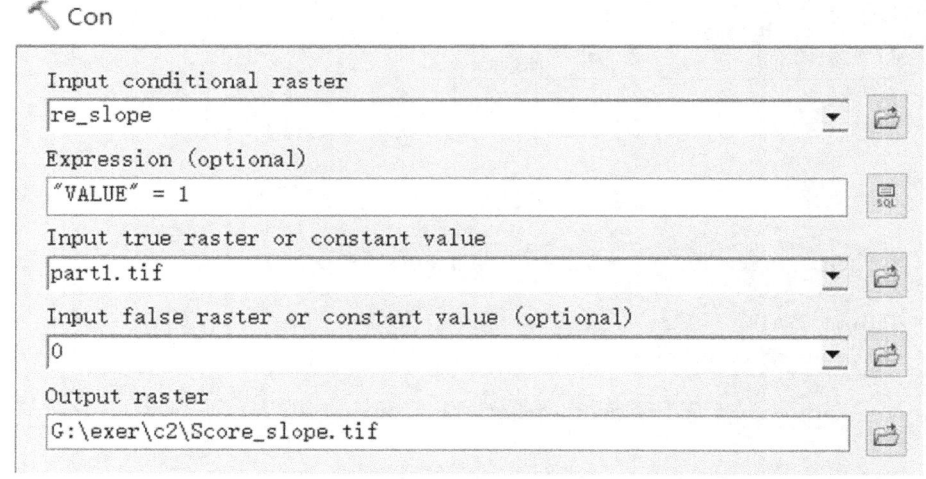

图 8-8 计算坡度因子评分结果

3. 地形坡向因子的打分

为了练习更多的常用工具，以下采用与上述四段多项式（地形高程评分）不同的实现过程。思路为：利用当前的四段多项式"两段为常数、两段为变量"的特点，对坡向因子重分类两次实现。第一次重分类，评分值为常数 0，1 的两段重分类结果对应赋值为 0，1，评分值为变量的两段赋值为 NoData；第二次重分类，评分值为常数 0，1 的两段重分类结果赋值为 NoData，评分值为变量的两段赋对应位置值（即 2 和 4），分别计算位置为 2 和 4 的两段的值，利用 Con 工具取得多项式中评分值为变量的两段的评分值。然后把第一次重分类的结果和第二次重分类后并取得评分值的结果进行图像镶嵌从而得到坡向因子的评分结果。

3.1 从[ArcToolbox]—>[Spatial Analyst Tools]—>[Surface—>Aspect]启动[Aspect]工具,计算以度计量方式的坡度,如图8-9所示。

图8-9 计算地形坡向

3.2 按打分模型中的断点设置对坡向进行第一次重分类,取得常量得分,变量得分赋值为NoData,如图8-10所示。

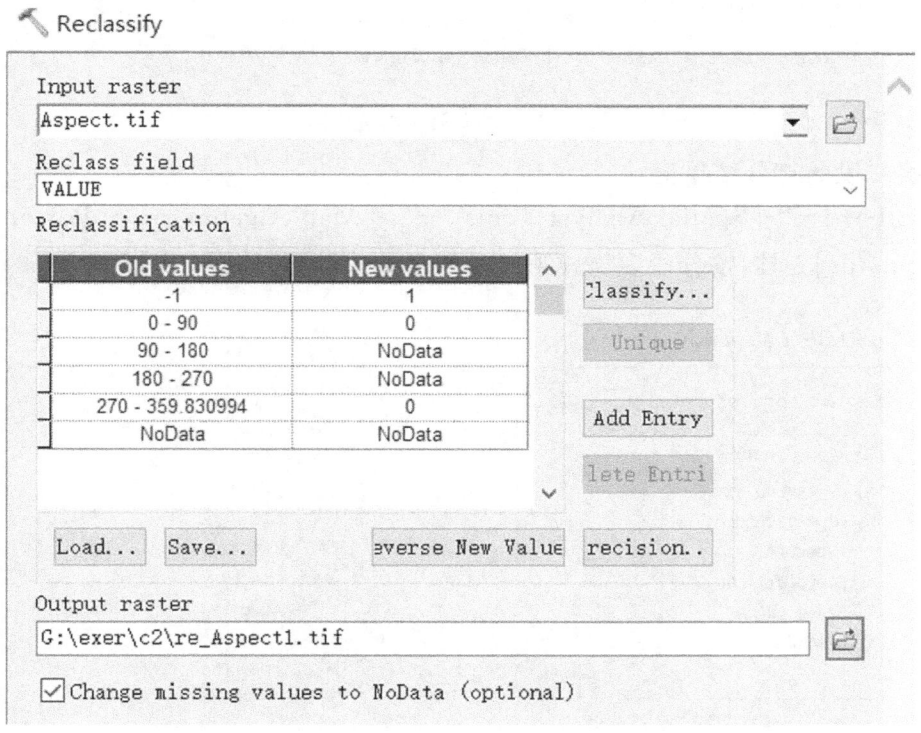

图8-10 坡向第一次重分类

3.3 按打分模型中的断点设置对坡向进行第二次重分类,常量得分区域赋值为NoData,变量得分区域赋对应位置值,如图8-11所示。

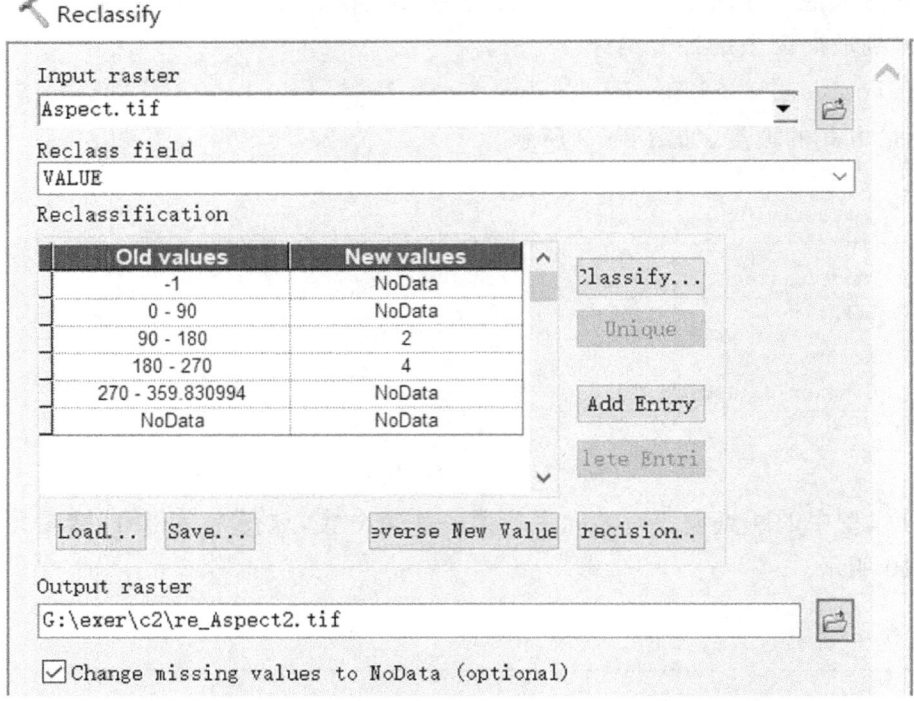

图 8-11 坡向第一次重分类

3.4 计算第二段的打分结果值

从[ArcToolbox]—>[Spatial Analyst Tools]—>[Map Algebra]—>[Raster Calculator]启动[Raster Calculator]工具,按分段多项式第二段的表达式计算,如图 8-12 所示。

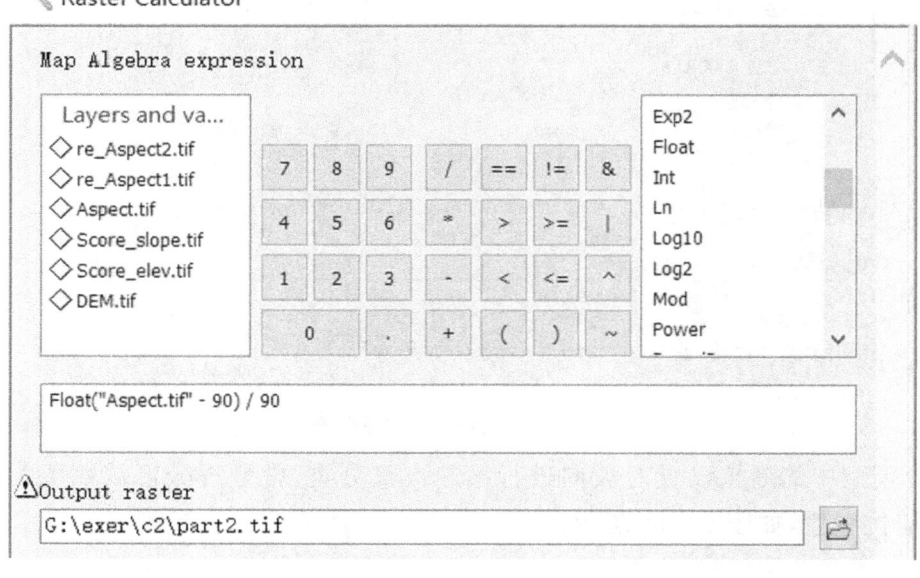

图 8-12 计算分段多项式第二段的打分值

3.5 计算第四段的打分结果值

从[ArcToolbox]—>[Spatial Analyst Tools]—>[Map Algebra]—>[Raster Calculator]启

动[Raster Calculator]工具,按分段多项式第四段的表达式计算,如图 8－13 所示。

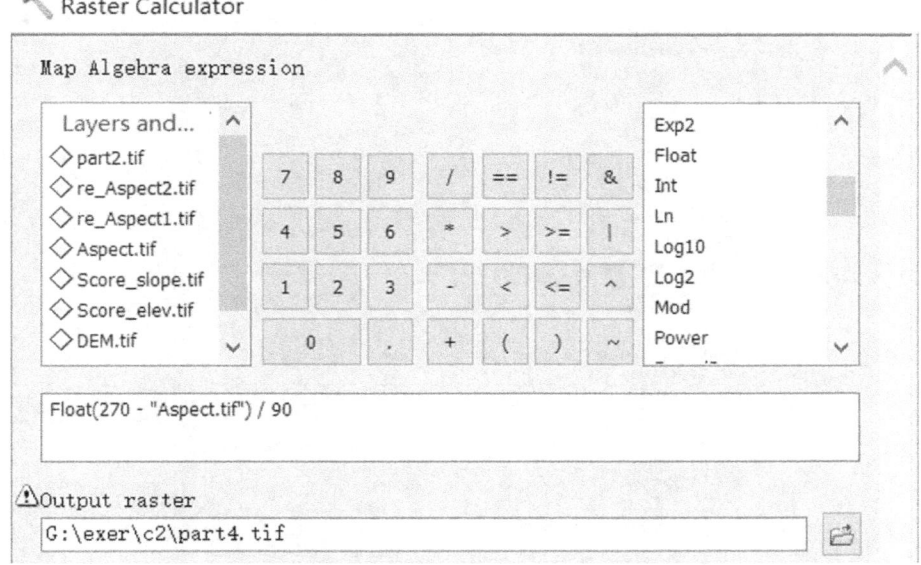

图 8－13　计算分段多项式第四段的打分值

3.6　取得变量得分区域的评分结果值

从[ArcToolbox]－>[Spatial Analyst Tools]－>[Conditional]－>[Con]启动[Con]工具,变量得分区域按位置对应取值,如图 8－14 所示。

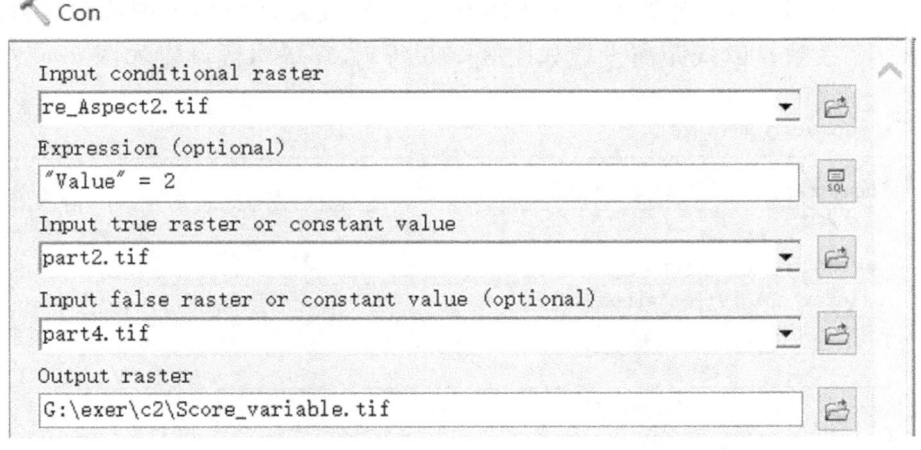

图 8－14　取得变量得分区域的评分结果值

3.7　取得坡向因子评分结果值

[ArcToolbox]－>[Data Management Tools]－>[Raster]－> [Raster Dataset]－>[Mosaic to New Raster]启动[Mosaic to New Raster]工具,设置如图 8－15 所示。

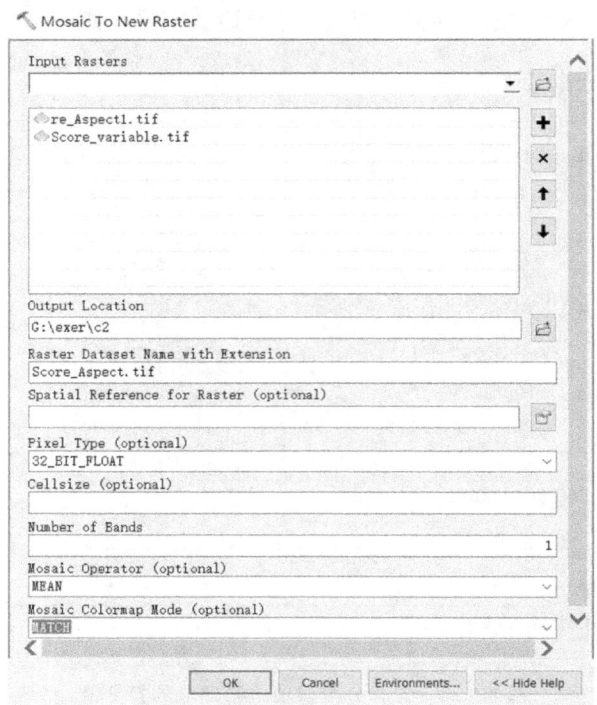

图 8-15 取得坡向因子评分结果

4. 到面状水体距离的打分

4.1 从[ArcToolbox]—>[Spatial Analyst Tools]—>[Distance]—>[Euclidean Distance]启动[Euclidean Distance]工具,计算到面状水体的欧氏距离,注意环境参数中范围参数和掩膜参数均设置为与"DEM.tif"一致。欧氏距离设置如图 8-16 所示,环境参数设置如图 8-17 所示。

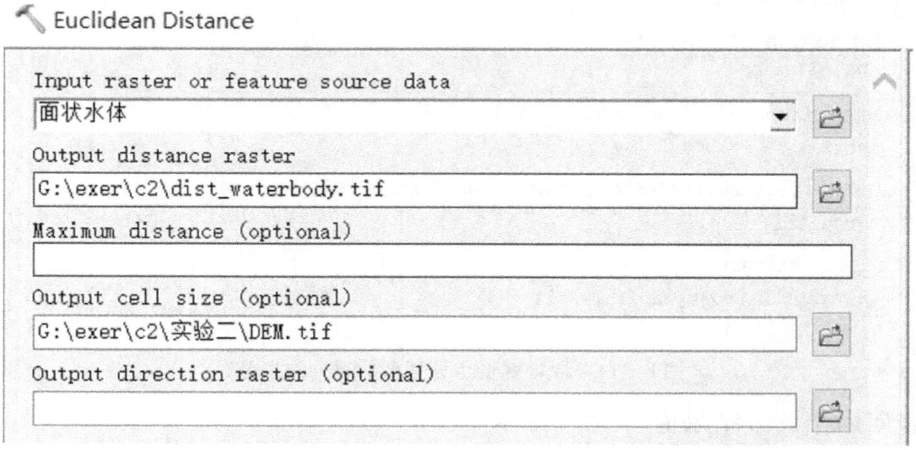

图 8-16 到面状水体的欧氏距离

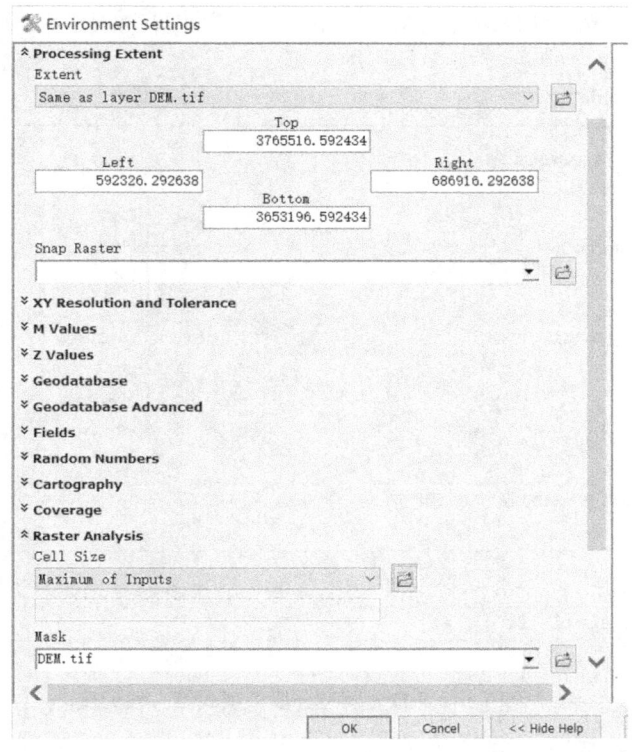

图 8—17 到面状水体的欧氏距离的环境参数设置

4.2 按打分模型中的断点设置对到面状水体的欧氏距离进行重分类,第一段赋值为 1,第二段赋打分结果值 0,设置如图 8—18 所示。

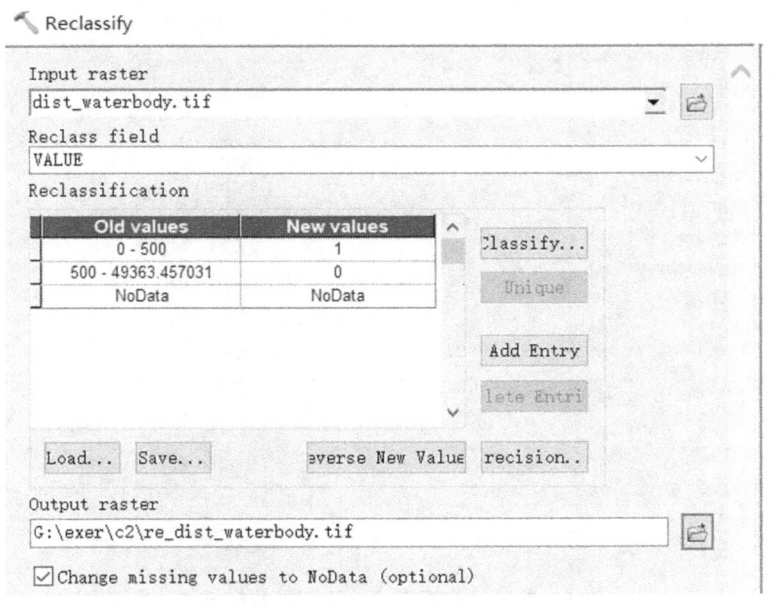

图 8—18 重分类到面状水体的欧氏距离

4.3 计算打分模型第一段的值

从[ArcToolbox]—>[Spatial Analyst Tools]—>[Map Algebra]—>[Raster Calculator]启

动[Raster Calculator]工具,按分段多项式第一段的表达式计算,如图 8-19 所示。

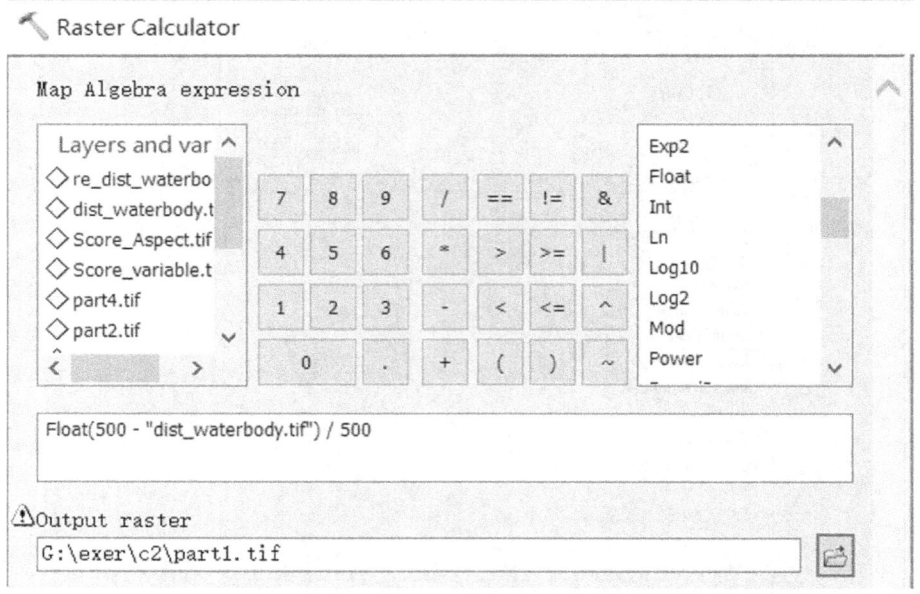

图 8-19　计算打分模型分段多项式第一段的值

4.4　计算到面状水体距离的打分结果值

从[ArcToolbox]—>[Spatial Analyst Tools]—>[Map Algebra]—>[Raster Calculator]启动[Raster Calculator]工具,设置如图 8-20 所示。

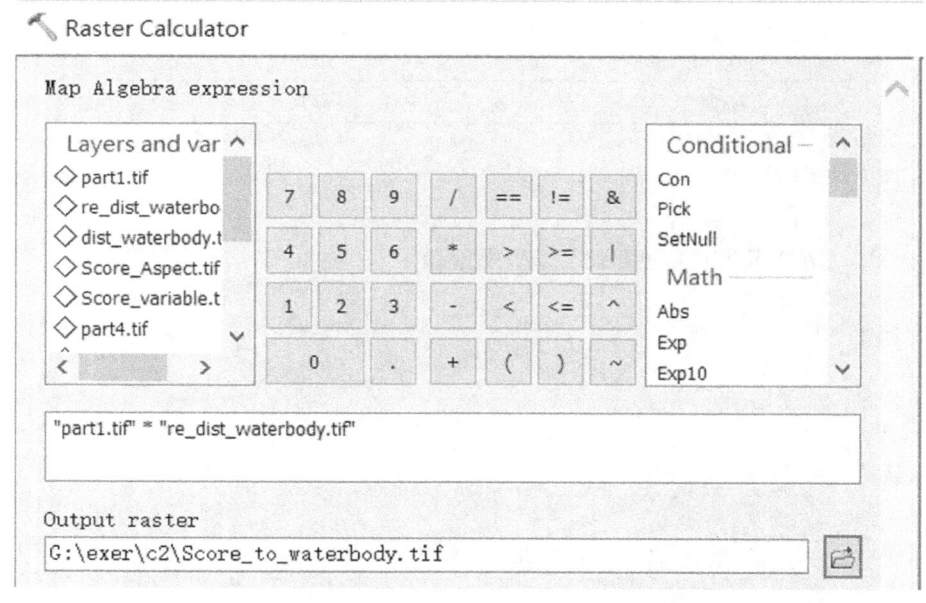

图 8-20　计算到面状水体距离的打分值

5. 到道路距离的打分

5.1 从[ArcToolbox]—>[Spatial Analyst Tools]—>[Distance]—>[Euclidean Distance]启动[Euclidean Distance]工具,计算到面状水体的欧氏距离,注意环境参数中范围参数和掩膜参数均

设置为与"DEM.tif"一致。欧氏距离设置如图8-21所示。

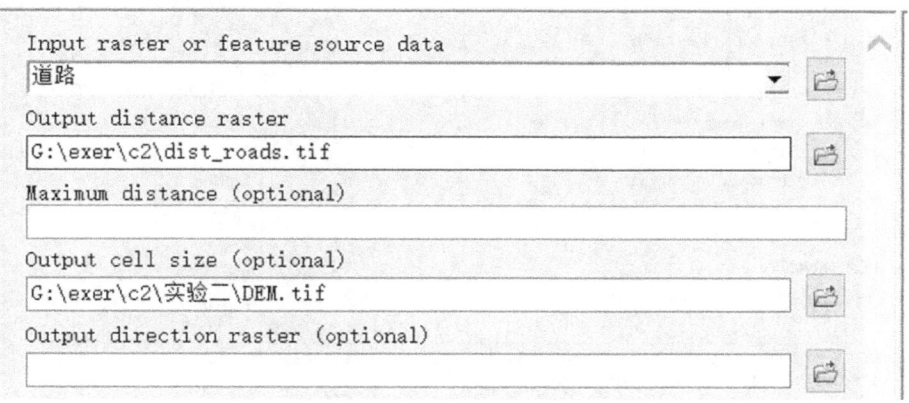

图8-21 到道路的欧氏距离

5.2 计算到道路距离的打分结果值。

从[ArcToolbox]->[Spatial Analyst Tools]->[Map Algebra]->[Raster Calculator]启动[Raster Calculator]工具,据打分模型录入的表达式为"("dist_roads.tif"<=300)*("dist_roads.tif"/300)+("dist_roads.tif">300)*1",如图8-22所示。

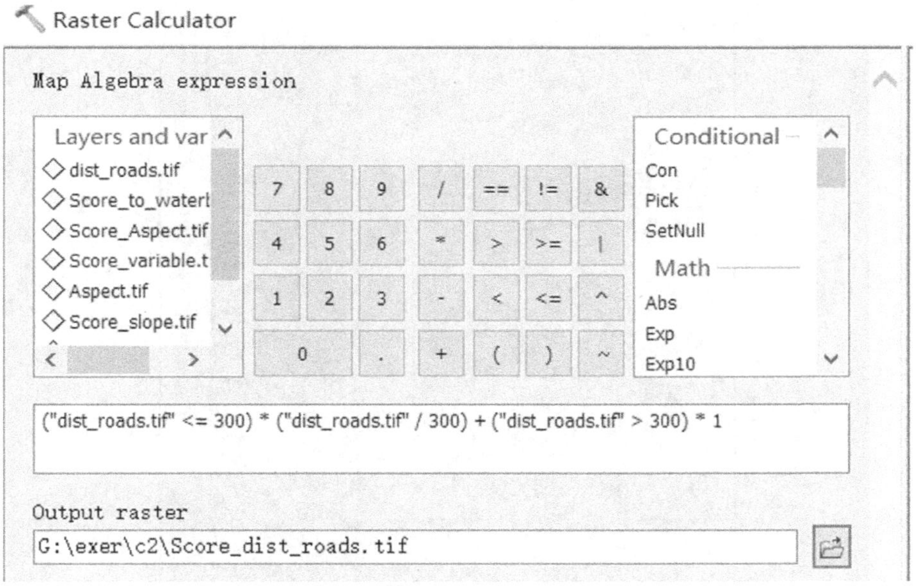

图8-22 计算到道路距离的打分值

6. 计算综合得分

从[ArcToolbox]->[Spatial Analyst Tools]->[Map Algebra]->[Raster Calculator]启动[Raster Calculator]工具,据综合评分模型录入表达式"0.15 * "Score_elev.tif" + 0.25 * "Score_slope.tif" + 0.25 * "Score_Aspect.tif" + 0.2 * "Score_to_waterbody.tif" + 0.15 * "Score_dist_roads.tif""计算综合得分值。综合得分计算和计算结果分别如图8-23和图8-24所

示。

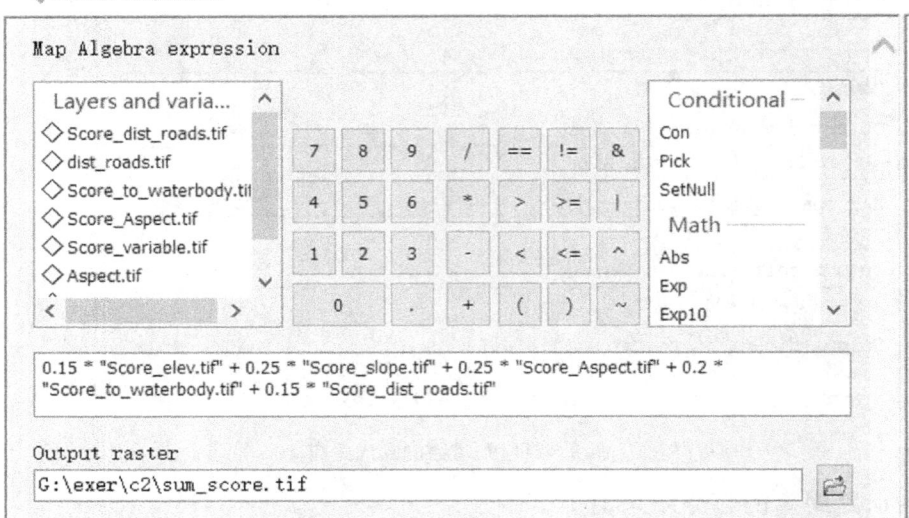

图 8-23　计算综合得分值

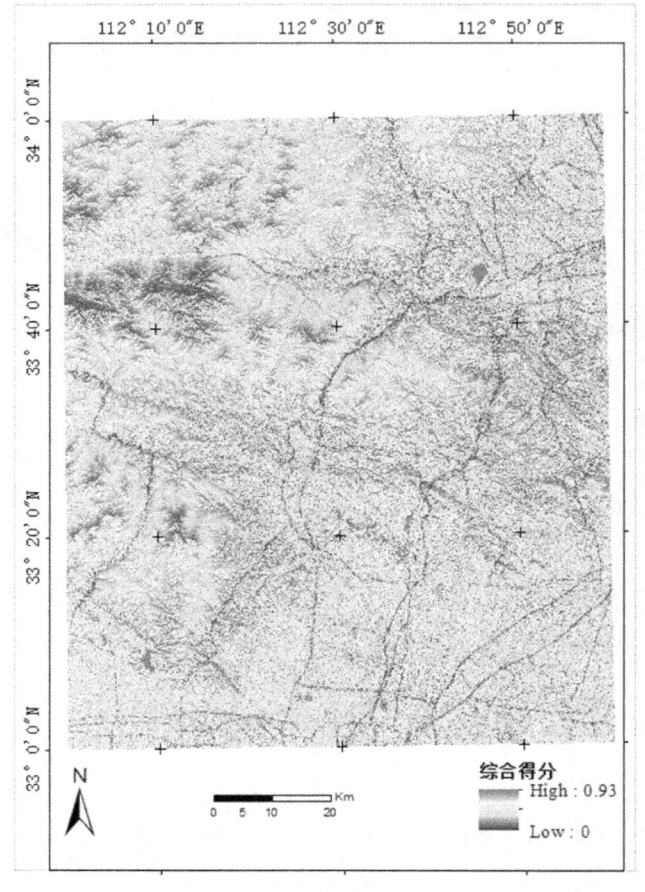

图 8-24　综合得分值

7. 确定满足约束条件的候选地块

7.1 从综合评分结果中提取总分大于等于0.85的区域

利用重分类工具,把低于0.85分的赋值为"NoData",大于等于0.85分的赋值为1。如图8-25所示。

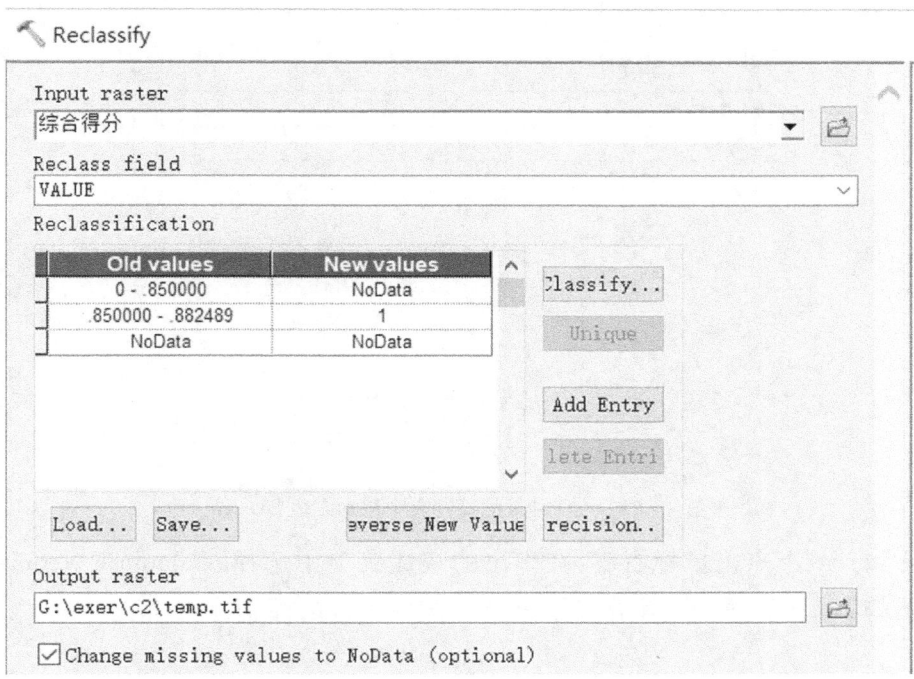

图8-25　提取总分≥8.5分的区域

7.2 总分≥8.5分的区域栅格转矢量

从[ArcToolbox]->[Conversion Tools]->[From Raster]->[Raster to Polygon]启动[Raster to Polygon]工具,设置如图8-26所示。

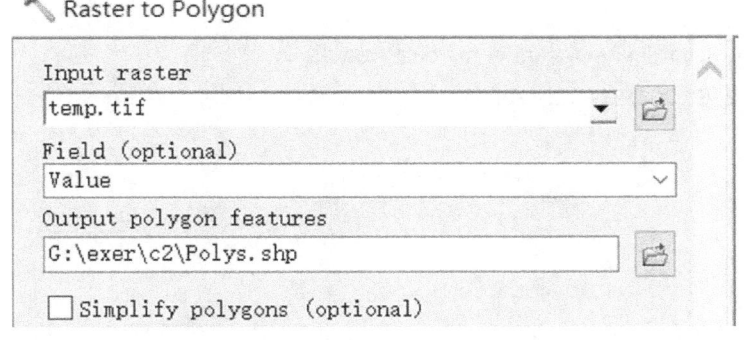

图8-26　栅格转矢量

7.3 在栅格转矢量的结果多边形Polys的属性表中添加一个双精度类型的字段"Area"用于存储多边形的面积,如图8-27所示。

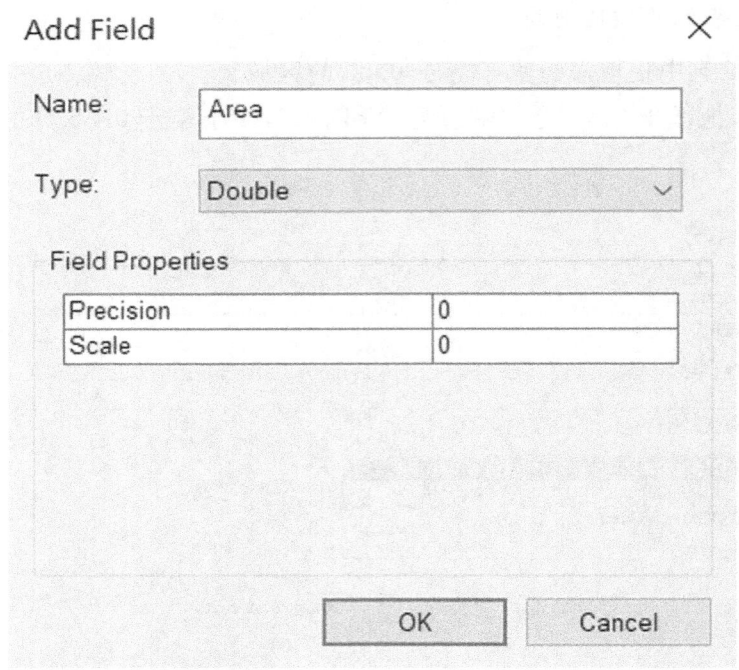

图 8-27 在 Polys 的属性表中添加字段"Area"

7.4 在字段"Area"上点击鼠标右键,在弹出的快捷菜单中选择[Calculate Geometry...],在弹出的菜单中设置如图 8-28 所示,计算以平方千米作为单位的面积。

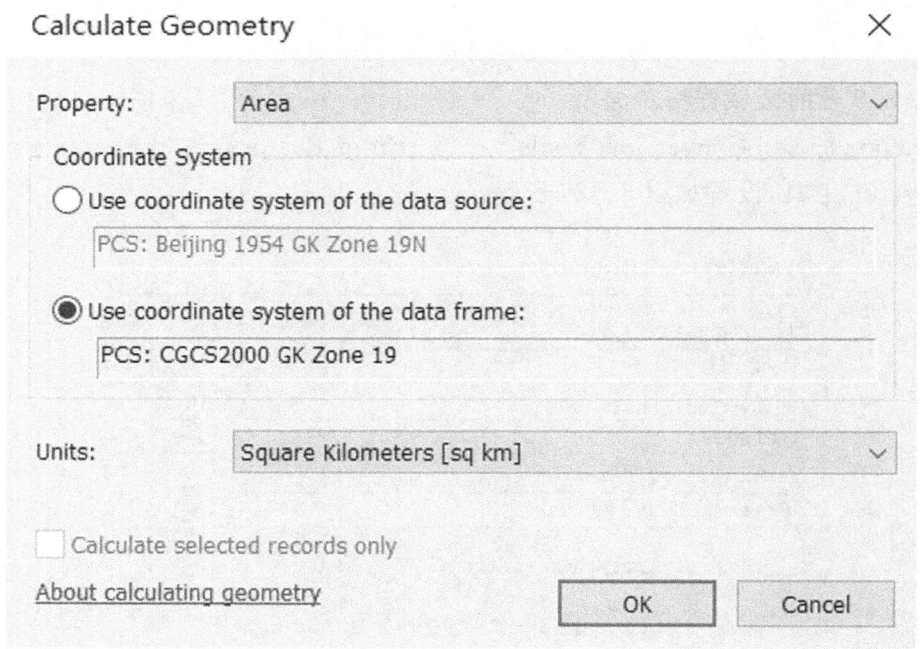

图 8-28 计算多边形的面积

7.5 在 7.4 的结果中以属性查询的方式查找面积$\geqslant 1$ Km^2 的多边形,导出保存。属性查询如图 8-29 所示。

实验八 某休闲娱乐建设项目适宜性评价和综合选址

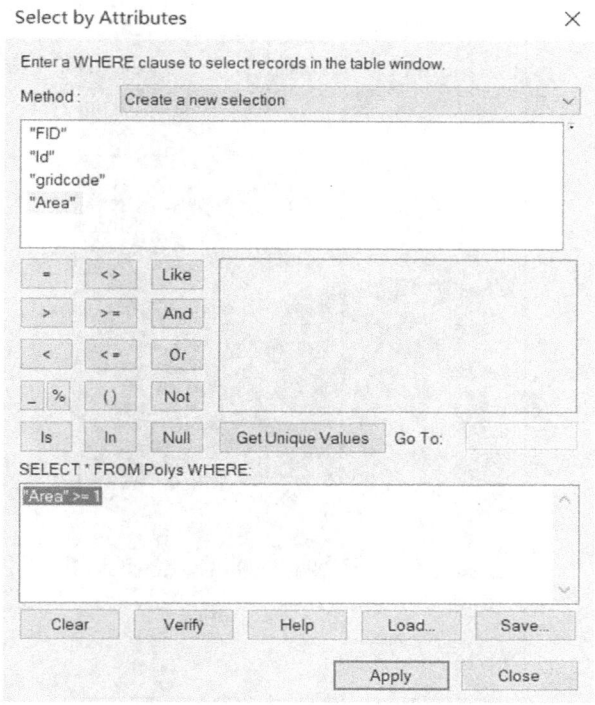

图 8-29 查询面积≥1 Km² 的多边形

7.6 用公园绿地区对 7.5 的结果进行擦除，取得满足 3 个约束条件的候选区域。[ArcToolbox]—>[Analysis Tools]—>[Overlay]—>[Erase]"启动[Erase]工具，设置如图 8-30 所示。候选区域如图 8-31 所示，图中标注的数字为候选区域的面积，单位为 Km²。

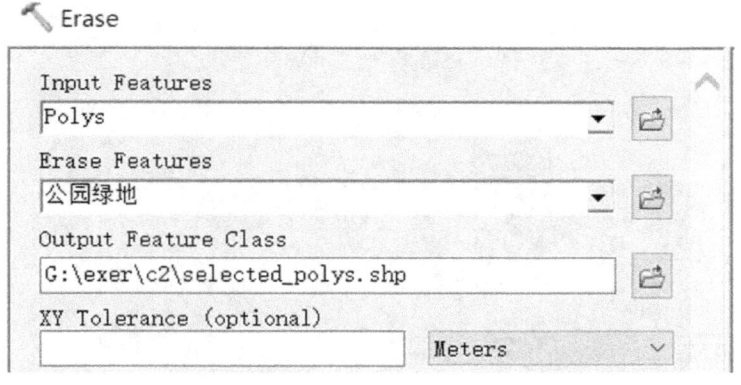

图 8-30 取得避开公园绿地区约束条件的结果

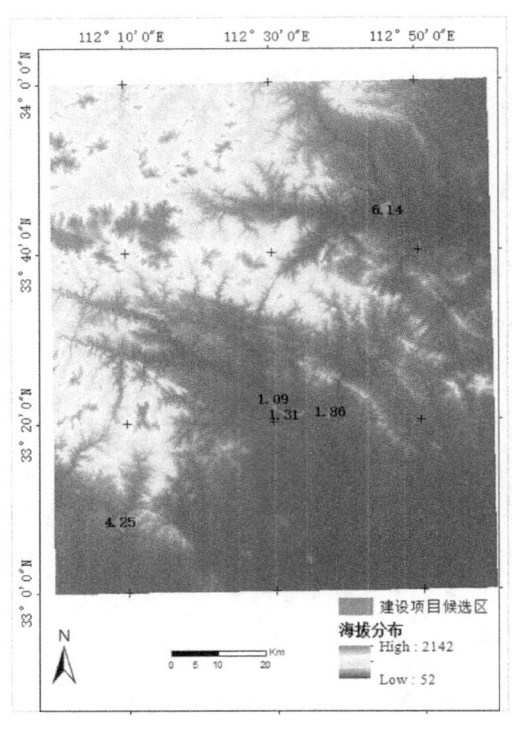

图 8－31　建设项目候选区分布

8. 基于 ArcGIS ModelBuilder 的建模流程图

本实验的整个过程可在 ArcGIS 的 ModelBuilder 中进行设计、运行和取得与节 1－节 7 相同的实验结果。图 8－32 给出了本实验的 ModelBuilder 流程图，实现过程可能与节 1－节 7 的过程稍有出入。

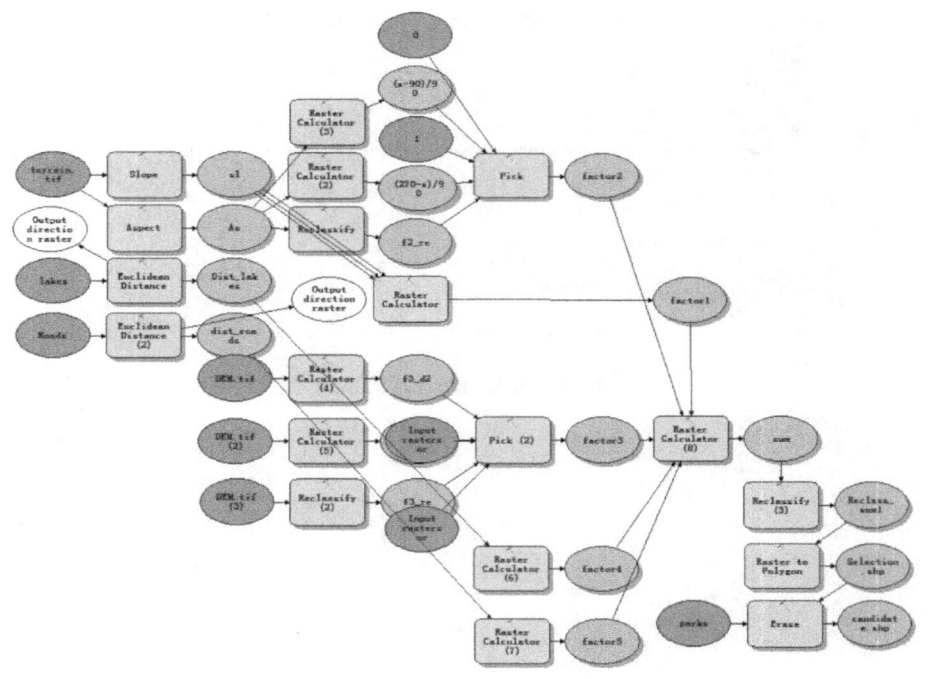

图 8－32　本实验的 ArcGIS ModelBuilder 建模流程

四、实验总结

本实验是一个典型的选址问题(适宜性评价问题)实验项目,综合性较强,具有一定的复杂性,读者可根据实验流程首先熟悉相关工具的功能。然后,在理解案例问题的基础上,掌握选址问题(适宜性评价问题)一般求解过程,通过多次练习本实验后,对类似问题达到"举一反三"的目的。为了巩固实验效果,以下问题供读者思考,有兴趣的读者可结合软件练习和完成。

(1) 两段多项式中得分为常量的一段,其得分值为 0 和得分值为 1,不采用书写表达式的方式实现,其实现过程有何不同?

(2) 如果不采用书写表达式的方式,多项式多于 2 段的,应注意体会根据多项式各段得分常量和变量上的差异采取相应灵活的实现方式。

(3) 书写表达式时,注意体会限制条件与值之间及各段表达式之间书写语法规则。

(4) 注意体会本实验实现过程中,相同或类似的情况采用了不同的实现过程。

(5) 取得得分约束条件(≥8.5)下的候选单元后,若不采用栅格转矢量的途径,施加面积约束条件,是否有其他的实现方法?

(6) 矢量叠加的擦除运算(Erase),若采用栅格叠加的方法如何实现?

实验九 基于 GIS 的交通空间可达性量算

一、实验目的

1. 了解空间可达性度量的意义。
2. 掌握成本层的生成过程和成本距离的计算方法。
3. 掌握网络数据集的创建过程和 OD 成本矩阵模块。
4. 掌握成本距离和网络分析两种途径的 OD 时间矩阵的生成方法。
5. 掌握加权平均旅行时间可达性指标的计算方法。
6. 对可达性度量结果进行正确解读和评价。

二、实验说明

1. 实验背景

可达性指的是从指定位置集到活动位置集（如学校、购物中心、休闲娱乐中心、医院、行政中心、工作地点等）通达的难易程度，是资源或服务设施空间分布合理性的重要评价方法之一。因优质资源和服务或者供不应求，或者空间分布不平衡，通过度量和分析空间可达性达到资源或服务空间优化配置的目的。从度量指标方面看，可根据是否考虑供方供应能力和需方需求量划分为两类，即：①不考虑供方供应能力和需方需求量的可达性指标，这类指标一般是在定义供需双方空间连接方式的基础上通过计算平均旅行时间或加权平均旅行时间计算；②同时考虑供方供应能力和需方需求量的可达性指标，这类指标一般在定义供需双方空间连接方式的基础上通过计算供需比实现（比如 2SFCA 法和重力模型法等）。尽管在问题类型和具体指标方面存在差异，但是空间可达性度量问题均属于非常适合采用 GIS 手段解答的位置分析范畴的经典问题。本实验的空间可达性度量为上述第一类，即选取加权平均旅行时间对南阳市各中心城市的交通空间可达性进行度量，实验的核心是中心城市间最短旅行时间成本矩阵的计算。本实验将分别采用成本距离法和采用网络分析法生成中心城市间的最短旅行时间矩阵，并在此基础上计算各中心城市的交通空间可达性。成本距离法本质上是基于栅格的方法，网络分析法则是基于网络的计算方法，两种途径从解决问题的思路和所用到的基本方法上存在着较大差别，实验中应结合 GIS 原理理论课程上所学知识，注意思考和体会。

本实验中，根据道路等级划分及行车时速设计，按表 9－1 设置铁路和不同等级公路的基准时速。表9-1中的红线宽度是根据道路设计规范定义的包括行车道、中间带、路肩等在内的道路最大宽度值。

表9-1 通行基准时速和道路红线宽度

道路等级	基准时速(Km/h)	红线宽度(m)
高速公路	120	60
一级公路	100	30
二级公路	80	24
三级公路	60	18
四级公路	40	10
铁路	80	20
无道路(步行)	5	

考虑到实际通行时,无论是车行模式还是步行模式(无道路区),通行时速还要受实际的地形起伏、河流等障碍因素的影响。参考相关研究成果,本实验参照基准时速以百分比折算计算不同障碍因素影响下的通行时速,考虑的因子和具体折算方法如表9-2所示。

表9-2 实际通行时速计算方案

因子	因子类别	时速(%基准时速)
坡度	<5°	100
	5°~15°	80
	15°~25°	60
	>25°	40
起伏度	<15 m	100
	15~30 m	80
	30~60 m	60
	>60 m	40
河流	线状	50
	面状	30

2. 实验准备

(1) 预装 ArcGIS 10.1(或更高)桌面版

(2) 实验数据如下:

▶中心城市(点):包括11个县级城市中心和1个主城区中心。

▶公路(线):属性项 Class 为道路类别,即高速公路、一级公路、二级公路、三级公路和四级公路。

▶铁路(线):普通铁路。

▶线状河流(线):宽度≤20米的河流。

▶面状河流(面):宽度>20米的河流或水库。

▶行政区划范围(面):南阳市行政区划范围。

▶高程分布图(栅格):南阳市数字高程模型图,分辨率为90米。

三、实验过程

1. 基于成本距离法的可达性指标的计算。

1.1 基准时速层的创建。

步骤如下:

(1) 把公路和铁路合并为一个要素类"道路"。

从[ArcToolbox]—>[Data Management Tools]—>[General]下启动[Merge]工具,设置如图9-1所示:

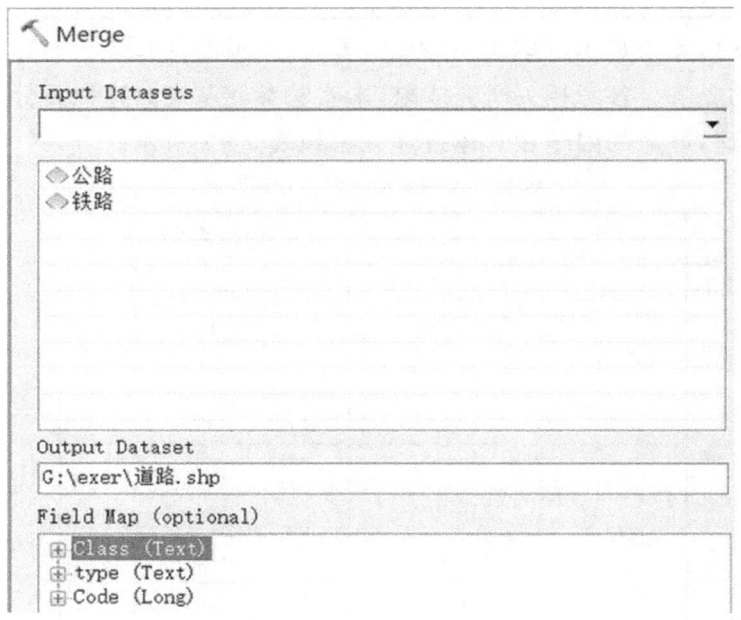

图9-1 公路和铁路合并为道路

(2) 在"道路"属性表中添加字段"width"(Integer类型),并按道路类型分别录入其0.5倍红线宽度值。

(3) 从菜单[Geoprocessing]启动[Buffer]工具,做"道路"0.5倍红线宽度值(width)的双侧缓冲区(FULL),端类型设为半圆形(ROUND),按道路类型融合(LIST—>Class),结果保存为"道路buffer",如图9-2所示。

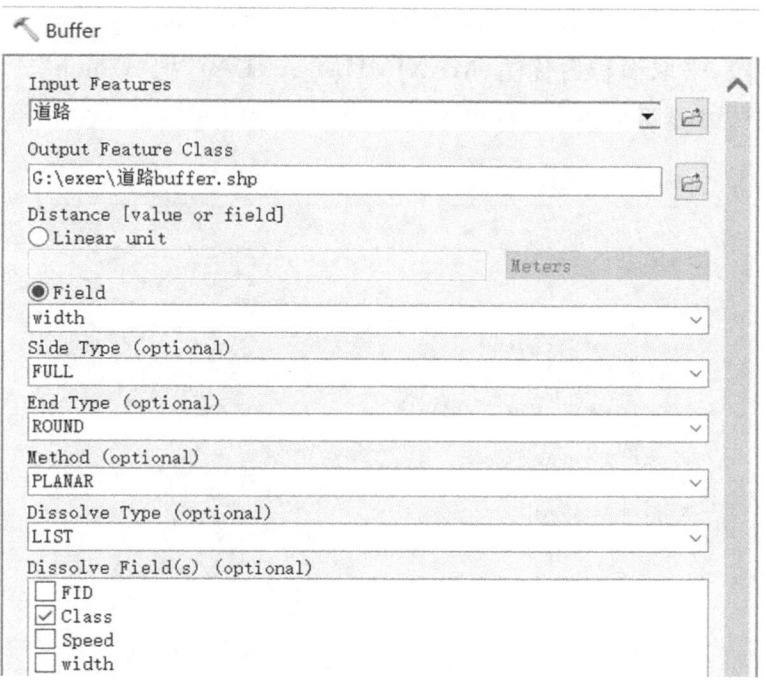

图 9-2　道路 0.5 倍红线宽度值的双侧缓冲区

(4) 在"道路 buffer"层的属性表中添加短整型的"speed"字段,并分道路类型录入其基准时速值。

(5) 从[Geoprocessing]菜单下启动[Union]工具,把"道路 buffer"和"行政区划范围"进行空间并运算后结果保存为"Union",在其结果中把非道路区的"speed"字段值赋为 5。Union 运算如图 9-3 所示。

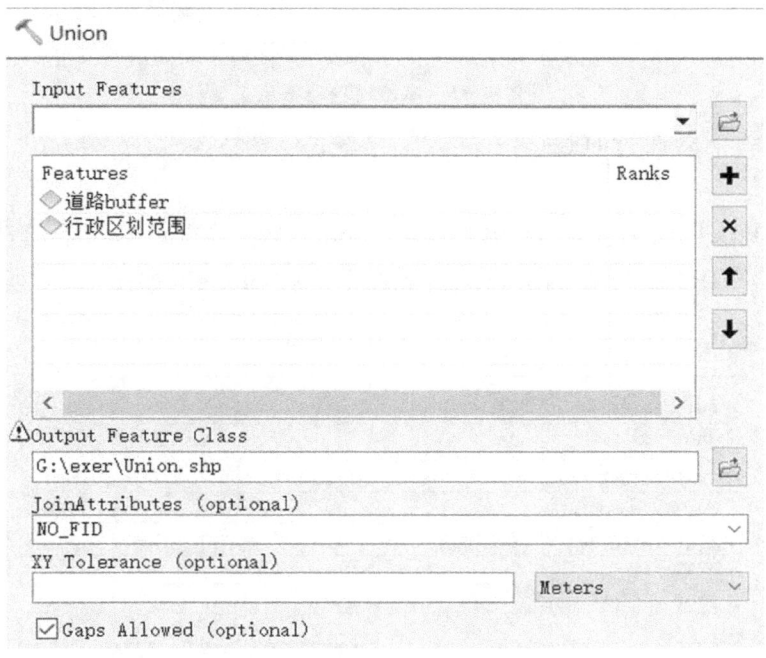

图 9-3　道路缓冲区和行政区划范围的 Union 运算

（6）从[ArcToolbox]—>[Conversion Tools]—>[To Raster]下启动[Polygon to Raster]工具，基于"Speed"字段，采取面积占优法（MAXIMUM_AREA），把"Union"转为栅格，输出分辨率设置为10m，结果保存为"基准时速"。多边形转栅格和基础时速栅格层分别见图9－4和图9－5。

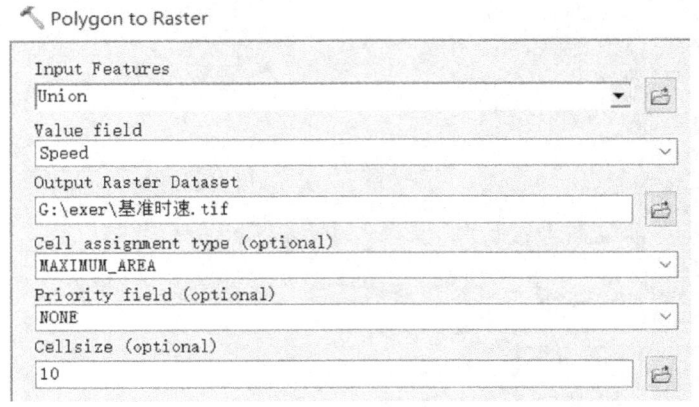

图9－4　多边形转栅格

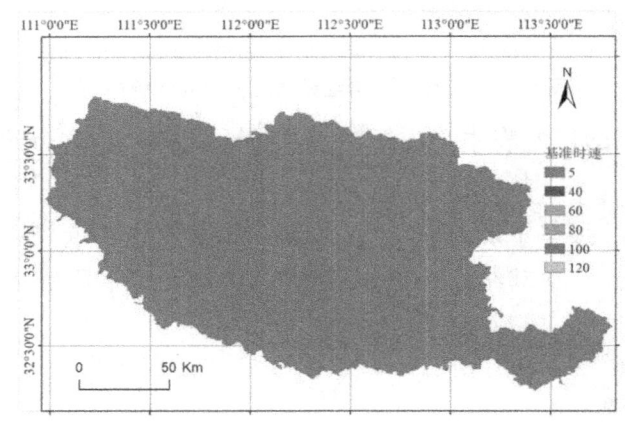

图9－5　基准时速栅格层

1.2 坡度因子制约下的通行时速。

步骤如下：

（1）从[ArcToolbox]—>[Spatial Analyst Tools]—>[Surface]下启动[Slope]工具，基于高程分布图生成以"DEGREE"度量的地形坡度，并保存为"Slope"，如图9－6所示。

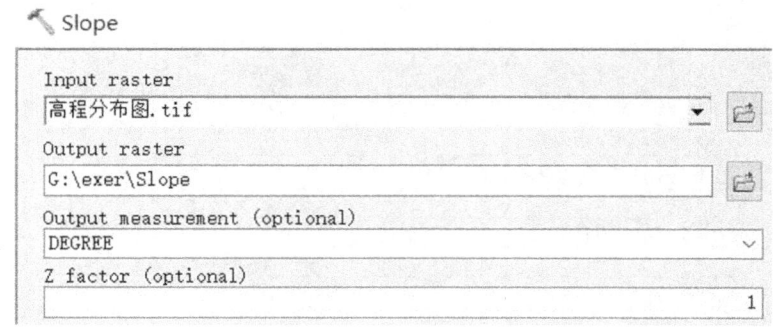

图9－6　计算地形坡度

(2) 从[ArcToolbox]—>[Spatial Analyst Tools]—>[Reclass]下启动[Reclassify]工具，按表9－2中的坡度分级标准进行分类，并把新值赋为表2中的百分比值，保存结果为temp1，如图9－7所示。

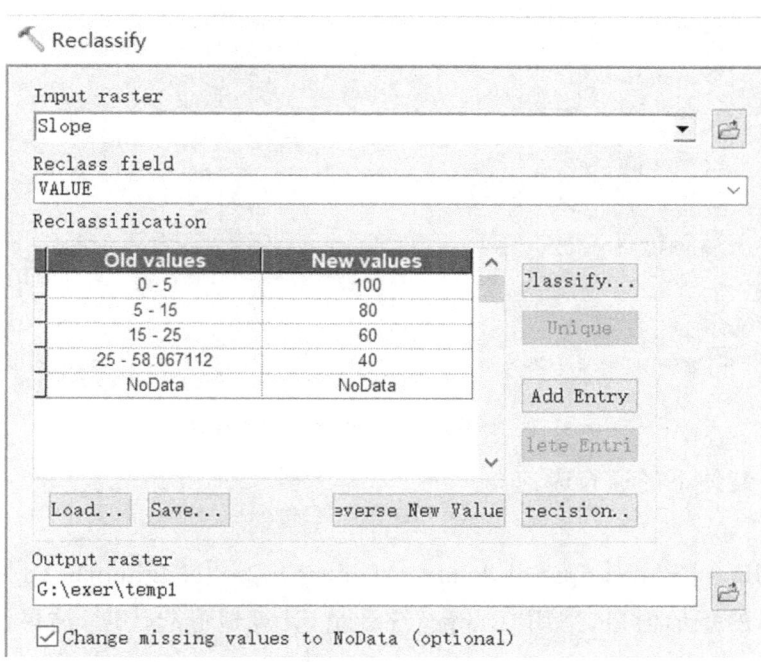

图9－7 坡度重分类

(3) 从[ArcToolbox]—>[Data Management Tools]—>[Raster]—>[Raster Processing]下启动[resample]工具，把temp1按"NEAREST"方法从90 m重采样为10 m，并保存为temp2，如图9－8所示。

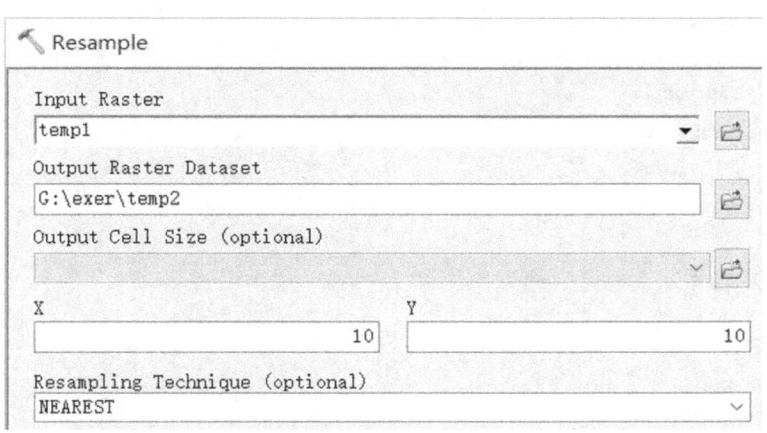

图9－8 重采样

(4) 从[ArcToolbox]—>[Spatial Analyst Tools]—>[Map Algebra]下启动[Raster Calculator]工具，以公式""基准时速" * "temp2""计算坡度因子制约下的通行时速(扩大100倍)，结果存为"speed_slope"如图9－9所示。

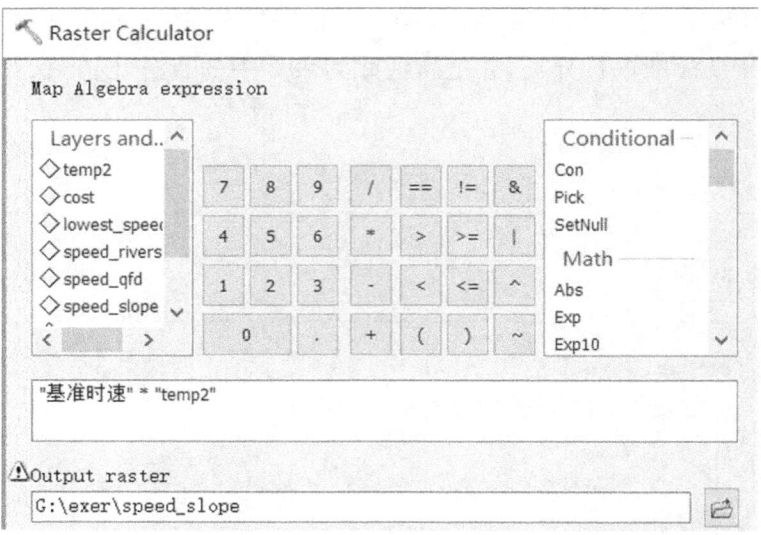

图 9－9　计算坡度因子制约下的通行时速

1.3 起伏度因子制约下的通行时速。

步骤如下：

（1）从[ArcToolbox]－>[Spatial Analyst Tools]－>[Neighborhood]下启动[Focal statistics]工具,设置3*3的矩形窗口,采用"Range"统计量,计算地形起伏度,结果保存为temp3,如图9－10所示。

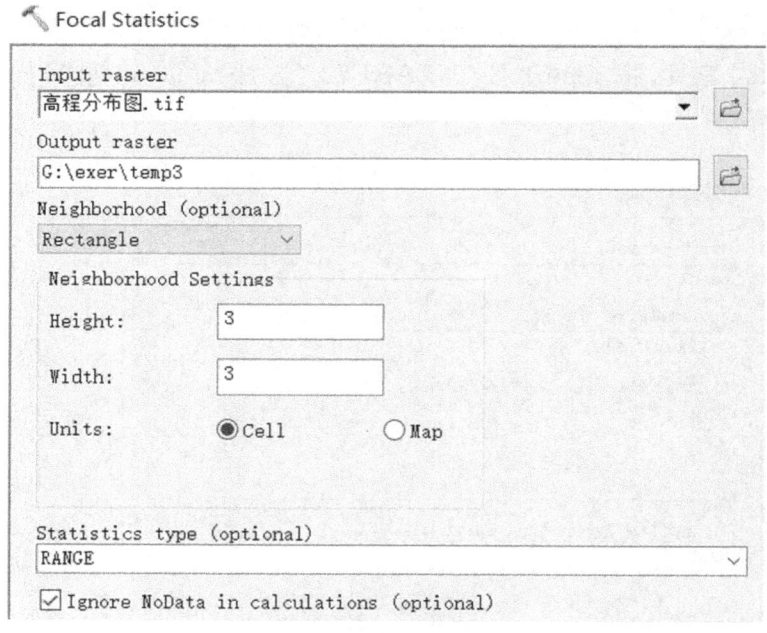

图 9－10　计算地形起伏度

（2）从[ArcToolbox]－>[Spatial Analyst Tools]－>[Reclass]下启动[Reclassify]工具,按表9－2中的起伏度分级标准进行分类,并把新值赋为表9－2中的百分比值,结果保存为temp4；

(3) 利用[resample]工具把 temp4 按"NEAREST"方法从 90 m 重采样为 10 m,并保存为 temp5;

(4) 在栅格计算器中,以公式""基准时速" * "temp5""计算起伏度因子制约下的通行时速(扩大 100 倍),结果保存为"speed_QFD"。

1.4 河流制约下的通行时速。

步骤如下:

(1) 做线状河流 10 m 宽度的双侧缓冲区(FULL),端类型设为半圆形(ROUND),融合为一个要素(ALL),结果保存为"河流 Buff"。

(2) 在缓冲多边形的属性表中,添加短整型字段"perc"并赋值 24(表 9-2),按字段"perc"以面积占优法(MAXIMUM_AREA)转为输出分辨率为 10 m 的栅格,存为"perc_rline"。

(3) 在面状河流的属性表中,添加短整型字段"perc",并赋值 12(表 9-2),按字段"perc"和面积占优法(MAXIMUM_AREA)转为输出分辨率为 10 m 的栅格,存为"perc_rpoly"。

(4) 从[ArcToolbox]—>[Data Management Tools]—>[Raster]—>[Raster Dataset]下启动[Mosaic To New Raster]工具,把"perc_rline"和"perc_rpoly"按最小值合成法进行栅格镶嵌,结果存为"perc_rivers",如图 9-11 所示。

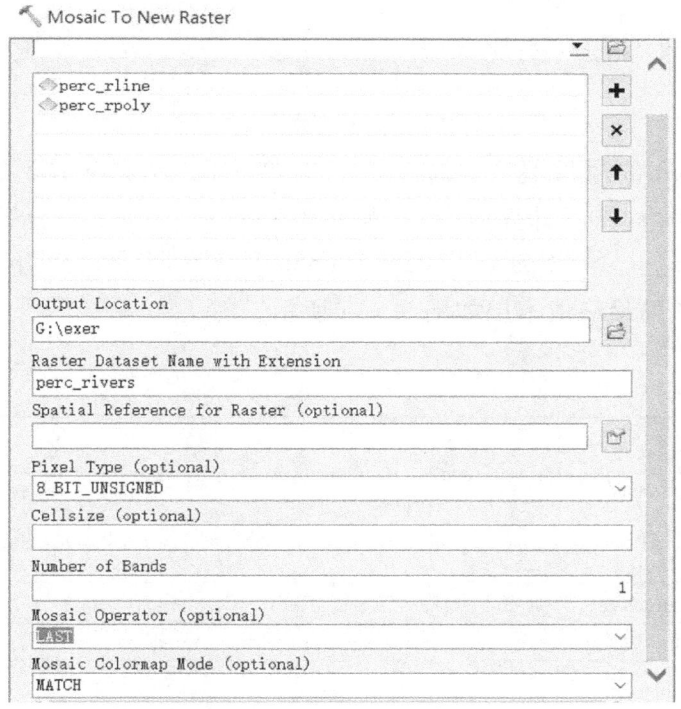

图 9-11 栅格镶嵌

(5) 在栅格计算器中,以公式""基准时速" * "perc_rivers""计算河流制约下的通行时速(扩大 100 倍),结果保存为"speed_rivers"。

1.5 计算 3 个约束条件制约下的综合通行时速和最终的成本层。

(1) 以地形坡度、地形起伏度、河流制约下通行时速的最小值计算综合通行时速。利用工具

[Mosaic To New Raster],把 speed_slope、speed_QFD、speed_rivers 按最小值合成法进行栅格镶嵌,结果存为"lowest_speed",如图 9—12 所示。

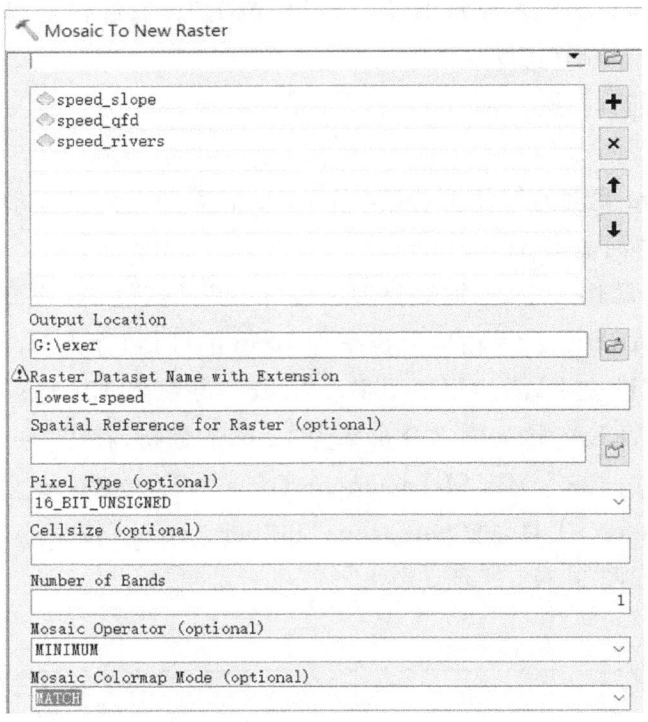

图 9—12　计算综合通行时速

(2) 在 lowest_speed 的属性表中添加一个短整型字段 Minutes100,以公式"10 / 1000 / ([VALUE] / 100) * 60 * 100"计算通行 10 米距离(一个单元)需要的分钟数(扩大了 100 倍)。

(3) 从[ArcToolbox]—>[Spatial Analyst Tools]—>[Reclass]下启动[Lookup]工具,设置如图 9—13 所示,生成的最终成本层如图 9—14 所示。

图 9—13　生成最终成本层的设置

实验九 基于GIS的交通空间可达性量算

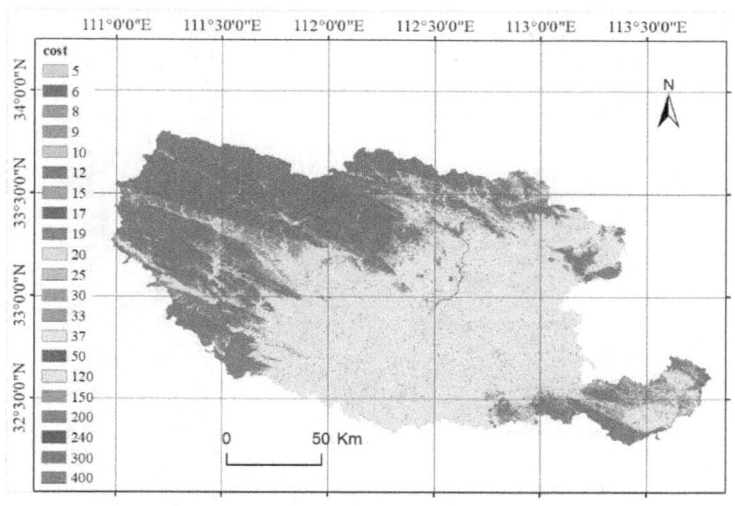

图9-14 最终成本层

1.6 计算中心城市间的最短旅行时间矩阵。

（1）从"中心城市"中提取某个城市，如主城区中心。可采用属性查询，然后导出保存，或者采用定义查询的方法完成。

（2）从[ArcToolbox]—>[Spatial Analyst Tools]—>[Distance]下启动[Cost Distance]工具，设置如图9-15所示，环境参数设置如图9-16所示，结果保存为cost_dist。

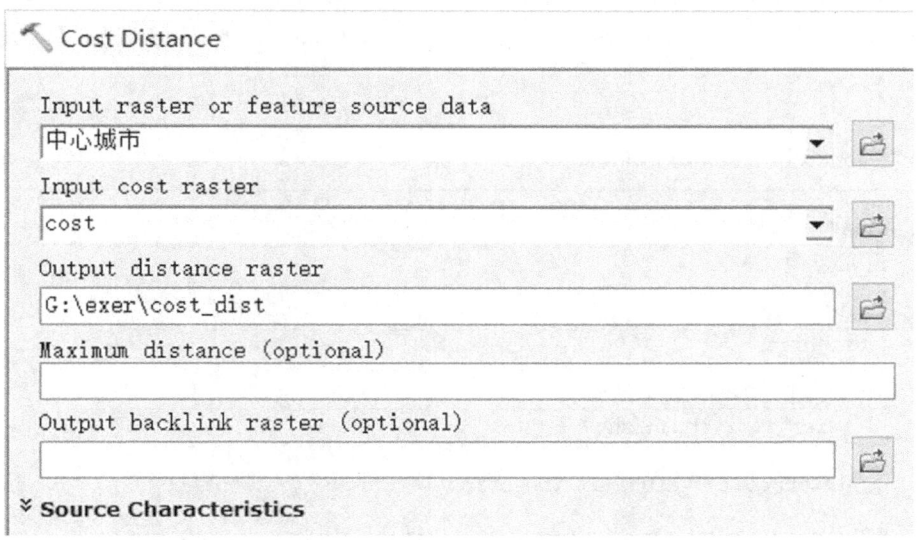

图9-15 成本距离对话框

· 145 ·

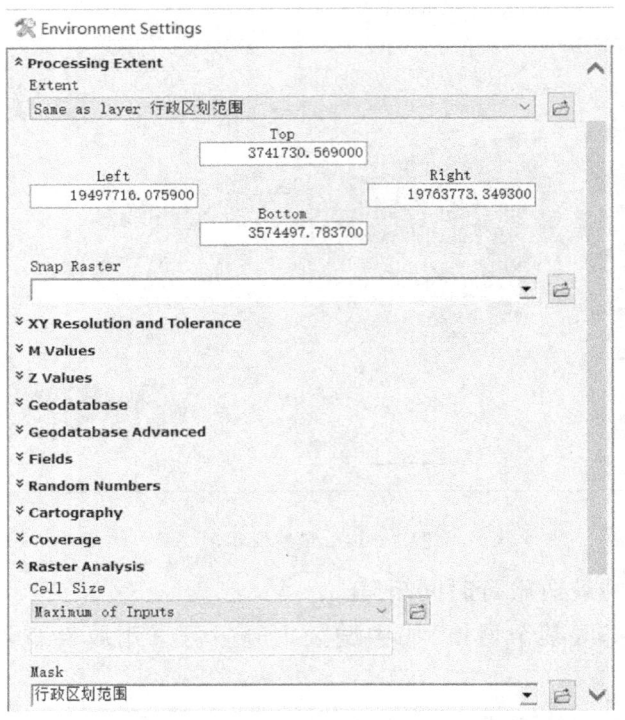

图9-16 成本距离对话框的环境参数设置

（3）按位置提取所有中心城市到指定中心城市间的最短旅行时间。从[ArcToolbox]->[Spatial Analyst Tools]->[Extraction]下启动[Extract Values to Points]工具，设置如图9-17所示。

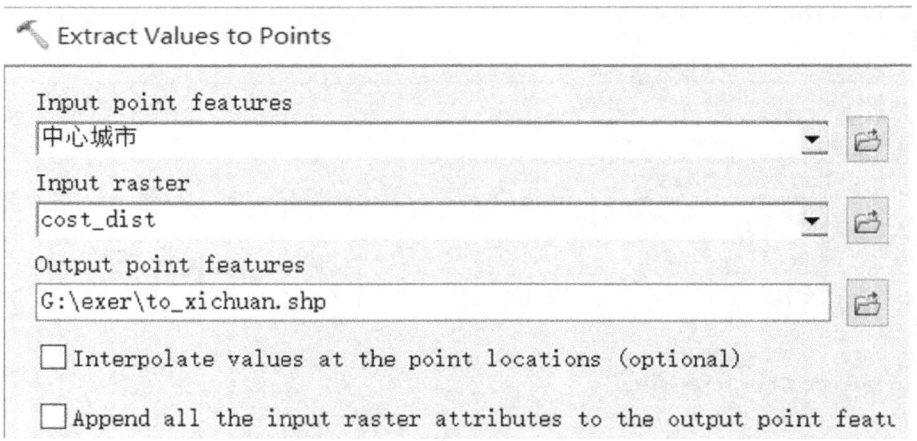

图9-17 按位置提取所有中心城市到指定中心城市的最短旅行时间

（4）在步骤（3）的结果中添加一个文本型字段，比如"D"，录入指定中心城市名（必须与"中心城市"中的名称一致），如图9-18所示。

实验九 基于 GIS 的交通空间可达性量算

FID	Shape	NAME	Score	Popu2012	RASTERVALU	D
0	Point	桐柏县	42	468393	1046575.187	主城中心
1	Point	西峡县	52	460860	752824.9375	主城中心
2	Point	南召县	12	640759	482260.4062	主城中心
3	Point	邓州市	61	1740748	526767.125	主城中心
4	Point	方城县	35	1068996	429924.9687	主城中心
5	Point	淅川县	30	758553	951142.5625	主城中心
6	Point	社旗县	33	715183	424699.6875	主城中心
7	Point	内乡县	48	707022	477744.5312	主城中心
8	Point	唐河县	55	1410699	388905.7187	主城中心
9	Point	镇平县	50	1015196	269197.6875	主城中心
10	Point	新野县	54	816210	535847.3125	主城中心
11	Point	主城中心	74	1835704	0	主城中心

图 9—18 添加新字段并录入指定中心城市名

(5) 重复执行步骤(1)~(4)直到得到所有指定城市到所有中心城市的最短旅行时间,利用"merge"工具合并上述过程中生成的结果文件为一个文件。

(6) 从[ArcToolbox]—>[Data Management Tools]—>[Table]下启动[Pivot Table]工具,设置如图 9—19 所示。转换得到的中心城市间最短旅行时间矩阵如图 9—20 所示。

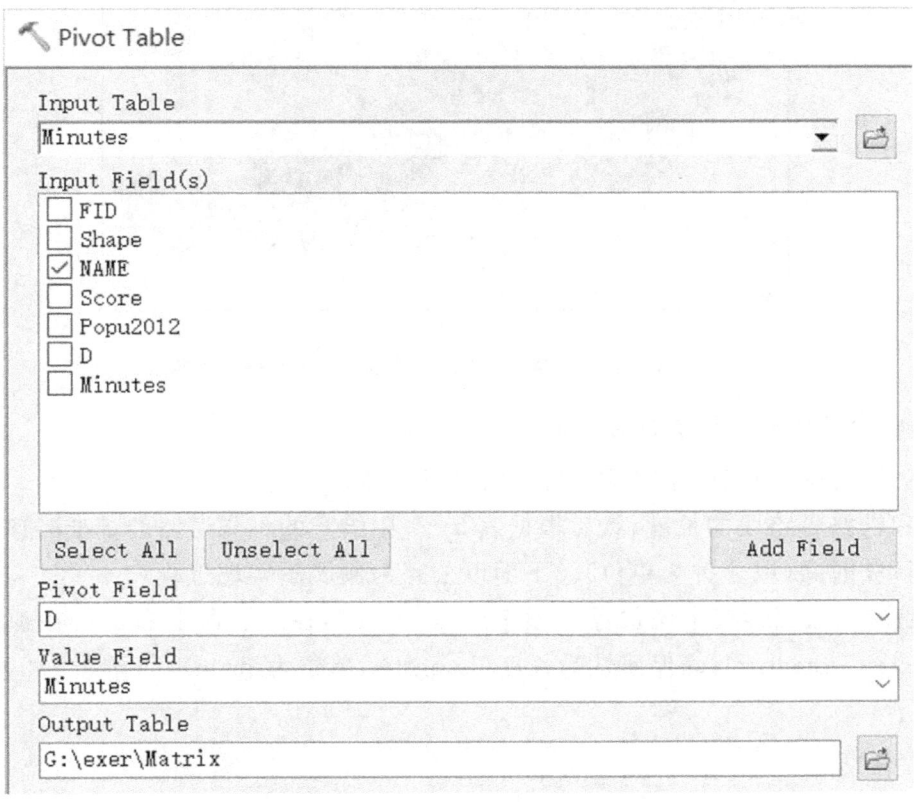

图 9—19 生成中心城市间最短旅行时间矩阵

OID	NAME	主城中	内乡县	南召县	唐河县	新野县	方城县	桐柏县	淅川县	社旗县	西峡县	邓州市	镇平县
0	邓州市	5267.67	5122.0	7785.3	6382.7	3308	7848.0	12959.	8816.6	7790.3	7872.8	0	3539.0
1	方城县	4299.25	8023.2	6948.4	5825.3	7320.1	0	11930.	12757.	2471.9	10774	7848.6	5871.9
2	南召县	4822.6	7109.9	0	7002.5	8430.0	6948.4	13579.	11843.	7053.4	9860.7	7785.3	4938.7
3	内乡县	4777.45	0	7109.9	6603.5	7426.5	8023.2	13180.	5704.7	7965.5	3721.6	5122.0	2855.5
4	社旗县	4247	7965.5	7053.4	4313.5	7262.5	2471.9	10757.	12699.	0	10716.	7790.3	5880.1
5	唐河县	3889.06	6603.5	7002.5	0	4778.7	5825.3	7119.2	11337.	4313.5	9354.3	6382.7	4518.1
6	桐柏县	10465.8	13180.	13579.	7119.2	11364.	11930.	0	17914.	10757.	15931.	12959.	11094.
7	西峡县	7528.25	3721.6	9860.7	9354.3	9666.5	10774	15931.	2386.7	10716.	0	7872.8	5606.3
8	淅川县	9511.43	5704.7	11843.	11337.	10491	12757.	17914.	0	12699.	2386.7	8816.6	7589.5
9	新野县	5358.47	7426.5	8430.0	4778.7	0	7320.1	11364.	10491	7262.5	9666.5	3308	5682.6
10	镇平县	2691.98	2855.5	4938.7	4518.1	5682.6	5871.9	11094.	7589.5	5880.1	5606.3	3539.0	0
11	主城中	0	4777.4	4822.6	3889.0	5358.4	4299.2	10465.	9511.4	4247	7528.2	5267.6	2691.9

图 9-20 最短旅行时间矩阵

1.7 按公式 $A_i = \sum_{j=1}^{n}(T_{ij} \times M_j) / \sum_{j=1}^{n} M_j$，采用人口加权，以加权平均旅行时间计算各中心城市的可达性，然后把可达性值连接（join）到县级行政区的属性表中，以分位数法分为 4 类，渲染和制图结果如图 9-21 所示。

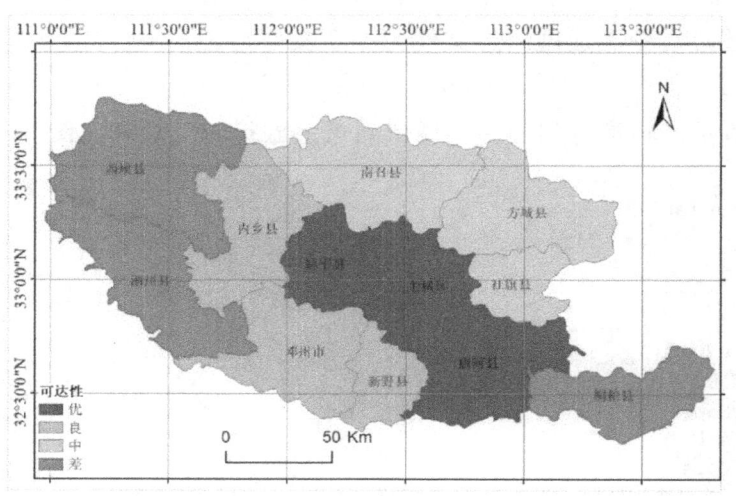

图 9-21 基于成本距离法计算的城市可达性分类结果

2. 基于网络分析法的可达性指标计算。

2.1 计算铁路及不同类型公路路段的长度和通行时间

计算公路和铁路各路段的长度，然后根据表 9-1 中给定的不同道路的基准时速计算公路和铁路各路段上的行驶时间（以分钟为单位）。下面以公路为例展示实现过程。

（1）在公路的图层属性表中添加浮点型字段"Length"，在该字段上右击后在弹出的快捷菜单中选择[Calculate Geometry]，确保属性为长度（Length），单位为米（m），如图 9-22 所示。

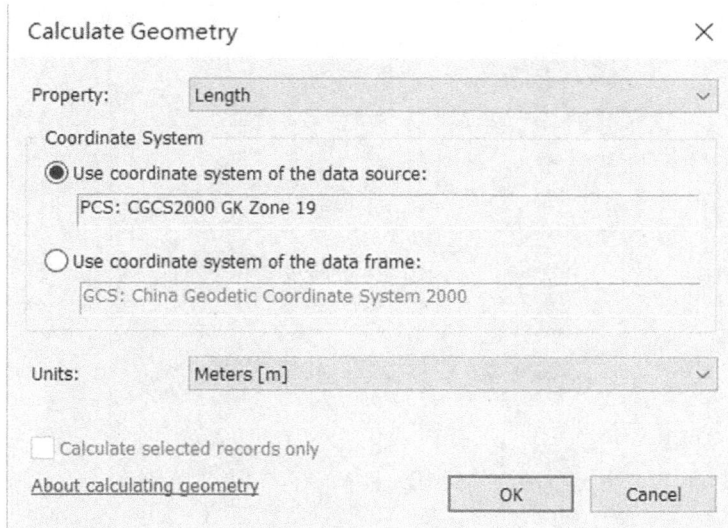

图 9-22 计算道路长度

(2) 再在公路图层属性表中添加短整型字段"Speed",按表 9-1 中设定的基准时速给不同类型道路赋对应的基准时速值,具体可通过属性查询,然后进行属性赋值完成。属性查询如图 9-23 所示。

图 9-23 属性查询

(3) 再次添加一个浮点型的字段"Minutes",然后在"Minutes"上右击后选择[Field Calculator],在对话框中以公式"[Length] / 1000 / [Speed] * 60"计算每条路段上的行驶时间(单位:分钟),如图 9-24 所示。

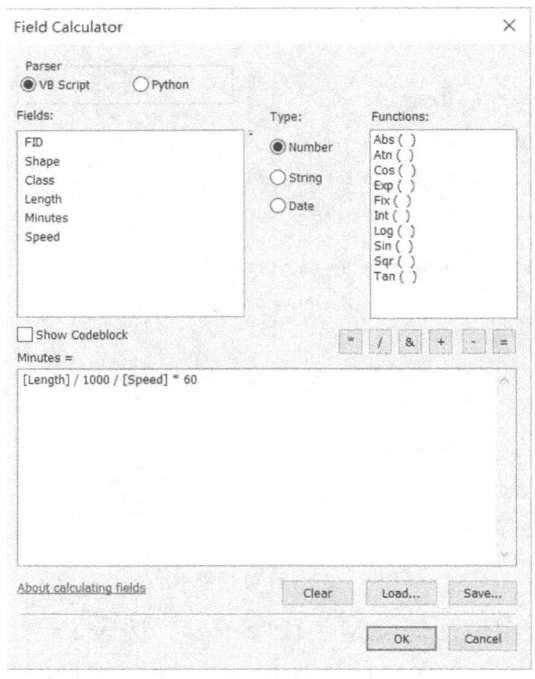

图 9-24　计算每条路段上的行驶时间

2.2　网络数据集建立

分别基于公路和铁路构建网络数据集，以公路网络数据集的构建为例，铁路网络数据集的构建过程与公路网络数据集的构建过程完全相同。节 2 采用 ArcGIS 桌面平台的网络分析扩展模块实现，应该首先从 ArcMap 菜单［Customize］的菜单项［Extensions］中确保［Network Analyst］被勾选。

（1）在目录树中找到存放公路数据的要素类，然后在其上点击鼠标右键，选择［New Network Dataset］，并在弹出的对话框中默认网络数据集名，点击［下一步（N）］按钮。

（2）在弹出的对话框中选择［Yes］建模全局转弯（转弯处默认延迟 30 秒），如图 9-25 所示，然后点击［下一步（N）］按钮。

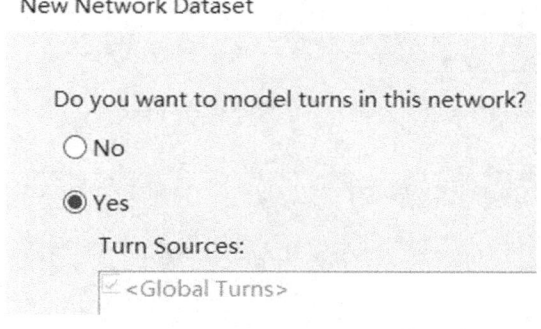

图 9-25　全局转弯建模

（3）在弹出的对话框中，点击［Connectivity］按钮，然后再在弹出的对话框中采用默认的端点连接（End Point）策略，如图 9-26 所示。点击［OK］后返回原对话框，继续点击［下一步（N）］按钮。

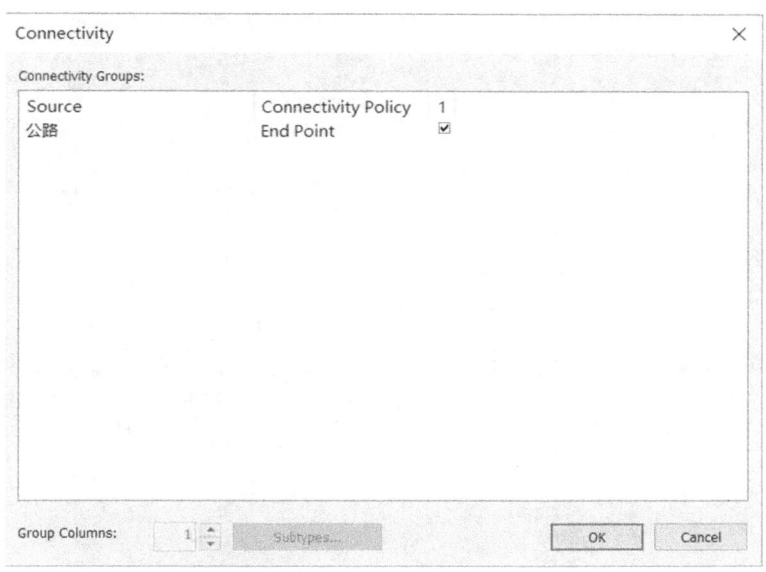

图 9－26　网络边在端点处连接

（4）在弹出的对话框中，选择[None]，使得只要在端点处连接的边都是连通的，如图 9－27 所示。继续点击[下一步(N)]按钮。

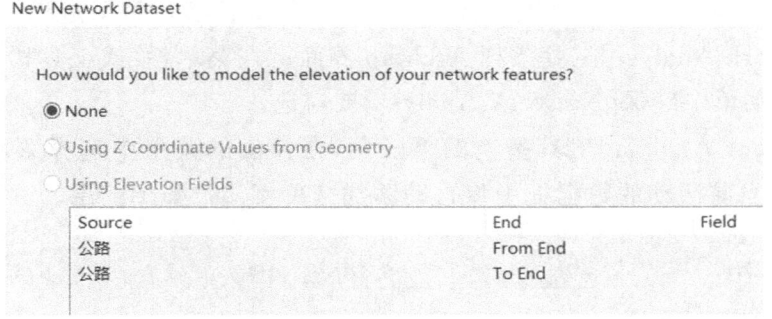

图 9－27　设置网络边在端点处连接是否连通

（5）在弹出的对话框中，"Minutes"自动添加为网络成本属性（字段名不标准时需手工添加），如图 9－28 所示。

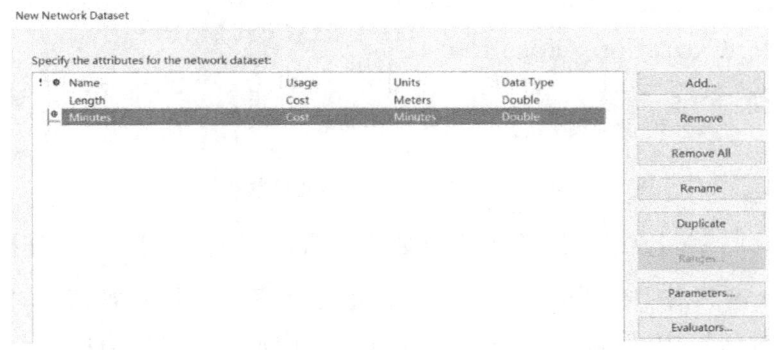

图 9－28　网络成本属性设置

（6）连续点击两次[下一步(N)]按钮，在弹出的对话框中，设置不建立行驶方向，如图 9－29 所示。

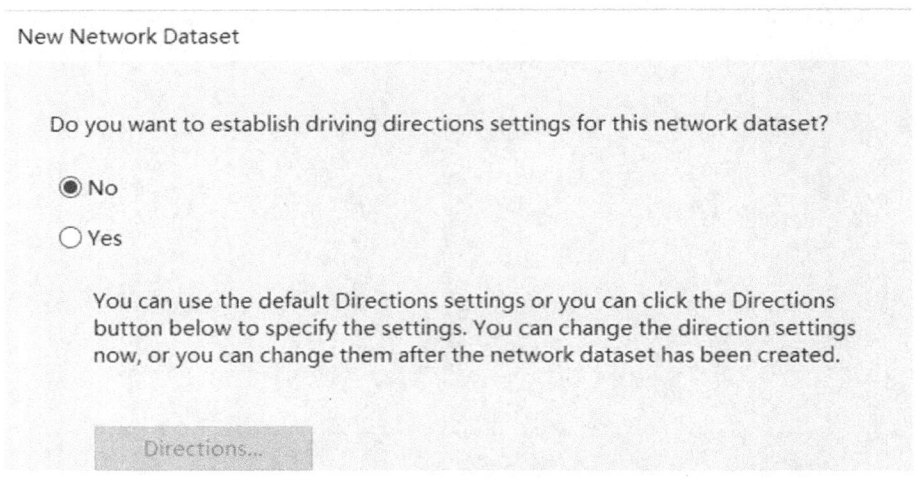

图 9—29 不建立道路的行驶方向

(7) 再次点击[下一步(N)]按钮,然后点击[Finish],在弹出的对话框中点击[Yes],网络数据集创建完成。

2.3 计算城市间的 OD 最短旅行时间矩阵

以基于公路交通的城市间 OD 最短旅行时间矩阵计算为例演示整个过程。

(1) 添加[Network Analyst]工具条到 ArcMap 界面。在菜单栏(或工具栏)的空白处点击鼠标右键,在弹出的快捷菜单中确保[Network Analyst]被勾选。

(2) 点击[Network Analyst]工具条上的下三角,在弹出的菜单中选择菜单项[New OD Cost Matrix](图 9—30),当前活动的数据框中将自动添加"OD Cost Matrix"层。

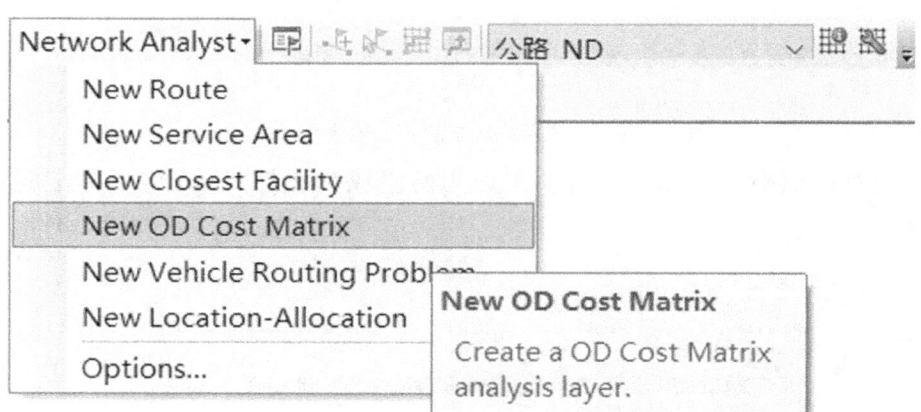

图 9—30 启动 OD 成本矩阵模块

(3) 点击[Network Analyst]工具条上的网络分析窗口( )按钮,网络分析窗口出现。

(4) 在网络分析窗口中,在 Origins(0)上右击后在弹出的快捷菜单中选择[Load Locations...],在弹出的对话框中,"Load From:"下拉选择"中心城市"并确保 Name 属性设置为中心城市的 Name 字段。

实验九　基于GIS的交通空间可达性量算

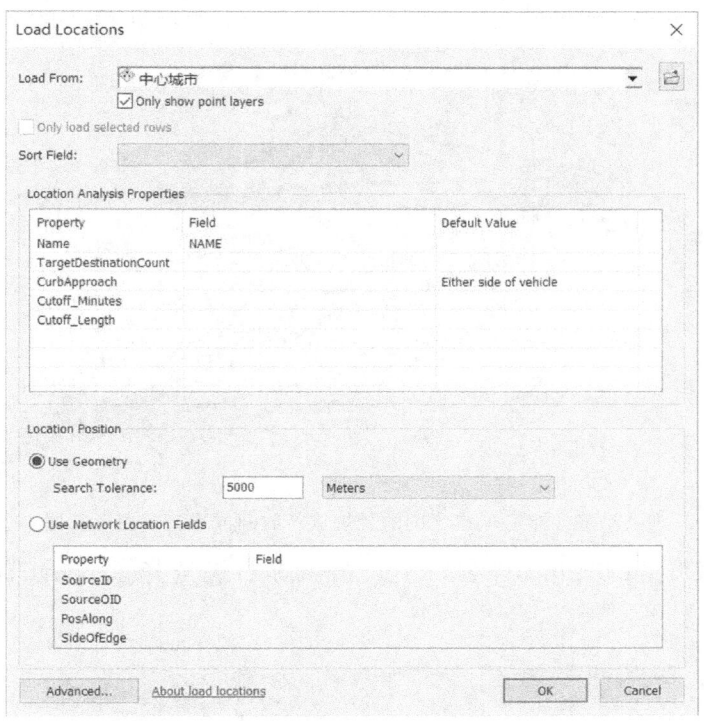

图9-31　导入中心城市(点)作为源点

(5)以与步骤(4)完全相同的方式,把"中心城市"导入为"Destinations"。

(6)点击网络分析窗口右上角的[OD Cost Matrix Properties]按钮,在弹出的对话框中的[Analysis Setting]选项中,确保"Impedance"设置为"Minutes",并在[Accumulation]选项中,确保"Minutes"被勾选,如图9-32所示。

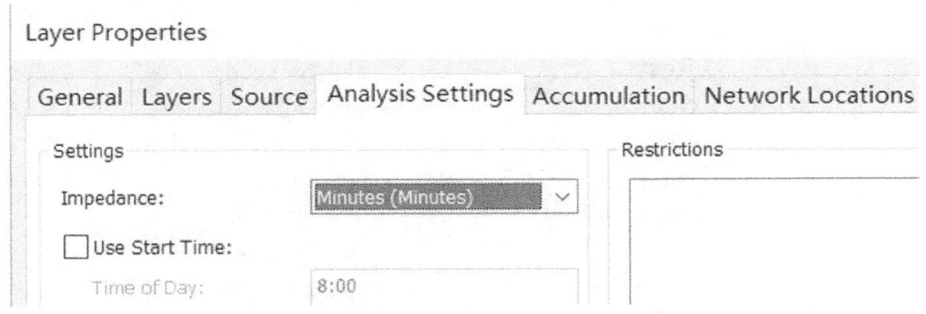

图9-32　OD成本矩阵属性之阻抗设置

(7)点击网络分析工具条上的"▦"按钮,取得源点和目的点之间的最短旅行时间成本矩阵,其视图结果如图9-33所示。

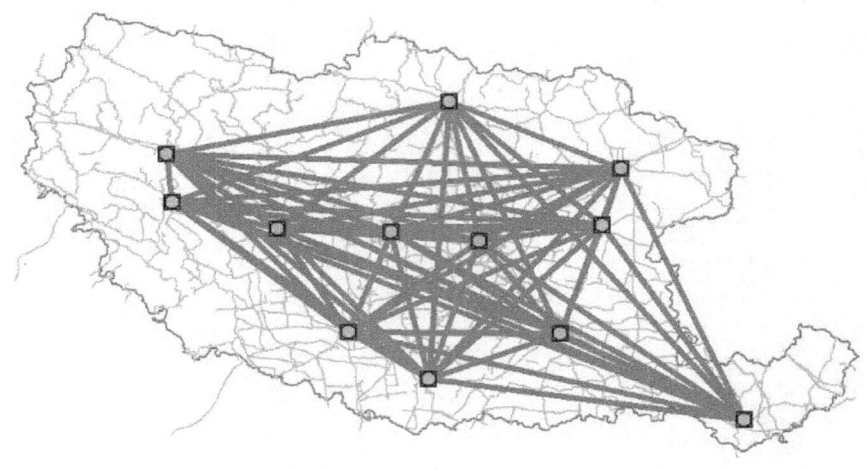

图9-33 中心城市之间的最短旅行时间成本矩阵图形视图

(8) 在网络分析窗口上的"Lines(144)"上点击鼠标右键选择[Export Data...],保存为"OD_cost_highways.shp"。

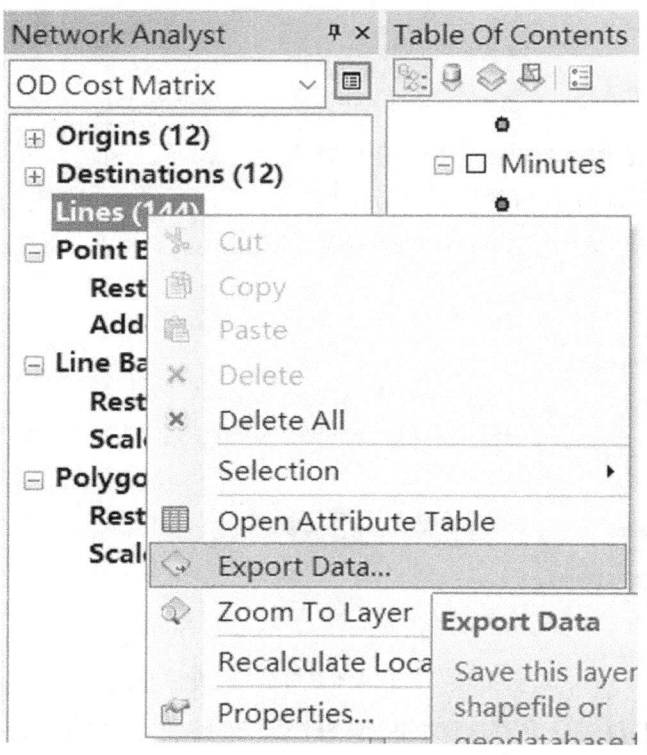

图9-34 导出OD成本矩阵图形视图

(9) 打开OD_cost_highways层的属性表,并添加两个长度为12,Name属性分别设置为"O"和"D"的文本型的字段,并分别为"O"和"D"采用字符串处理函数取OD_COST层中"Name"属性项的值的前3个和后3个字符,字段"O"的赋值如图9-35所示。

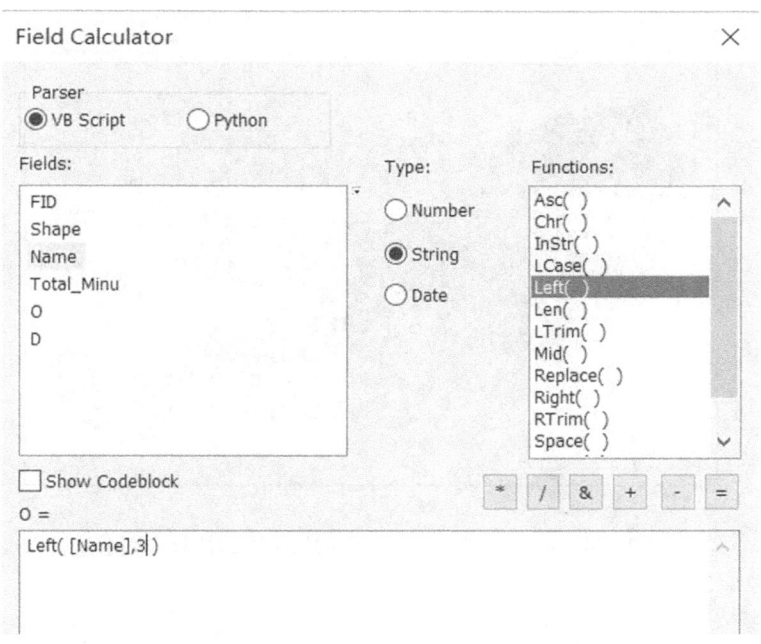

图 9−35 为字段"O"赋值

（10）基于铁路交通的城市间 OD 最短旅行时间矩阵计算与上述过程完全相同，不再赘述。

（11）比较基于公路、铁路两种交通方式计算得到的两个最短旅行时间值，若某个矩阵中的元素缺失，则取另一个矩阵中对应位置的值，否则取二者中的最小值，以上述规则计算生成最终的 OD 最短旅行时间成本矩阵。结果如图 9−36 所示。

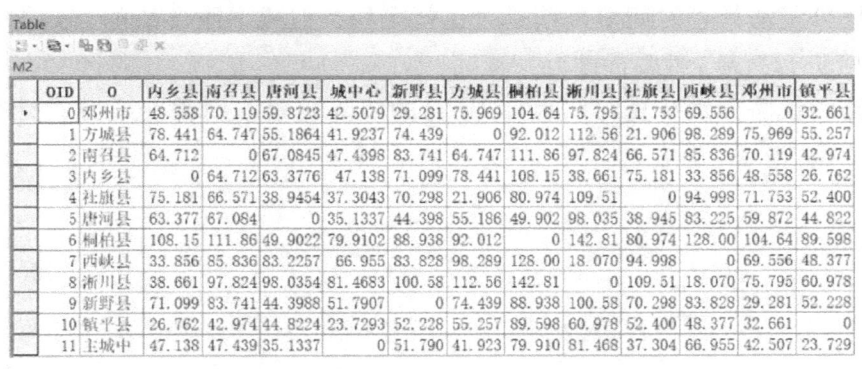

图 9−36 基于网络分析法计算的城市间最短旅行时间矩阵

（12）按公式 $A_i = \sum_{j=1}^{n}(T_{ij} \times M_j)/\sum_{j=1}^{n} M_j$，采用人口加权，以加权平均旅行时间计算各中心城市的可达性，然后把可达性值连接（join）到县级行政区的属性表中，以分位数法分为 4 类，渲染和制图结果如图 9−37 所示。

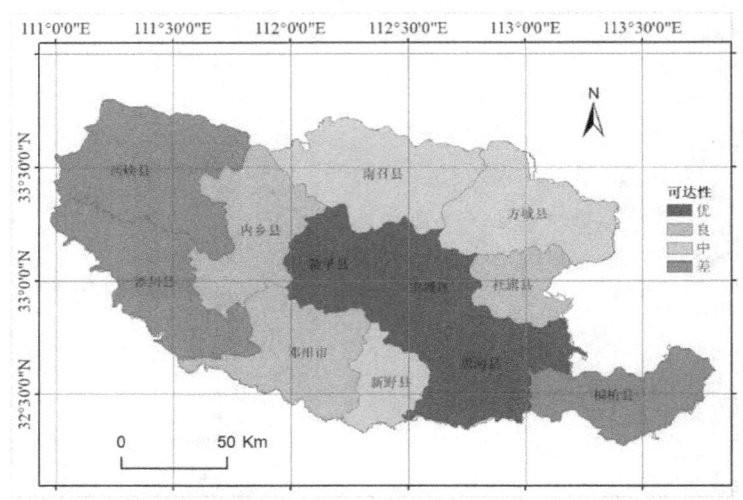

图 9-37 基于网络分析法计算的城市可达性分类结果

四、实验小结

本实验分别以成本距离法和网络分析法两种途径进行交通的空间可达性度量,成本距离法是一种基于栅格数据的方法,网络分析法是一种基于矢量拓扑数据的方法。为了巩固学习效果,以下问题供读者思考。

(1) 道路网的数据质量对网络分析法取得的时间矩阵有何影响?

(2) 基于网络分析法计算时间矩阵前是否也可采用类似成本距离法的方式把道路上的行驶速度按地形因素影响进行折算,然后再进行计算呢?

(3) 利用公路和铁路分别计算时间矩阵,最终的矩阵元素取两种交通方式计算得到的矩阵对应元素的最小值。

实验十 同时考虑供需双方的空间可达性量算

一、实验目的

1. 了解空间可达性度量的意义。
2. 掌握两步移动搜索法的空间可达性度量方法。
3. 掌握重力模型法的空间可达性度量方法。
4. 理解两步移动搜索法和重力模型法的联系和区别。
5. 对可达性度量结果进行正确解读和评价。

二、实验说明

1. 实验背景

可达性指的是从指定位置集到活动位置集(如学校、购物中心、休闲娱乐中心、医院、行政中心、工作地点等)通达的难易程度,是资源或服务设施空间分布合理性的重要评价方法之一。本实验内容为同时考虑供方供应能力和需方需求量的空间可达性度量,具体方法是两步移动搜索法和重力模型法,两种方法都是在定义供需双方空间连接方式的基础上通过计算供需比来实现。

两步移动搜索法的模型为:

$$A_i = \sum_{j \in \{d_{ij} \leq d_0\}} R_j = \sum_{j \in \{d_{ij} \leq d_0\}} \left[\frac{S_j}{\sum_{k \in \{d_{kj} \leq d_0\}} D_k} \right] \quad \text{(公式 10.1)}$$

公式 10-1 表示需求点 i 的可达性 A_i 由距离 i 点≤阈值距离 d_0 的所有供应点的供需比之和计算,而每一个供应点 j 的需求量由距离 j 点≤阈值距离 d_0 的所有需求点的需求量之和计算,A_i 的值越大,i 点的可达性越好。这种空间可达性度量方法中,可达性的计算是通过两步搜索实现的,每步都是以每个供应点(或需求点)为中心在阈值距离内搜索需求点(或供应点),故称之为两步移动搜索法。

重力模型法的计算公式如下:

$$\begin{cases} A_i = \sum_{j=1}^{n} \frac{S_j d_{ij}^{-\beta}}{V_j} \\ V_j = \sum_{k=1}^{m} D_k d_{kj}^{-\beta} \end{cases} \quad \text{(公式 10.2)}$$

公式 10-2 中，A_i 是可达性指数，n 是供应位置总数，m 是需求位置总数，S_j 是供应位置 j 的供应能力，D_k 是需求位置 k 的需求量，V_j 表示 m 个需求点对供应点 j 的需求量（由 m 个需求位置对 j 点的需求总和计算，按距离的 $-\beta$ 次幂加权）。需求点 i 的可达性采用到 i 点距离的 $-\beta$ 次幂为权重计算所有供应点的加权供需比之和求得。重力模型法中，A_i 根据供应位置的需求竞争强度（V_j）对供应的可用性进行了折算。A_i 的值越大，i 点的可达性越好。

两步移动搜索法和重力模型法都是通过在需求点计算供需比进行空间可达性的度量，两种方法都考虑了需方对供方资源的需求竞争，不同之处在于两步移动搜索法平等地看待阈值距离内需方对供方资源的需求竞争，而重力模型法通过一个距离摩擦系数来建模需求方对供应方资源需求竞争的距离衰减效应。阈值距离和距离摩擦系数分别是两步移动搜索法和重力模型法的关键参数，它们是各自方法计算结果值敏感性的关键参数，实验中一般应通过设定不同的参数值对模型结果的敏感性详加分析并予以解释。为重点练习这两种空间可达性度量方法，同时也为了简化操作流程，本实验中的距离量算采用欧氏距离，而不再采用网络距离或成本距离，若要采用网络距离或成本距离进行计算，请参考本教程中的相关实验部分。

2. 实验准备

（1）预装了 ArcGIS 10.1（或更高）桌面版；Excel 2010 版以上

（2）实验数据如下：

▶人口普查区质心：人口加权的普查区质心，Popu2016 为 2016 年人口值。

▶邮政编码区质心：2016 年人口加权的邮政编码区质心，DOC2016 为 2016 年按邮政编码区统计的医生数。

▶人口普查区：人口普查基本单元，用于可达性度量结果的制图渲染。

三、实验过程

1. 基于两步移动搜索法的空间可达性量算

步骤如下：

（1）从[ArcToolbox]→[Analysis Tools]→[Proximity]下启动[Point Distance]工具，计算普查小区质心和邮区质心之间的欧氏距离矩阵，保存为 Dist_All.dbf。"Point Distance"工具设置如图 10-1 所示。

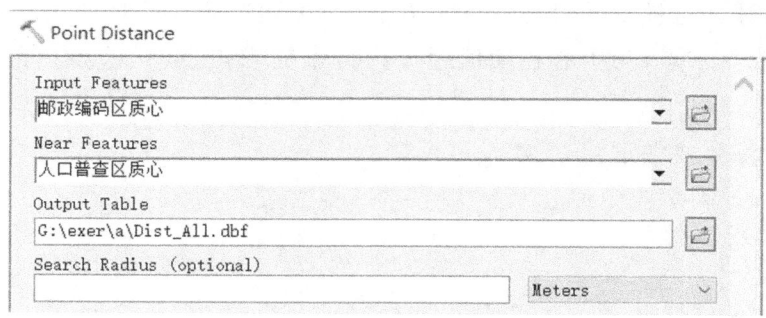

图 10-1 点距离工具设置

(2) 以属性连接方式分别把邮区质心的医师数和普查小区的人口连接到"Dist_All"表中。以医生数的连接为例,如图 10-2 所示。

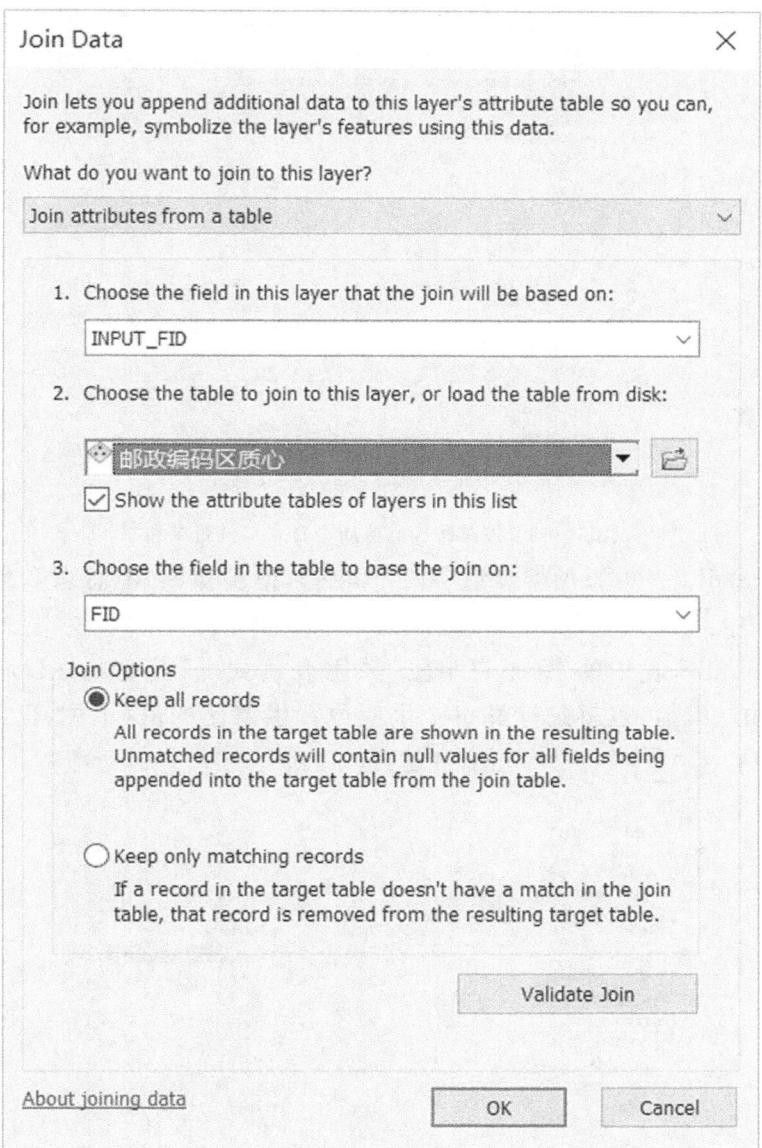

图 10-2 以 INPUT_ID 和邮政编码区质心的 FID 为连接字段
把医师数连接到"Dist_All"表中

(3) 从步骤(2)的结果中以属性查询的方式提取距离 ≤ 32 Km 的记录(共 227249 条),导出保存为 Dist32Km.dbf。这步实现了公式 10-1 中的选择条件" $i \in \{d_{ij} \leq d_0\}$ 和 $k \in \{d_{kj} \leq d_0\}$ "。

(4) 按邮政编码区质心(供应位置)汇总人口(需求量)。在 Dist32Km.dbf 的属性表中,在 INPUT_FID 字段上点击鼠标右键,在弹出的快捷菜单中选择[Summarize...],按邮政编码区质心对人口普查区的人口进行求和,设置如图 10-3 所示。这步实现了公式 10-1 中的" $\sum_{k \in \{d_{kj} \leq d_0\}} D_k$ "。

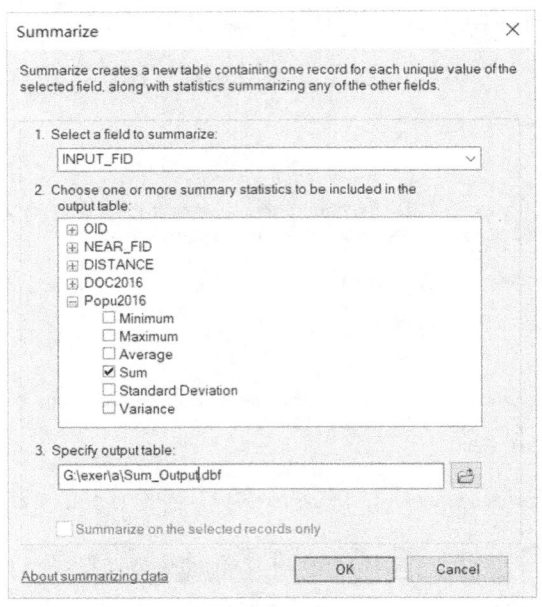

图 10-3 按邮政代码区质心对人口进行求和

（5）在 Dist32Km.dbf 表中添加浮点型字段"Ratio"，把步骤（4）汇总求和的人口结果以属性连接的方式添加到该表中。

（6）对 Dist32Km.dbf 表中的"Ratio"字段，采用表达式"[Dist32km.Doctor2000]／（[Sum.Sum_Popu20]／1000)"赋值，也就是计算每个供应位置供需比的值（单位：医师数/千人），如图 10－4 所示。这步完成了 $S_j / \sum_{k \in \{d_w \leq d_0\}} D_k$ 的计算。

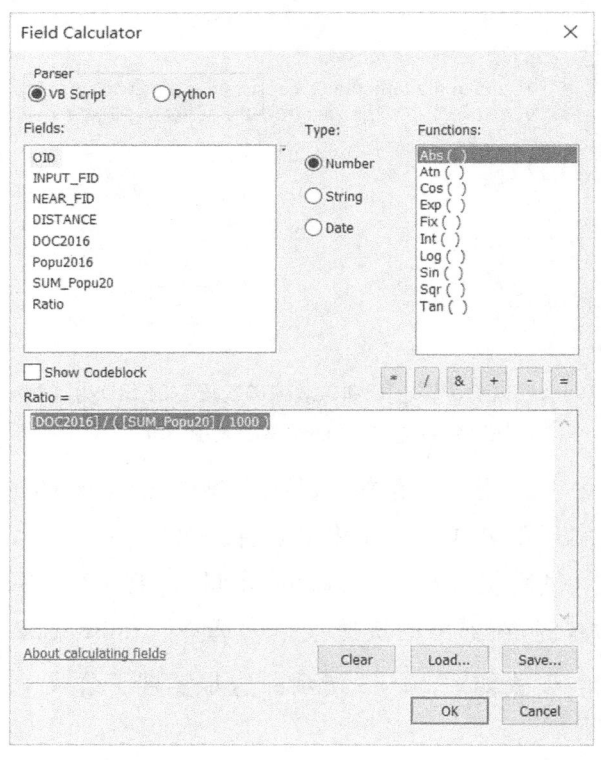

图 10－4 计算每个供应位置的供需比

(7) 在步骤(6)的结果中,按人口普查区质心(需求位置)对步骤(6)计算得到的供需比进行汇总求和,保存结果为 Acc32km.dbf,如图 10-5 所示。这步即实现了 $\sum_{j \in \{d_{ij} \leq d_0\}} R_j$。

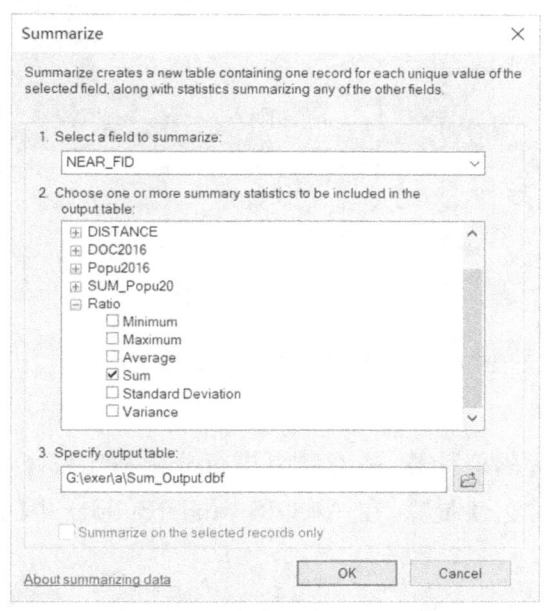

图 10-5　计算需求位置的可达性值

(8) 把步骤(7)的可达性计算结果转换到人口普查区属性表中

具体可通过把人口普查区质心和人口普查区进行相交叠加,找到人口普查区质心编码和人口普查区编码之间的对应关系,然后再通过属性连接完成。相交叠加操作和属性连接操作参见相关实验部分,此处不再赘述。两步移动搜索法的空间可达性制图渲染结果和可达性指数直方图分别如图 10-6 和图 10-7 所示。

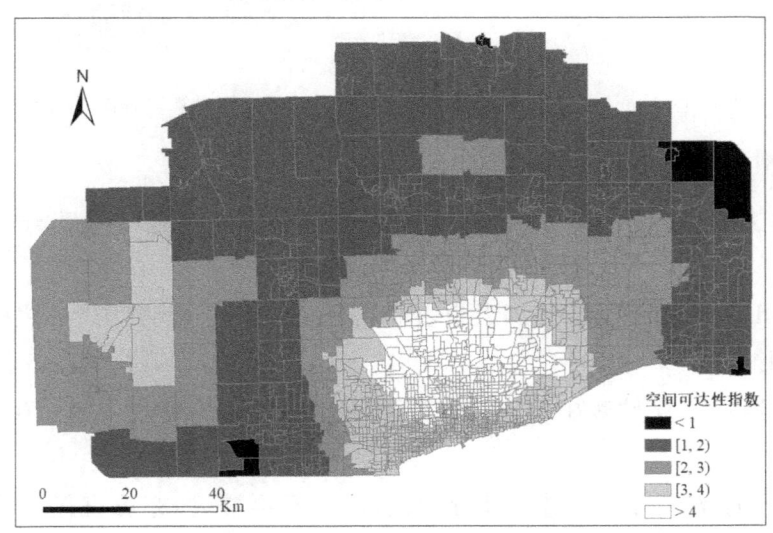

图 10-6　基于两步移动搜索法的空间可达性指数分布

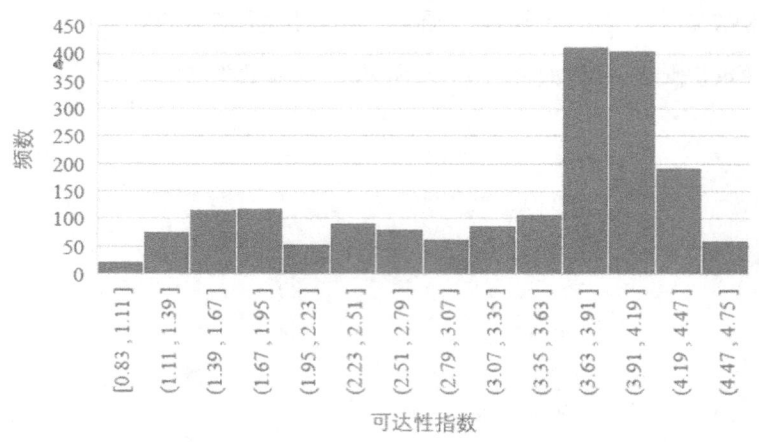

图 10-7 可达性指数直方图($d_0=32$ km)

(9) 敏感性分析

可采用 8,16,24,40Km 等阈值计算,并对结果进行分析和比较。

两步移动搜索法的空间可达性量算,在 ArcGIS ModelBuilder 中的建模流程如图 10-8 所示。

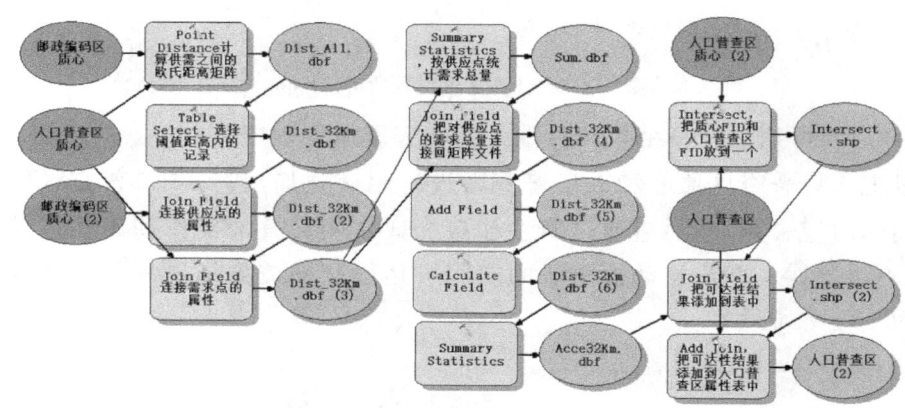

图 10-8 基于两步移动搜索法的空间可达性量算流程图

2. 基于重力模型法的空间可达性量算

在以下的基于重力模型法的演示部分,令 $\beta=1$,β 取其他值的执行过程与 $\beta=1$ 的执行过程类似。步骤如下:

(1) 利用"Point Distance"工具,计算人口普查区质心和邮政编码区质心之间的欧氏距离矩阵,结果保存为 Dist_All.dbf。

(2) 把人口普查区质心属性表中的人口和邮政编码区质心属性表中的医生数连接到 Dist_All.dbf 中。

(3) 步骤1)和2)的操作与节1对应部分相同,此处不再赘述,亦可直接使用节1相应的结果。

(4) 在步骤2)的结果表中添加一个浮点型字段 Dk_dkj,并以"[Popu2016] * ([DISTANCE]^(-1))"对其赋值。

(5) 按邮政编码区质心(供应位置)汇总求和 Dk_dkj,如图 10-9 所示。

即取得了 $V_j = \sum_{k=1}^{m} D_k d_{kj}^{-\beta}$。

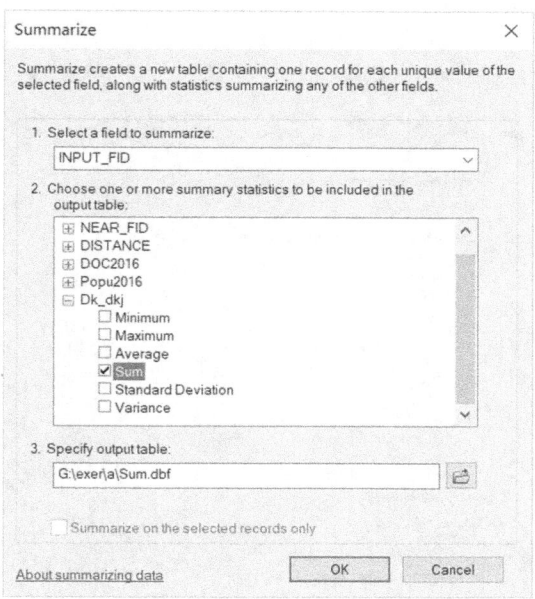

图 10-9　按供应位置对折算的需求
进行求和（按距离衰减折算）

（6）以邮政编码区质心的 ID 作为关键字段，把步骤（5）汇总求和的结果 Join 到距离矩阵（Dist_All.dbf）中，并把其值赋给新添加的"double"型字段 V_j。

（7）在 Dist_All 表中，再次添加"double"型字段 Sj_Vj_dij，并以"（[DOC2016] * （[DISTANCE]^（-1）））/（[Vj] / 1000）"赋值（乘以 1000 以避免小值），如图 10-10 所示。这步即取得了 $S_j d_{ij}^{-\beta} / V_j$。

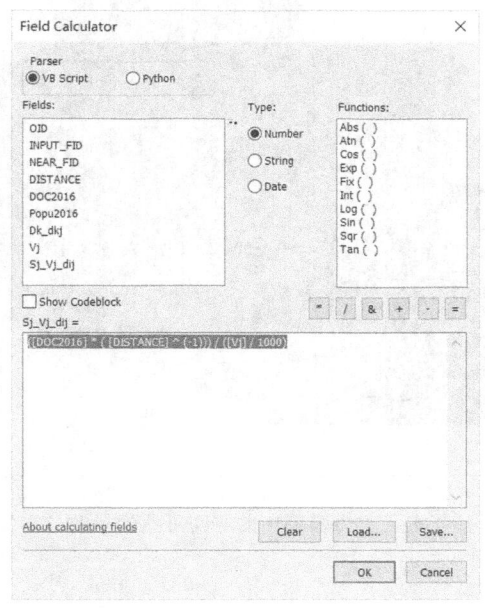

图 10-10　字段计算

(8) 按人口普查区质心(需求位置)汇总求和 Sj_Vj_dij, 即可得到需求位置的可达性值, 如图 10-11 所示。这步取得了 $\sum_{j=1}^{n} \frac{S_j d_{ij}^{-\beta}}{V_j}$。

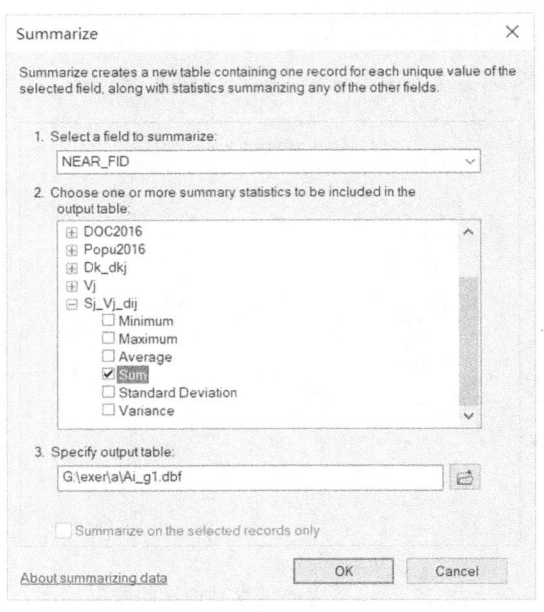

图 10-11　计算需求位置的可达性值

(9) 把步骤8)的可达性计算结果转换到人口普查区属性表中。具体可通过把人口普查区质心和人口普查区进行相交叠加,找到人口普查区质心编码和人口普查区编码之间的对应关系,然后再通过属性连接完成。重力模型法的空间可达性制图渲染结果和可达性指数直方图分别如图 10-12 和图 10-13 所示。

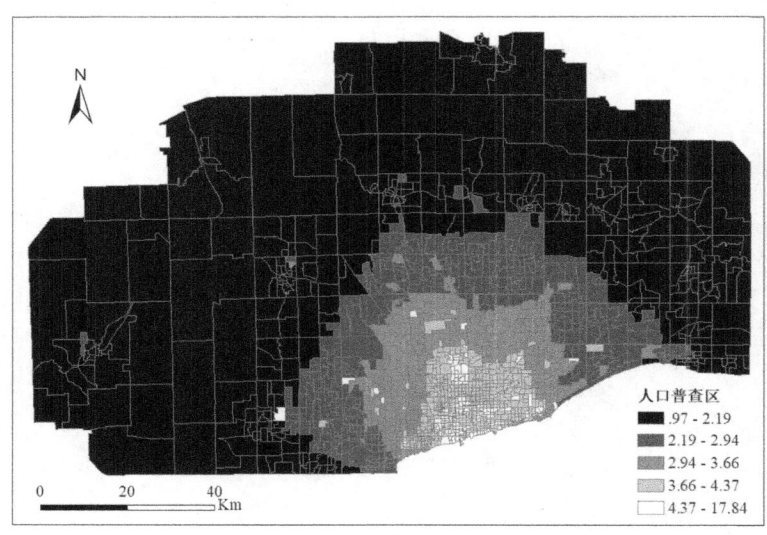

图 10-12　基于重力模型法的空间可达性指数分布(β=1)

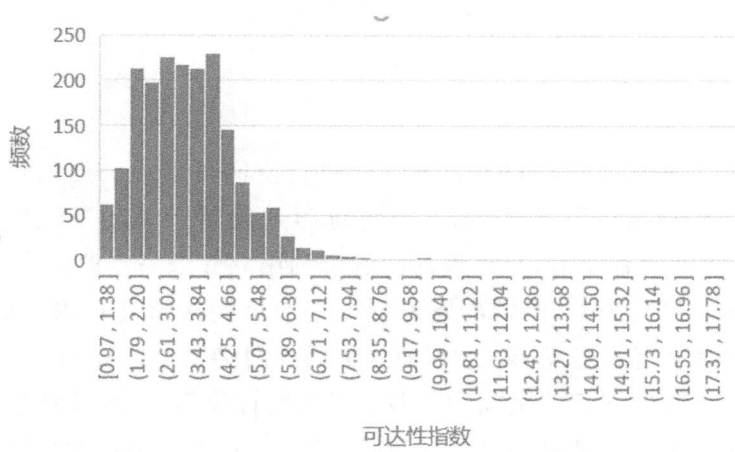

图 10-13 基于重力模型法的可达性指数直方图（β=1）

（10）敏感性分析。β 参数采用从 0.6 始，步长 0.2，1.8 止，重复步骤 1）—9），对取得的可达性指数进行描述性统计。

重力模型法的空间可达性量算，在 ArcGIS ModelBuilder 中的建模流程如图 10-14 所示。

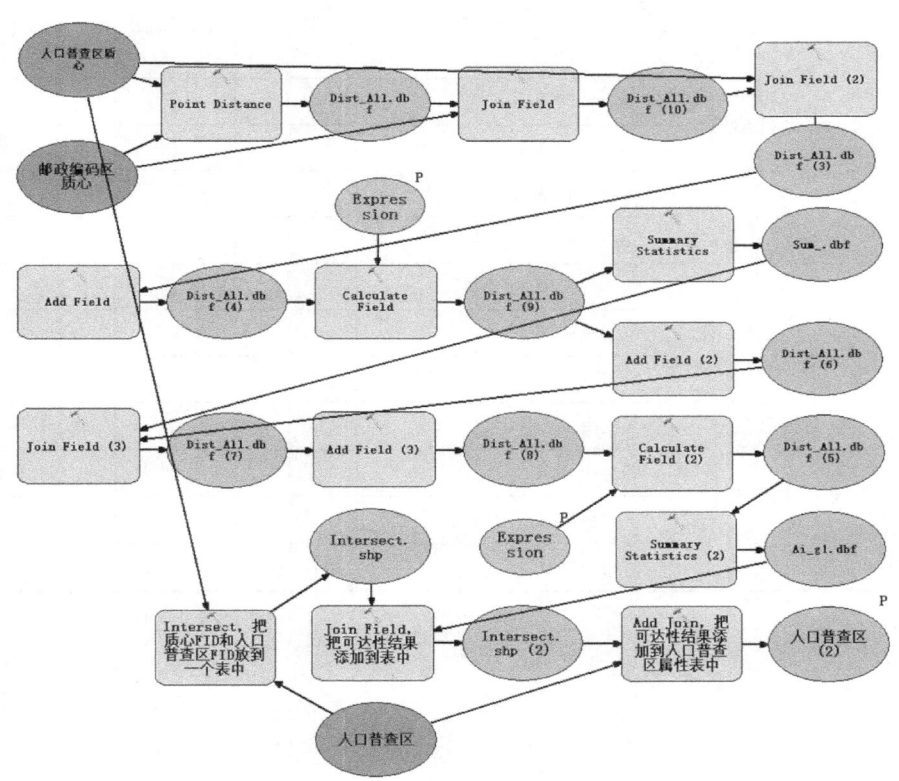

图 10-14 基于重力模型法的空间可达性量算流程图

四、实验小结

本实验分别基于两步移动搜索法和重力模型法进行空间可达性的度量,读者应首先深入理解两步移动搜索法和重力模型法的联系和区别,通过练习掌握基于 ArcGIS 软件的实现过程。为了巩固学习效果,以下问题供读者思考,有兴趣的读者可利用软件进一步解决之。

(1) 在基于两步移动搜索法中,按距离阈值提取记录后连接供方和需方的属性与先连接供方和需方的属性而后按距离阈值提取记录,这两种方法得到的结果有差异吗?其效率如何?

(2) 观察上述两种方法不同阈值距离和 β 参数下的统计量值,匹配统计量相似的对应结果。

(3) 制作统计量相似的对应结果的可达性指数分布图,观察其分布的差异。

(4) 把统计量相似的对应结果的可达性指数做成散点图(即横坐标为一种方案,纵坐标为另一种方案),根据其相对 1∶1 线的分布情况,总结两步移动搜索法和重力模型法的特征。

(5) 根据计算结果把下表填写完整并对结果进行分析。

方法	参数	最小值	最大值	均值	标准差
两步移动搜索法	$d_0 = 8$ km				
	$d_0 = 16$ km				
	$d_0 = 24$ km				
	$d_0 = 32$ km				
	$d_0 = 40$ km				
	$d_0 = 48$ km				
重力模型法	$\beta = 0.6$				
	$\beta = 0.8$				
	$\beta = 1.0$				
	$\beta = 1.2$				
	$\beta = 1.4$				
	$\beta = 1.6$				
	$\beta = 1.8$				

实验十一　城市表层土壤重金属污染潜在生态风险评价

一、实验目的

掌握基于 Hakanson 潜在生态风险指数的土壤重金属污染潜在生态风险评价方法和指示克吕格空间插值方法，熟悉这些方法在土壤重金属环境风险评价等领域中的具体应用。通过本实验使读者熟练使用凸包、泰森多边形、融合、属性查询、属性连接等基本数据处理工具和空间缓冲分析、空间插值分析等常用空间分析工具，并能根据具体情境，熟练应用这些工具解决现实问题，培养学生综合分析和解决复杂地理空间问题的能力。

二、实验说明

1. 实验背景

随着城市化进程的加快，工业生产、交通、市政建设和城市人口的不断增加，城市环境质量问题日益凸显。城市土壤中重金属的不断累积会引起土壤性状改变，植被退化，通过大气、水体等多种途径的传播会威胁到城市居民健康。

已知某城区按功能可划分为工业区、交通区、生活区、公园绿地区和山区，不同功能区域的环境受人类活动影响的程度不同。为了调查该城区土壤的地质环境，将该城区划分为间距 1 公里左右的网格子区域，按照每平方公里 1 个采样点对表层土（0～10 厘米深度）进行取样、编号，并用 GPS 记录采样点位置。应用专门仪器测试分析，获得了每个样点所含的多种化学元素的浓度数据。按照 2 公里的间距在远离人群及工业活动的自然区取样，将其作为该城区表层土壤中元素的背景值。参照前人的研究结果，给出了该城区每种重金属元素的毒性响应系数。

Hakanson 潜在生态风险指数法的计算公式如下：

$$RI = \sum_{i=1}^{n} E_r^i = \sum_{i=1}^{n} T_r^i C_f^i = \sum_{i=1}^{n} T_r^i \frac{C_{表层}^i}{C_n^i}$$

（公式 11.1）

RI 为多种重金属的综合潜在生态危害指数，E_r^i 为第 i 种重金属元素的潜在生态危害指数，$E_r^i = T_r^i C_f^i$；T_r^i 为第 i 种重金属元素毒性响应参数，反映生物对重金属元素污染的敏感程度；C_f^i 为第 i 种重金属元素的污染指数；$C_{表层}^i$ 为表层土壤重金属元素浓度实测值；C_n^i 为评价标准值（本实验取背景均值）。表层土壤重金属浓度越大、污染物种类越多、毒性水平越高，综合潜在生态危害指数 RI 值就越大，说明其潜在生态危害也越大。重金属潜在生态风险评价指标与分级标准见表 11-1。

表11-1 重金属潜在生态风险评价指标与分级标准

E_r^i	单一金属潜在生态风险程度	RI	多种金属潜在生态风险程度
$E_r^i<40$	轻微	$RI<150$	轻微
$40 \leqslant E_r^i<80$	中等	$150 \leqslant RI<300$	中等
$80 \leqslant E_r^i<160$	强	$300 \leqslant RI<600$	强
$160 \leqslant E_r^i<320$	很强	$600 \leqslant RI<1200$	很强
$E_r^i \geqslant 320$	极强	$RI>1200$	极强

要求采用Hakanson提出的潜在生态风险指数法对该城市城区表层土壤重金属污染的潜在生态风险进行评价。

2. 实验准备

(1) 预装ArcGIS 10.1(或更高)桌面版

(2) 实验数据：<表层土壤重金属污染评价.xls>中包括4个表单，具体如下：

① 样点位置及功能区，包括样点编号、x坐标、y坐标、海拔值、区域功能类型。

② 样点重金属元素浓度，包括As、Cd等8种重金属元素的浓度值。

③ 重金属元素背景值，包括8种重金属元素的平均值、标准差值和范围值。

④ 重金属元素毒性响应系数，包括8种重金属元素的毒性响应系数。

3. 实验类型、建议学时和实验要求

本实验类型为综合型实验，建议设置4~6学时。根据提供的实验数据，至少需得到以下成果：

(1) 界定城区范围，划分出功能区。

(2) 按Hakanson潜在生态风险指数法，计算出各种重金属元素的潜在生态危害指数和综合潜在生态危害指数。

(3) 按功能区统计各种重金属的潜在生态危害指数和8种重金属的综合潜在生态危害指数，按照分级标准进行评级，并对上述结果正确解读。

(4) 根据上述评级结果，对各种重金属元素的潜在生态危害指数及8种重金属的综合潜在生态危害指数，以所在等级的上限值为断点，利用指示克吕格进行空间插值，生成超过断点值的概率空间分布图。

(5) 对在不同功能区评级结果不同的重金属元素，在相应评级结果区域采用对应的断点值并仅生成该区域的空间插值结果，具有不同评级结果的每种重金属元素，最终各自生成一张在整个城区的概率空间分布图(在各自功能区超过某种风险的概率空间分布)。

(6) 结合生态风险等级评价结果和指示克吕格空间插值结果，分析污染的可能原因，对污染源的可能位置做出合理判断。

三、实验过程

1. 城区范围的界定和功能区的划分

1.1 样点数据空间化

添加"样点位置及功能区"表单到 ArcMap 中，点击[File]—>[Add data]—>[Add XY Data]工具，做如图 11-1 设置后点击 OK 按钮，导出为 .shp 格式，即完成了样点数据的空间化，结果命名为"Samples"。

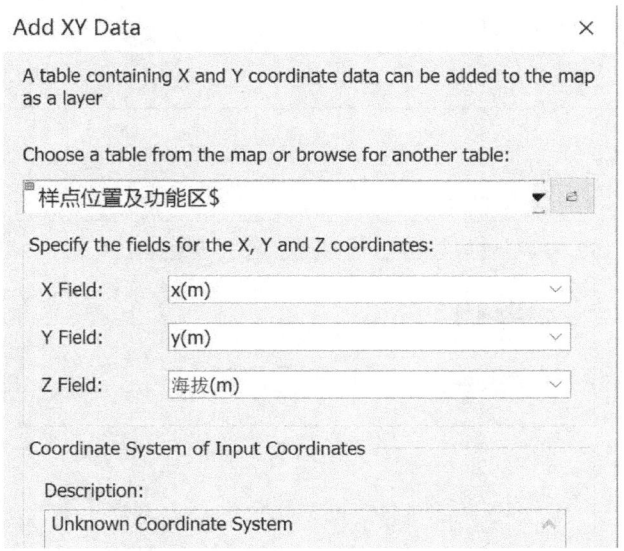

图 11-1 "Add XY Data"对话框设置

对样点数据按"区域功能"字段采用"唯一值"符号化、设置相应符号，并在"Layout View"中添加指北针、图例和参考网后的效果如图 11-2 所示。

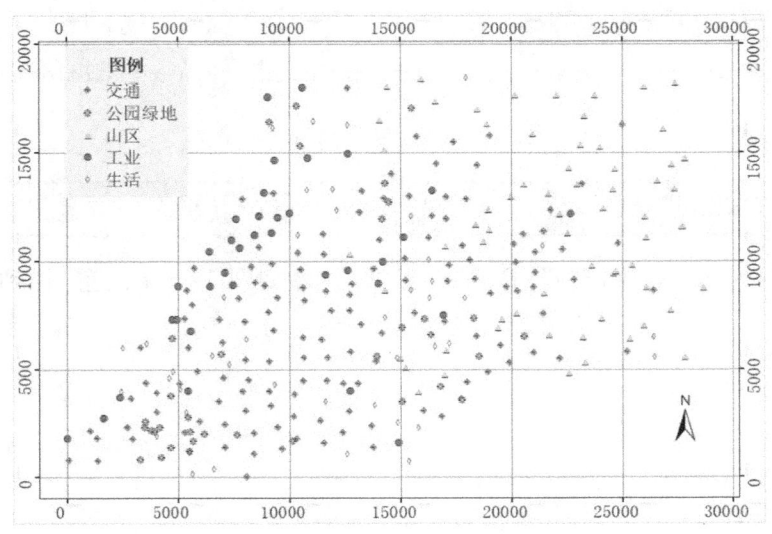

图 11-2 样点数据空间化结果

1.2 城区范围的界定

考虑到本实验设定的采样方案(将所考察的城区划分为间距1公里左右的网格子区域,按照每平方公里1个采样点对表层土0~10厘米深度进行取样),如果样点都布置在网格中心,则研究区的范围应该是凸包边界上的样点分别向外扩张500m,确定的区域。观察生成的样点,采样方案应该为网格内的随机采样,这里,我们用500m(平均值)为缓冲半径,做凸包500m的缓冲区来界定城区范围。具体步骤如下:

(1) 从[ArcToolbox]—>[Data Management Tools]—>[Features]—>[Minimum Bounding Geometry]展开[Minimum Bounding Geometry]工具,并做如图11-3设置,生成样点的凸包。

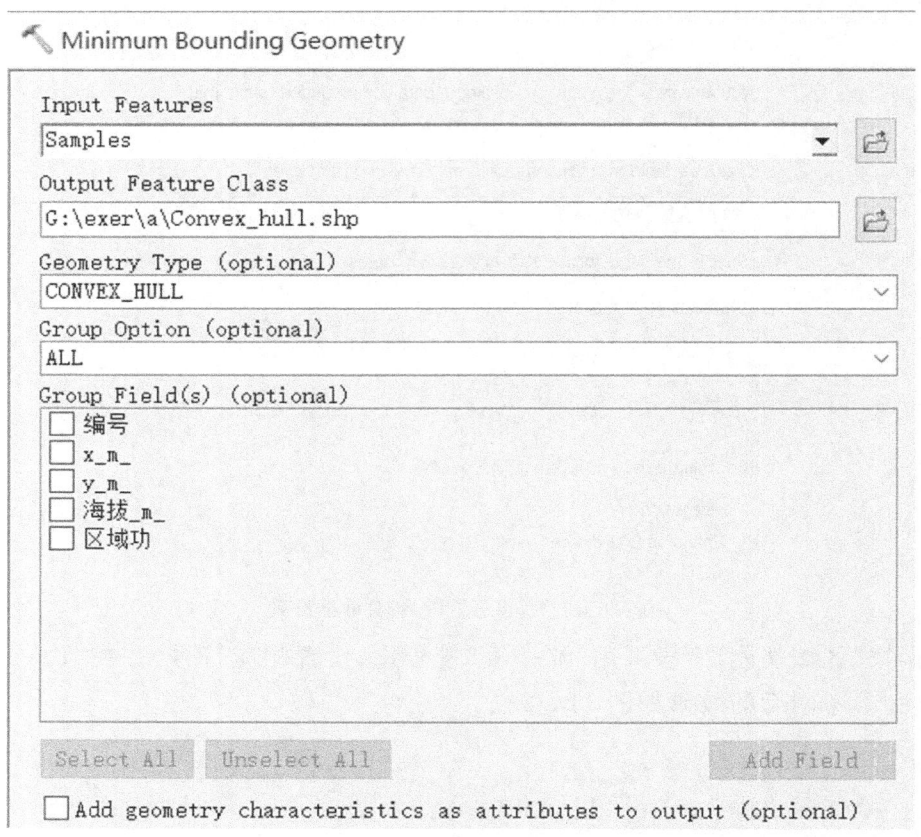

图11-3 绘制样本的凸包

> 注意:"Group Option"参数应设置为"All",即把所有样点作为一个整体,做其凸包。

(2) 从[Geoprocessing]菜单,选择[Buffer]工具,并做如图11-4设置,得到城区范围。

实验十一　城市表层土壤重金属污染潜在生态风险评价

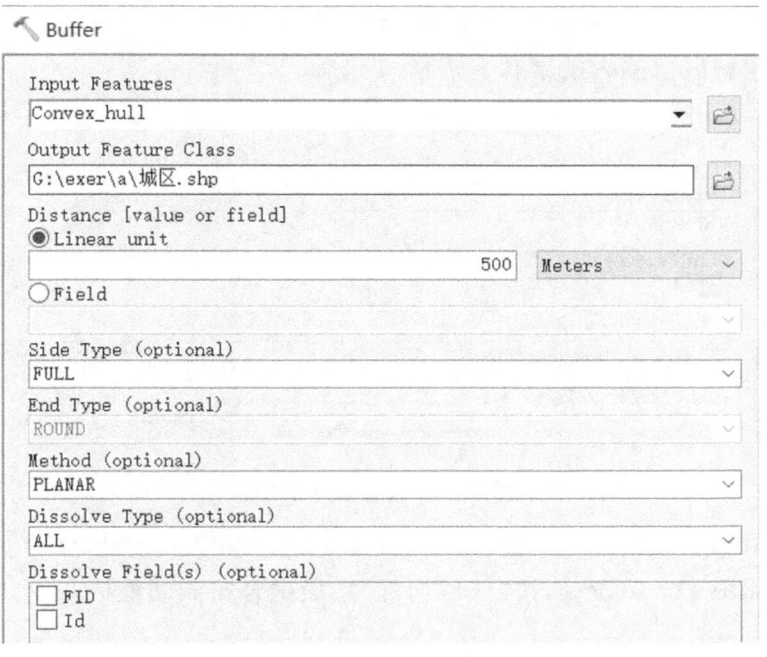

图 11-4　做样本凸包 500 米缓冲区

注意：Buffer 也可以从[ArcToolbox]—>[Analysis Tools]—>[Proximity]—>[Buffer]启动。

1.3　功能区的划分

根据每个样点所属功能区的信息，利用泰森多边形(Thiessen)分割原理划分功能区。具体如下：

(1) 从[ArcToolbox]—>[Analysis Tools]—>[Proximity]—>[Create Thiessen Polygons]展开 Create Thiessen Polygons 工具，并做如图 11-5 设置，生成样点的泰森多边形。

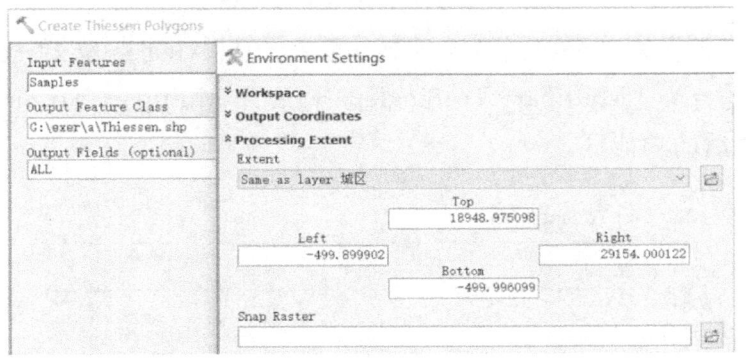

图 11-5　创建样点的泰森多边形

注意：a. "Create Thiessen Polygons"工具中，"Output Fields"参数应设置为"All"以确保每个样点的所属功能区信息赋给对应的泰森多边形；b. "Create Thiessen Polygons"工具的"Procesing Extent"环境设置的"Extent"参数应设为"Same as layer 城区"。

(2) 从[ArcToolbox]—>[Analysis Tools]—>[Extract]—>[Clip]展开 Clip 工具,并做如图 11－6 设置,裁剪得到城区范围内的泰森多边形。

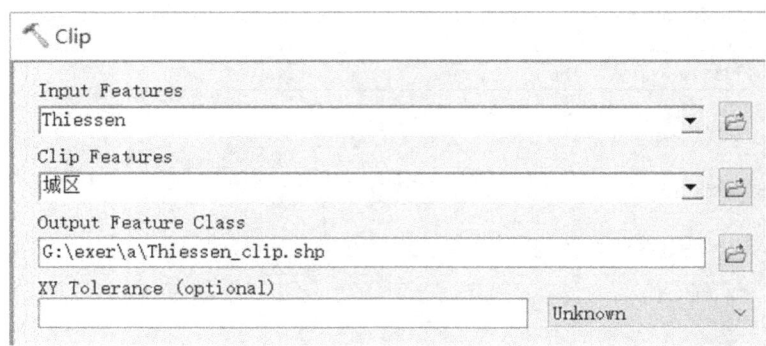

图 11－6　泰森多边形裁剪

(3) 从[ArcToolbox]—>[Data Management Tools]—>[Generalization]—>[Dissolve]展开 Dissolve 工具,并做如图 11－7 设置,按"区域功能"字段融合得到功能区。

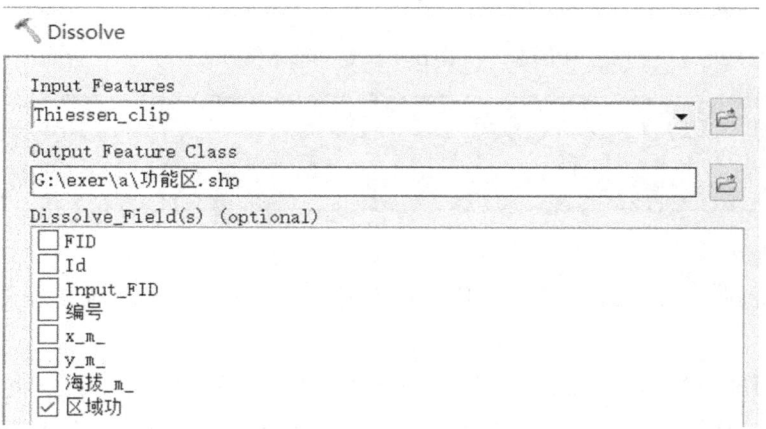

图 11－7　按"区域功能"字段融合

(4) 把得到的功能区由多部分要素转为单部分要素。从[ArcToolbox]—>[Data Management Tools]—>[Features]—> [Multipart To Singlepart]展开 Multipart To Singlepart 工具,按如图 11－8 设置,得到处理后的功能区。

图 11－8　多部分要素转为单部分要素

(5) 添加一个标签字段,对每个功能区内的各个多边形进行编号,格式为"功能区名字英文首字母＋编号",其中,工业区"I"、交通区"T"、生活区"L"、公园绿地区"P"、山区"H"。图 11－9 为对各功能区符号化,并用标签字段对每个功能区多边形进行标注,添加了图例、指北针和参考网后的效果图。

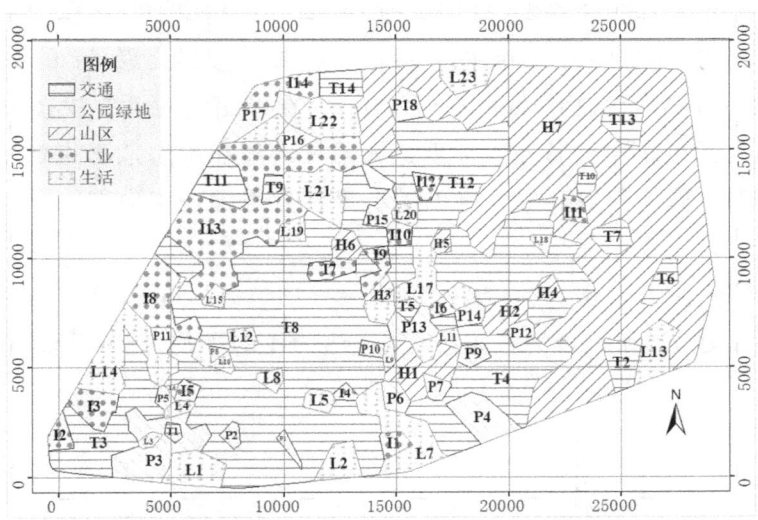

图11-9 按"区域功能"字段融合并对各功能区符号化

> 注意：对各功能区的多边形进行编号是为了便于后续对各种重金属元素潜在生态污染评价的解读。

2. 城区表层土壤重金属污染的潜在生态风险评价

2.1 把污染浓度数据连接到样点属性表中。

添加"样点重金属元素浓度"表单到 ArcMap 中，在样点"Samples"数据层上右击，选择[Joins and Relates]→[Join]，弹出"Join Data"对话框，并做如图11-10设置后点击"OK"并导出保存为"Samples"。

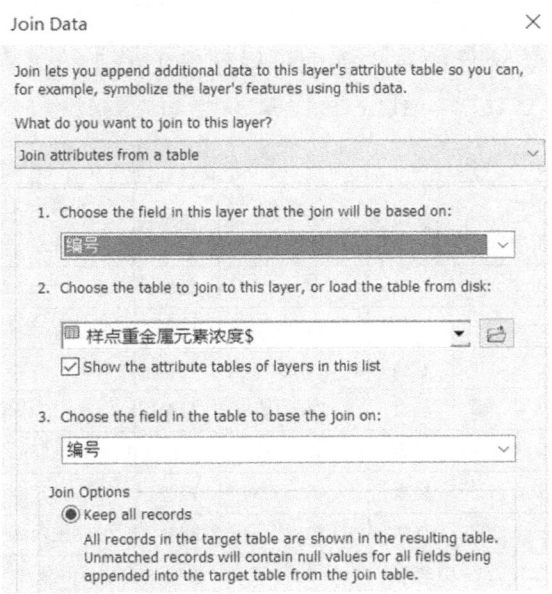

图11-10 把污染浓度数据连接到样点属性表中

2.2 在样点"Samples"属性表中添加"Float"型的相关字段,按公式 11-1 计算 E_r^i 和 RI。

(1) 打开样点"Samples"的属性表,点击"Table Option"右侧的下三角,从菜单中选择[Add Field],添加一个"Float"类型名字为"Eas"的字段用于存放重金属元素 As 的潜在生态危害指数。

(2) 在"Eas"字段上右击后选择[Field Calculator],在弹出的对话框中按公式 11-1 计算 Eas。

(3) 重复步骤(1)和(2)计算出另外 7 种重金属元素的潜在生态危害指数。

(4) 按公式 11-1 计算 8 种重金属元素的综合潜在生态危害指数 RI。

2.3 概要统计。

(1) 在"区域功能"字段上右击,在弹出的快捷菜单中选择[Summarize],然后统计各种重金属元素的潜在生态危害指数 E_r^i 和综合潜在生态危害指数 RI 的平均值(Average)和标准差(Standard Deviation),具体如图 11-11 所示。

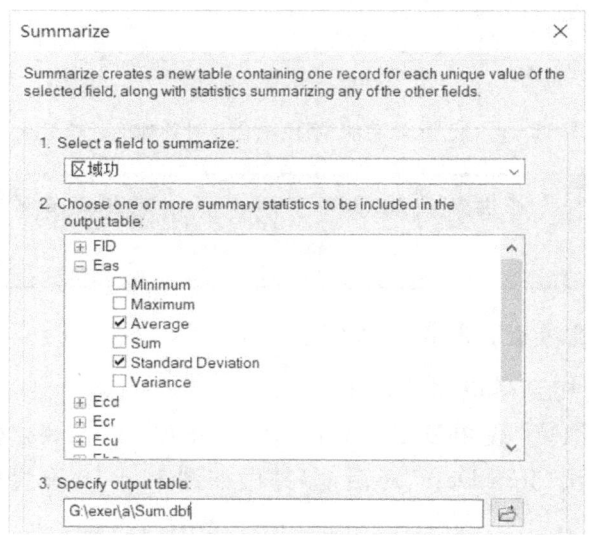

图 11-11 概要统计对话框

(2) 对上述步骤(1)中概要统计的结果整理可得到表 11-2。

表 11-2 表层土壤重金属潜在生态危害指数统计

项目	工业区		交通区		生活区		公园绿地区		山区	
	均值±标准差	风险等级	均值±标准差	风险等级	均值±标准差	风险等级	均值±标准差	风险等级	均值±标准差	风险等级
E_{As}	20.14±11.79	轻微	15.86±9.00	轻微	17.42±5.97	轻微	17.40±5.62	轻微	11.23±5.00	轻微
E_{Cd}	90.72±54.83	强	83.08±56.17	强	66.91±42.39	中等	64.74±54.43	中等	35.15±18.09	轻微
E_{Cr}	3.45±2.84	轻微	3.75±5.26	轻微	4.45±6.96	轻微	2.82±0.96	轻微	2.51±1.59	轻微
E_{Cu}	48.31±157.18	中等	23.57±45.54	轻微	18.71±17.86	轻微	11.44±8.59	轻微	6.56±4.07	轻微
E_{Hg}	734.12±2564.66	极强	510.65±2491.73	极强	106.33±117.60	强	131.42±256.32	强	46.81±31.83	中等
E_{Ni}	8.05±3.40	轻微	7.16±4.79	轻微	7.46±2.30	轻微	6.22±2.02	轻微	6.28±4.24	轻微
E_{Pb}	15.01±13.77	轻微	10.25±5.25	轻微	11.15±11.67	轻微	9.79±7.39	轻微	5.90±2.86	轻微
E_{Zn}	4.03±5.08	轻微	3.52±5.58	轻微	3.43±6.43	轻微	2.24±3.35	轻微	1.06±0.45	轻微
RI	923.82±2767.32	很强	657.83±2509.32	很强	235.87±161.46	中等	246.05±273.59	中等	115.50±44.76	轻微

从表 11-2 可知,总体上看(利用均值分析),8 种重金属的综合潜在生态风险危害,工业区和交通区为"很强"等级,生活区和公园绿地区为"中等",山区为"轻微"。潜在生态风险危害程度,工业区(923.82)＞交通区(657.83)＞公园绿地区(246.05)＞生活区(235.87)＞山区(115.50)。重金属 Hg、Cd 和 Cu 对综合潜在生态风险贡献最大,其中,Hg 在工业区和交通区为"极强"等级,在生活区和公园绿地区为"强"等级,在山区为"中等";Cd 在工业区和交通区为"强"等级,在生活区和公园绿地区为"中等",在山区为"轻微";Cu 在工业区为"中等",在交通区、生活区、公园绿地区和山区均为"轻微"等级。其他 5 种重金属元素的潜在生态危害在整个城区均为"轻微"等级。

2.4 重金属元素的潜在生态危害指数空间插值

观察表 11-2 中标准差的分布,其最小值为 0.45,最大值高达 2767.32,即重金属元素的潜在生态危害指数在各功能区内值的空间分布变化较大。也就是说,上述基于均值的评价结果仅反映总体情况,表 11-2 中标准差值较大的数据结果,土壤重金属潜在生态危害在空间分布上存在较大差异,需要做进一步分析。为此,根据表 11-2 的分级评价结果,对各种重金属元素的潜在生态危害指数及综合潜在生态危害指数,在各功能区内分别以所在等级的上限值为断点(如重金属 Hg 的"强"等级采用上限值 160,见表 11-1),利用指示克吕格进行空间插值,生成超过断点值的概率空间分布图用以评价土壤重金属元素潜在生态危害的空间差异。同一种重金属元素在不同功能区的评级结果不同的则分别制图。即 As、Cr、Ni、Pb、Zn 这 5 种在整个城区均评为"轻微"等级的重金属元素,其断点值均采用 40,而 Hg、Cd、Cu 这 3 种在不同功能区评级结果不同的重金属元素,则应在相应评级结果区域采用对应的断点值并仅保留该功能区的空间插值结果。指示克吕格空间插值过程具体如下所述,下面分别以重金属 As 和 Cd 为例演示。

(1) As 潜在生态危害指数的空间插值

① 加载 Geostatistical Analyst 工具条到 ArcMap 窗口中,点击 Geostatistical Analyst 工具条的下拉菜单,选择[Geostatistical Wizard…],在弹出的菜单中做如图 11-12 的设置。

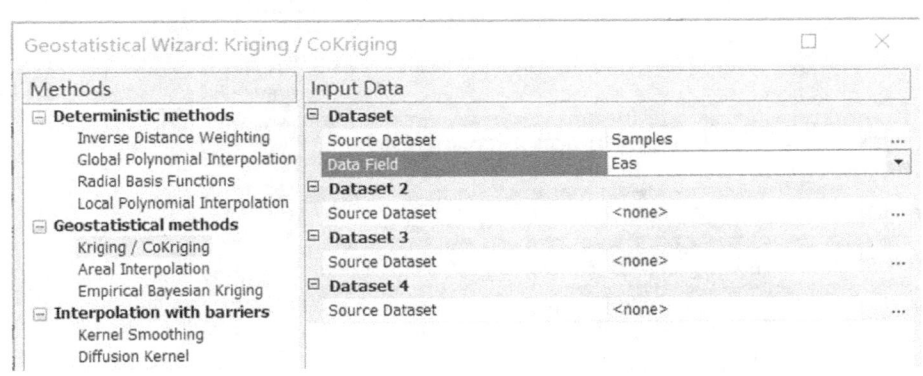

图 11-12 输入数据对话框

② 点击[Next]，做如图 11－13 的设置。

图 11－13　插值模型和阈值设置

③ 继续点击[Next]按钮，在弹出的对话框中采用默认的"Stable"模型，点击"优化模型"按钮对模型参数进行优化，如图 11－14 所示。

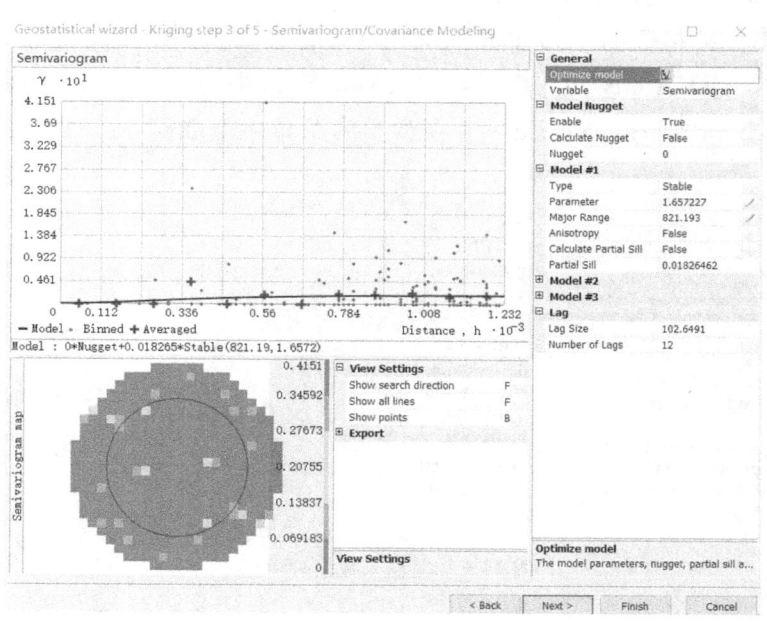

图 11－14　选择 Stable 模型并优化模型参数

> 注意：除 Stable 模型（Model）外，也可选择球形（Spherical）、指数（Exponential）等其他模型，读者可查阅相关文献，了解这些模型的不同之处及模型选择和参数优化的方法。限于篇幅，此处不再详述。

④ 再点击两次[Next]按钮后点击[Finish]按钮生成插值结果。

⑤ 双击后打开新生成的插值结果层的层属性对话框，在[Extent]选项中把插值结果层的范围外推到与"功能区"一致，如图 11－15 所示。

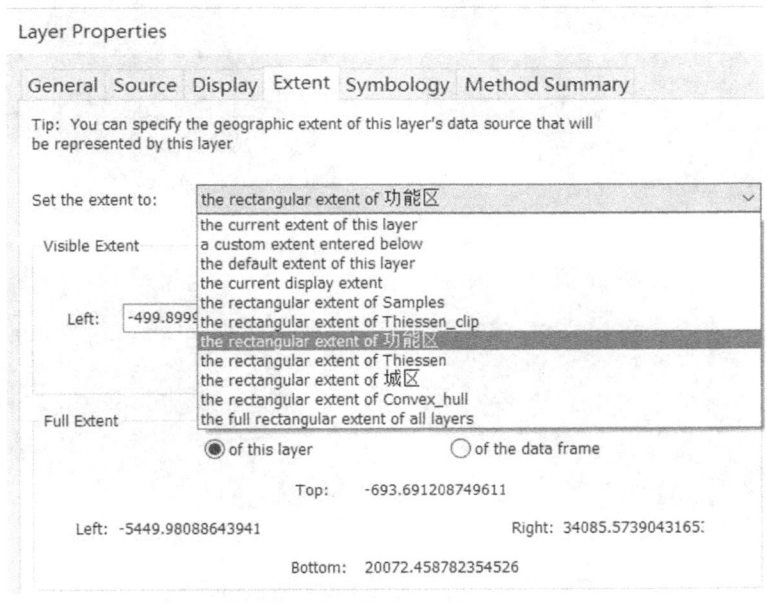

图 11－15　插值结果外推

⑥ 在外推后的插值结果层上右击后，在弹出的快捷菜单中选择[Data]—>[Export to Raster]，在弹出的对话框中设置输出结果存放位置和文件名，输出分辨率（设为 50），在环境参数中设置掩膜（Mask）为"功能区"，点击两次"OK"后，把插值结果导出并保存在指定路径下，对话框设置如图 11－16 所示。

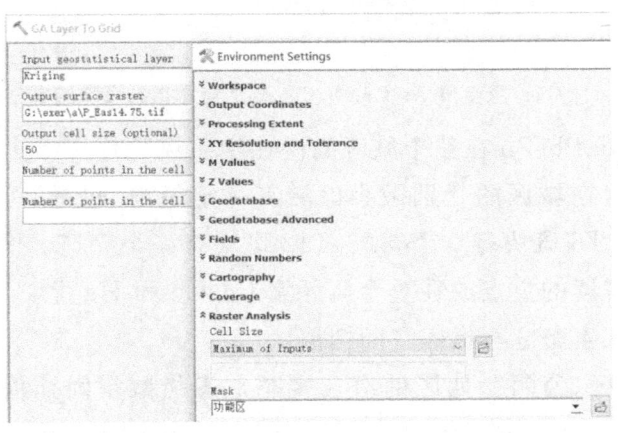

图 11－16　地统计插值层导出为栅格数据

注意：GA Layer To Grid 的环境参数中若不设置分析掩膜（Mask）参数，则导出后的栅格图像需再利用城区范围做一次裁剪方可得到城区内的结果。

⑦ 对重金属元素 Cr、Ni、Pb、Zn 执行上述过程得到指示克吕格空间插值结果。重金属 As、Cr、Ni、Pb、Zn 的潜在生态风险概率分布图如图 11-17 所示。

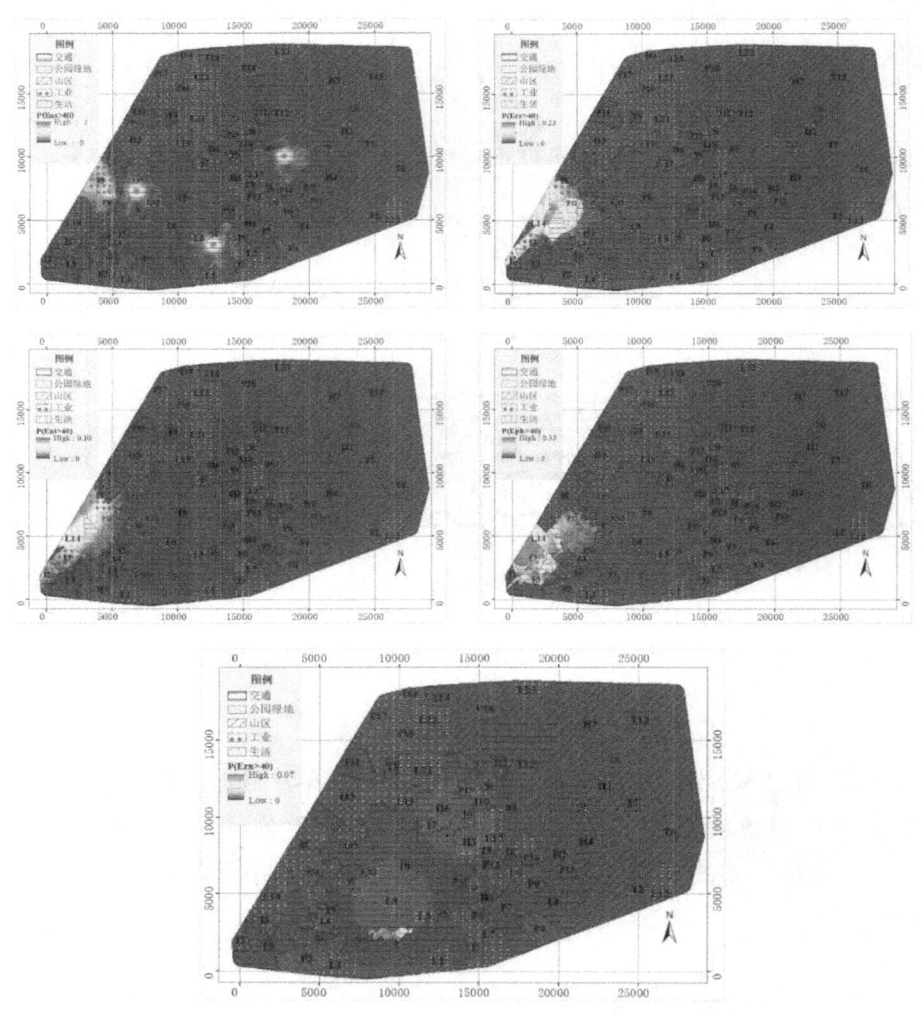

图 11-17　重金属 As、Cr、Ni、Pb、Zn 的潜在生态风险概率分布

重金属元素 As、Cr、Ni、Pb、Zn 在整个城区的潜在生态风险均评级为"轻微"等级，从图 11-17 可看出，这 5 种重金属元素在城区的个别微小区域有一定超出"轻微"等级的风险。比如，重金属 As 在 I8 斑块有 1 个亮斑，T8 斑块有 2 个亮斑，T12 斑块有一个亮斑。图 11-17 的结果解读请读者自己完成，本实验结果解读的重点放在重金属元素 Cd、Cu 和 Hg 上。

（2）重金属 Cd 的潜在生态危害指数空间插值。

① 重金属 Cd 在生活区、公园绿地区的潜在生态危害指数空间插值，除了图 11-12 中"Data Field"应设为"Ecd"和图 11-13 中"Threshold Value"应设为 80 外，其他步骤与"（1）重金属 As 的潜在生态危害指数空间插值"相同，在此不再赘述。

② 步骤①的结果是在整个城区的空间插值结果，需要裁剪得到生活区、公园绿地区的结果，可利用[ArcToolbox]—>[Spatial Analyst Tools]—>[Extraction]—>[Extract by Mask]完成。具体来说，可分为两步实现：首先，从功能区层中利用属性查询，查找出生活区、公园绿地区后确定，如图11－18所示。

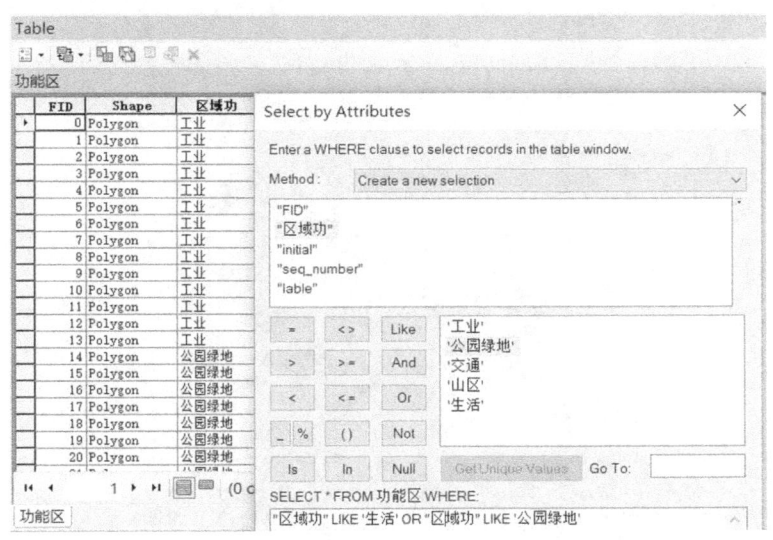

图11－18 属性查询对话框

注意：表达式（即SQL语句的Where子句部分）的基本格式为"操作对象 操作符 值"。构建表达式时，尽量采用面板上的相关项完成，其中的操作对象和值两部分采用鼠标左键双击完成，操作符部分为鼠标左键单击完成。

其次，双击展开"Extract by Mask"，设置好输入、掩膜和输出项后，点击OK，具体设置如图11－19所示。

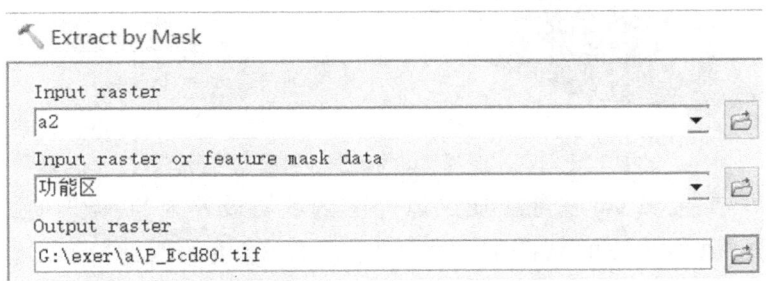

图11－19 通过掩膜提取对话框

③ 重金属Cd在工业区和交通区的潜在生态危害指数空间插值过程，除图11－13中"Threshold Value"设为160和图11－18属性查询出工业区和交通区外，其他步骤与"重金属Cd在生活区、公园绿地区的潜在生态危害指数空间插值过程"完全相同，在此不再赘述。

图11－20、图11－21、图11－22和图11－23分别为重金属Cd潜在生态风险概率分布图、Cu潜在生态风险概率分布图、Hg潜在生态风险概率分布图和综合潜在生态风险概率分布图。

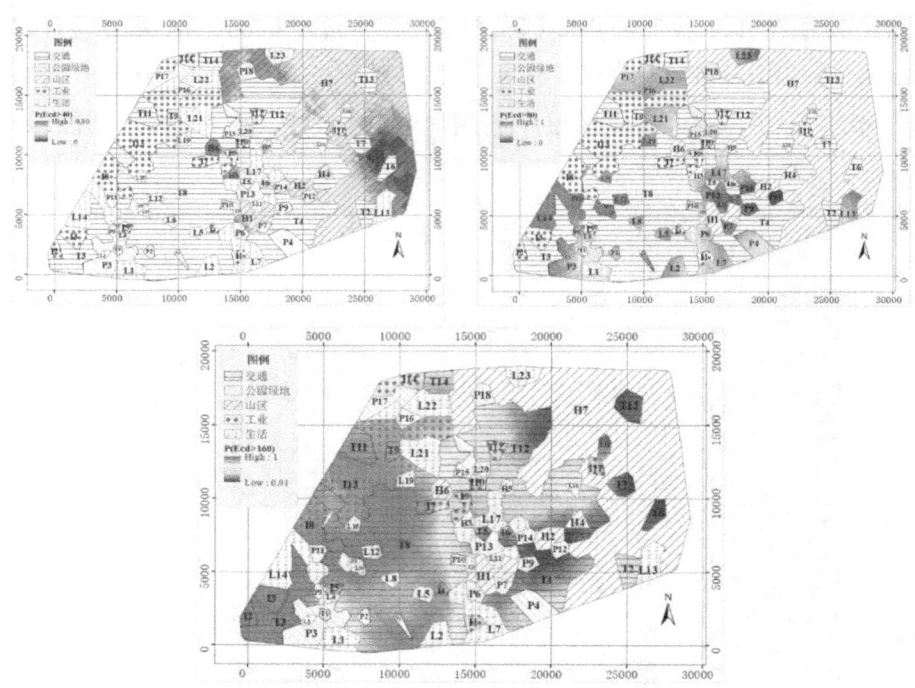

图 11-20 重金属 Cd 潜在生态风险概率分布图

从图 11-20 可知，重金属 Cd 在山区被评为"轻微"等级，超出"轻微"等级的潜在生态风险高概率区主要位于 H3、H6 和 H7 斑块的西北部；在生活区和公园绿地区被评为"中等"，超出"中等"风险等级的高概率区主要位于 P3 西部、P8、P11、L10、L12、L14、L15、L19 等；在工业区和交通区被评为"强"等级，超出"强"风险等级的高概率区主要位于城区西部的工业区和交通区斑块。

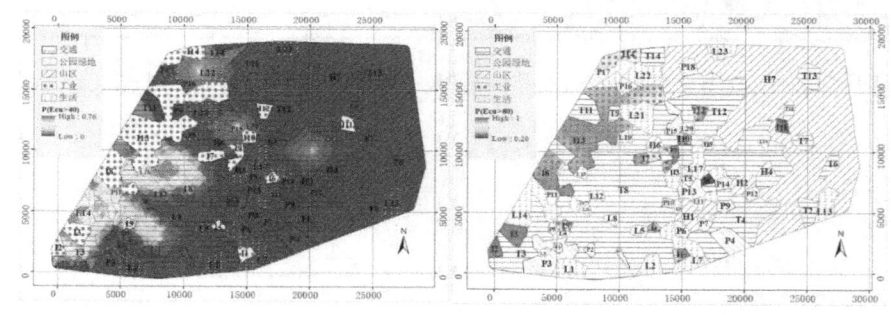

图 11-21 重金属 Cu 潜在生态风险概率分布图

从图 11-21 可知，重金属 Cu 在除工业区以外的区域均被评为"轻微"风险等级，在除工业区外的功能区内超出"轻微"风险等级的高概率区主要位于 T8 斑块的西北部、L14 斑块的西南部和 T3 斑块的西北部；在工业区被评为"中等"风险等级，超出"中等"风险等级的高概率区主要位于 I2、I3、I8 和 I13 斑块。

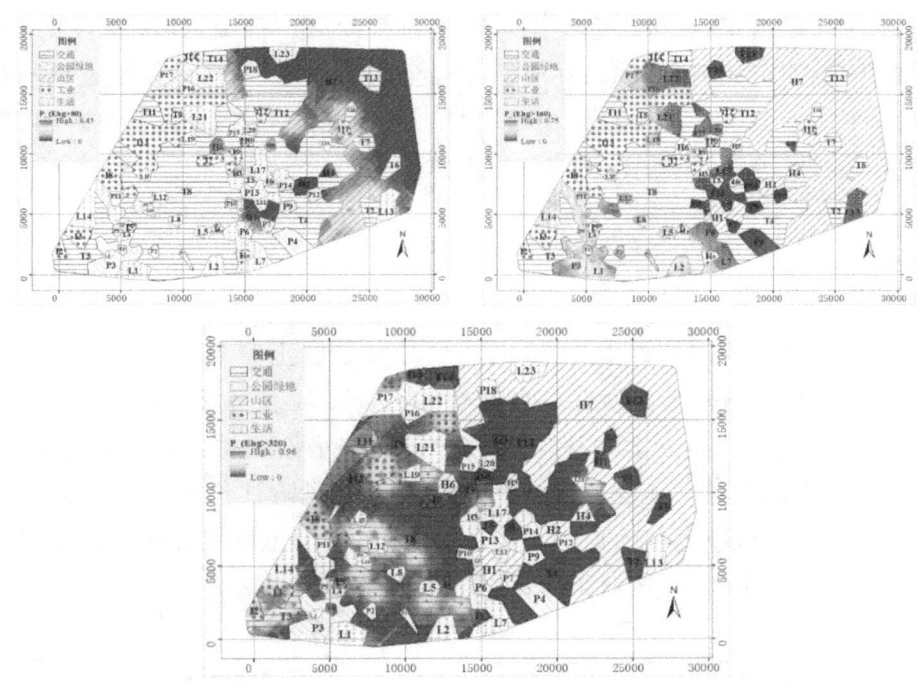

图 11-22 重金属 Hg 潜在生态风险概率分布图

从图 11-22 可知，在山区，重金属 Hg 被评为"中等"风险，斑块 H6 超过"中等"风险的概率较高；在生活区和公园绿地区，重金属 Hg 被评为"强"等级，其中斑块 P3 的西南部、P8、L8、L10 和 L12 超出"强"等级的概率较高；在工业区和交通区，重金属 Hg 被评为"极强"等级，除了 I2 和 I3 斑块具有高概率外，图中还存在近 10 个亮斑。Hg 的"极强"潜在生态风险高概率区的"牛眼"特征，可能揭示了 Hg 的强污染源位置所在。

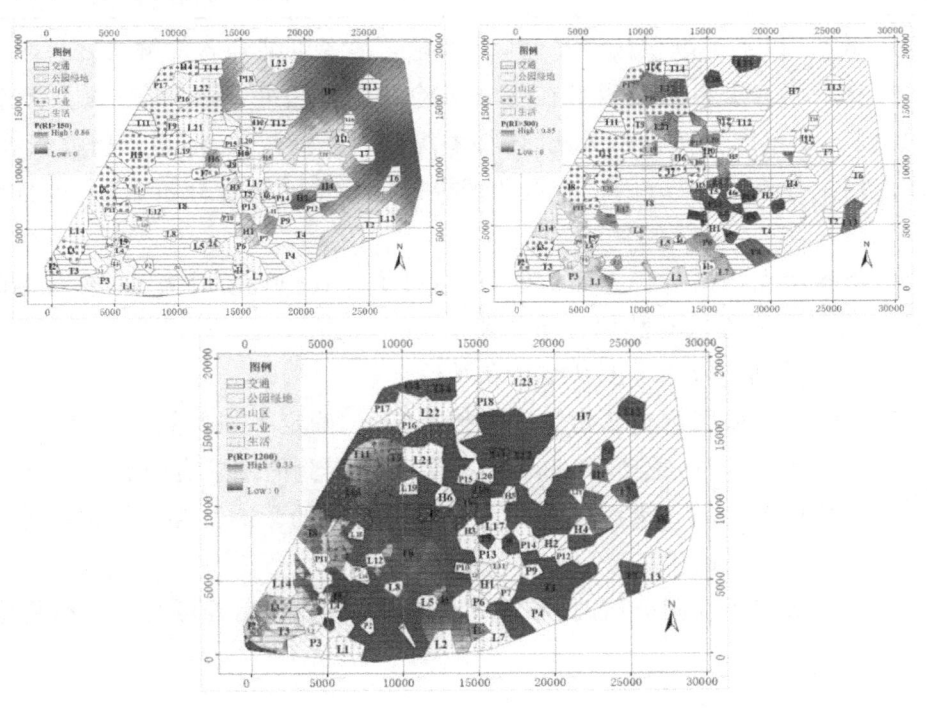

图 11-23 综合潜在生态风险概率分布图

从图11-23可知,在山区,综合潜在生态风险被评为"轻微"等级,其中斑块H6和斑块H7的西北角超过"轻微"风险等级的概率较高;在生活区和公园绿地区,综合潜在生态风险被评为"中等"等级,其中斑块P8、L10、L12和L15超过"中等"风险等级的概率较高;在工业区和交通区,综合潜在生态风险被评为"极强"等级,斑块I3和T3的概率最高。

四、实验小结

本实验内容可分为城区范围的界定、功能区的划分和表层土壤重金属污染潜在生态风险评价两部分。本实验给出了数据取样方案及最终的数据结果(Excel表格形式),并未给出城区的具体位置、形状和大小,需根据数据取样方案中指定的数据布样方法绘制城区并对城区进行功能分区处理,这部分可借助GIS方法完成。土壤重金属污染潜在生态风险评价不仅要分析重金属污染量的大小,还要考虑重金属元素对环境和人类的毒性危害程度,绘制土壤重金属污染潜在生态风险的空间分布图,分析污染的可能原因,判定污染源的位置。具体内容见表11-3。

表11-3 本实验主要内容一览

内容框架	具体内容
城区范围界定、功能区划分	样点数据空间化(Add XY data、符号化等)
	城区范围界定(凸包、Buffer等)
	功能区划分(Thiessen、Clip、Dissolve等)
表层土壤重金属污染潜在生态风险评价	属性连接、指标计算、概要统计等
	空间插值、掩膜提取等
	污染源位置判定等

为了巩固学习效果,以下问题供读者思考,有兴趣的读者可结合软件解决之。

(1) 除了本实验采用的重金属元素潜在生态风险评价方法外,读者可查阅文献利用本实验的数据做现状评价分析,如单因子污染指数法、内梅罗综合污染指数法、地累积指数法等。

(2) 考虑结合相关分析、主成分因子分析和聚类分析等多元统计分析方法,进行土壤重金属污染的原因分析。

(3) 本实验采用指示克吕格进行空间插值,是否可采用其他地统计方法,或其他确定性插值方法?熟悉各种常用空间插值方法对数据分布的要求。

(4) 对图11-17进行解读,并写出其结果和结论。

(5) 分析本实验的城市城区重金属污染物的传播特征,确定不同功能区污染源的位置。

(6) 做凸包500米缓冲区时,选项"Dissolve"参数对本实验的结果有何影响?"End Type"参数对本实验的结果有何影响?当输入要素不止1个时会有怎样的影响?尝试评估缓冲多边形面积上的差异。

(7) 采用指示克吕格进行空间插值时,临界阈值若采用下限,是否可行?其结果应如何解释?

实验十二 某城市交巡警服务平台的设置与调度

一、实验目的

通过本实验巩固网络分析理论课程上所学的算法，掌握和熟练使用 ArcGIS 中常用的空间数据处理工具处理空间数据，应用 ArcGIS 的网络分析扩展模块提供的功能解决现实世界的地理网络问题，培养学生综合分析和解决实际问题的能力。本实验设置的目的具体如下：

1. 掌握属性连接、线的连接、属性查询、空间查询、长度计算、操作字段、字符串处理、要素合并、概要统计、数值统计、空间叠加等常用数据操作功能。
2. 掌握网络数据集的构建方法，理解其中的参数含义。
3. 掌握最近设施、服务区、OD 成本矩阵等模块在解决实际问题中的应用。
4. 掌握定位－分配问题中的最大覆盖、最少设施、P 中值（P 中心）、服务能力有限制的最大覆盖等模型的应用。
5. 根据问题求解的需要，应用和扩展网络分析模块的功能解决实际地理空间问题。

二、实验说明

1. 实验背景

"有困难找警察"，是家喻户晓的一句流行语。警察肩负着刑事执法、治安管理、交通管理、服务群众四大职能。为了更有效地贯彻实施这些职能，需要在市区的一些交通要道和重要部位设置交巡警服务平台。每个交巡警服务平台的职能和警力配备基本相同。由于警务资源的有限性，如何根据城市的实际情况与需求合理地设置交巡警服务平台、分配各平台的管辖范围、调度警务资源是警务部门面临的一个实际课题。试就某市设置交巡警服务平台的相关情况，研究和解决如下几个问题：

问题 1：按就近分配的原则为 A 区现有的 20 个交巡警服务平台分配管辖范围，出警时间尽量控制在 3 分钟内。

问题 2：在"一个平台最多封锁一个路口"和"全封锁的总时间最短"的约束条件下，调度 A 区的 20 个交巡警平台的警力资源，对出入 A 区的 13 个路口进行封锁，请给出调度方案。

问题 3：拟在 A 区内再增设 2－5 个交巡警服务平台，在"所有平台的出警时间控制在 3 分钟内"的约束条件下，请分析后确定增设平台的具体个数和位置。

问题4：在"限定最长出警时间为3分钟"的约束条件下，分析全市六区现有交巡警平台设置方案的合理性，若不合理，给出解决方案。

问题5：假定位置P(路口32)发生了交通事故，罪犯已驾车逃跑，在"一个平台最多封锁一个路口"和"指派平台到待封锁路口所需时间≤位置P到待封锁路口所需时间减去3分钟"的约束条件下，研究和制定调度全市交巡警平台警力的最佳围堵方案。

2．实验准备

(1) 预装 ArcGIS 10.5(或更高)桌面版、Excel 2010 版或以上版本

(2) ＜交通网络和平台设置的数据表.xls＞中包括5个表单，具体如下：

① "全市交通路口节点"

② "全市交通路口路线"

③ "全市交巡警平台"

④ "出入口位置"

⑤ "六城区基本数据"

表单结构如表12-1所示。

表12-1 表单结构

表单	表单项目				
1	路口序号	横坐标X	纵坐标Y	所属城区	发案率(次/天)
2	路线起点所在路口	路线终点所在路口			
3	交巡警平台名称	交巡警平台所在路口			
4	出入市区的路口	出入A区的路口			
5	全市六个城区编码	城区面积	城区人口		

注：①数据中的坐标长度单位为毫米，1毫米对应实地距离100米。②道路路线近似认为是连接起点和终点的直线段，所有道路双向行驶且畅通无阻。③假定警车以60km/h的时速在道路上匀速行驶。④城区面积和城区人口的单位分别为平方公里和万人。

3．实验类型、建议学时和实验要求

本实验类型为综合型实验，建议设置4～6学时。根据提供的实验数据，至少需得到以下成果：

(1) 把道路路线连接起来，分城区渲染道路路线、路口节点和交巡警平台，制作一张专题地图。

(2) 构建整个城市和6个城区的网络数据集，网络成本采用道路路线上的行驶时间。

(3) 问题1的方案以地图的形式给出，图上以连直线给出管辖方案，交巡警平台用平台名称、路口用路口序号标注，交巡警平台以管辖路口数的多少渲染。

(4) 以地图的形式给出问题2的调度方案，图上以连直线给出方案，标注交巡警平台名称和路口序号，连线上以封锁时间进行标注。

(5) 以地图的形式给出问题3的结果，图中区分增设平台和现有平台，以连直线的方式给出管辖关系，以工作量对平台进行渲染。

(6) 分别以表格和图表的形式给出问题4的结果，并对结果进行正确解读。

(7) 以地图的形式给出围堵方案，交巡警平台与待围堵的路口之间以带箭头的直线连接，直线

上以围堵时间进行标注。

三、实验过程

1. 数据预处理

1.1 位置数据的提取

(1) 全市交通路口节点的空间化。

添加"全市交通路口节点"表单到 ArcMap 中,点击[File]—>[Add data]—>[Add XY Data]工具,做如图 12-1 设置后点击 OK 按钮,导出保存为"路口节点.shp",即完成了全市交通路口节点的空间化。

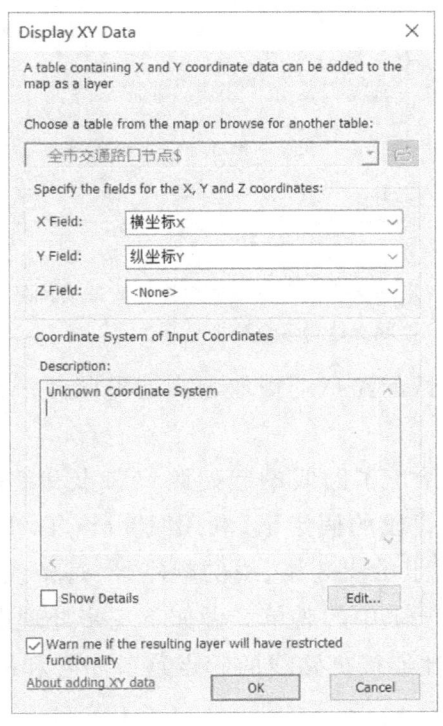

图 12-1 "Add XY Data"对话框设置

(2) 交巡警服务平台、出入市区的路口、出入 A 区的路口的提取。

交巡警服务平台、市区和 A 区的出入口均布设在全市交通路口节点上,因此,交巡警服务平台、出入市区的路口、出入 A 区的路口的提取均可采用基于公共字段的属性连接完成。下面以交巡警服务平台的提取为例。

① 添加"全市交巡警平台"表单到 ArcMap 中,在"路口节点"层上点击鼠标右键,在弹出的快捷菜单中选择[Joins and Relates]—>[Join...],再在弹出的对话框中做如图 12-2 所示设置后点击"OK",并把"路口节点"层导出保存为"全市交巡警平台.shp"。

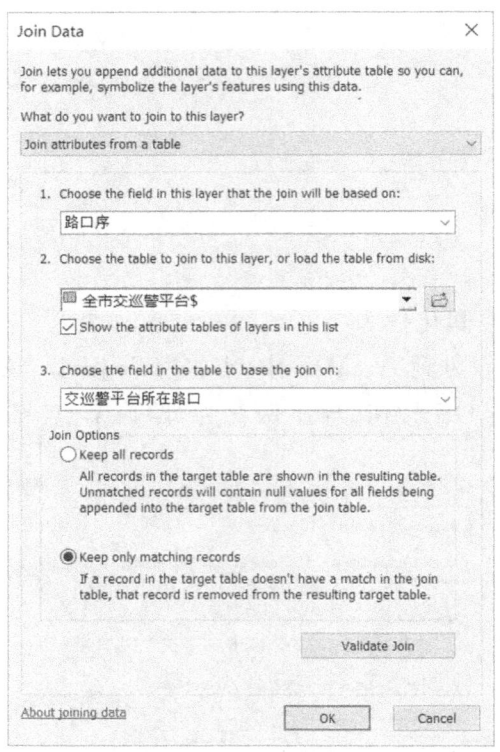

图 12-2 以基于公共字段的属性连接的方式从路口节点中
提取交巡警平台位置

② 出入市区的路口、出入 A 区的路口的提取与交巡警服务平台的提取类似,不再赘述。

1.2 道路路线的连接

"全市交通路口路线"表单中给出了路线的起始路口节点和终止路口节点的信息,在道路路线近似认为是连接起点和终点的直线段的假定下,利用"Points To Line"工具进行道路路线的连接。"Points To Line"工具包括待连线上的点要素、线的顺序号、每条线上点的顺序号 3 个关键参数,可按照工具设定的参数要求对表 12-1 中的表单 2 做如下三步处理以完成连线:

(1) 通过基于公共字段的属性连接把路线的起点路口序号和终点路口序号分别转为起点 X,Y 坐标和终点 X,Y 坐标。

(2) 在 Excel 中对步骤 1)的结果进行编辑,把线上的每个点(此处即起点和终点)均作为表单中的一条记录,同时为每条记录添加该点是哪条线上的点(线的顺序号)和该点在线上的序号(点的顺序号)的信息。

(3) 把步骤(2)的结果读取和存储为点要素(待连线上所有的点要素),并作为"Points To Line"工具的输入要素,按要求设置其他参数即可完成路线的连接。具体过程如下:

① 以"全市交通路口路线"表作为基表,以路线起点路口序号和路口序号作为公共字段连接取得起点 X,Y 坐标,以路线终点路口序号和路口序号作为公共字段连接取得终点 X,Y 坐标,两次连接后结果保存为"Routes_XY.dbf"。以路线起点路口序号和路口序号作为公共字段连接如图 12-3 所示。

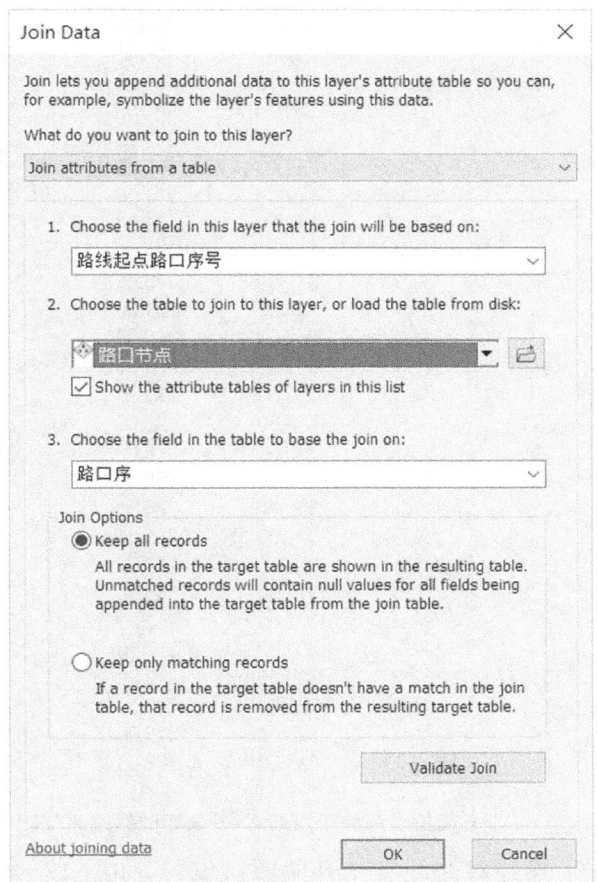

图 12-3 以路线起点路口序号和路口序号作为
公共字段进行属性连接取得路线起点的坐标

注意:连接一次后,可能需要导出保存中间结果,然后以中间结果为基表再做第二次连接。

② 在 Excel 中对步骤[1]的结果进行编辑,把线上的每个点(此处即起点和终点)均作为表单中的一条记录,同时为每条记录添加该点是哪条线上的点(线的顺序号)和该点在线上的序号(点的顺序号)的信息,具体过程如下:

a. 在 Excel 中打开"Routes_XY.dbf",为便于后续处理,修改表头信息如图 12-4 所示。

StartID	EndID	StartX	StartY	EndX	EndY
1	75	413.00	359.00	405.50	364.50
1	78	413.00	359.00	417.00	364.00
2	44	403.00	343.00	394.00	346.00
3	45	383.50	351.00	342.00	342.00
3	65	383.50	351.00	395.00	361.00
4	39	381.00	377.50	371.00	333.00
4	63	381.00	377.50	391.00	375.00
5	49	339.00	376.00	342.00	372.00
5	50	339.00	376.00	345.00	382.00
6	59	335.00	383.00	351.00	382.00
7	32	317.00	362.00	326.00	355.00
7	47	317.00	362.00	325.00	372.00
8	9	334.50	353.50	333.00	342.00
8	47	334.50	353.50	325.00	372.00
9	35	333.00	342.00	336.00	339.00
10	34	282.00	325.00	328.00	342.50
11	22	247.00	301.00	234.00	271.00
11	26	247.00	301.00	256.00	301.00
12	25	219.00	316.00	227.00	300.00
12	471	219.00	316.00	155.00	316.00
14	21	280.00	292.00	251.00	277.00
15	7	290.00	335.00	317.00	362.00
15	31	290.00	335.00	315.00	351.00
16	14	337.00	328.00	280.00	292.00
16	38	337.00	328.00	371.00	330.00
17	40	415.00	335.00	388.50	330.50

图 12-4 带有起始点和终止点的 X,Y 坐标的路线表(部分)

b. 在表中添加"LineID"字段并对路线从 1 开始顺次编号,如图 12-5 所示。

StartID	EndID	LineID	StartX	StartY	EndX	EndY
1	75	1	413.00	359.00	405.50	364.50
1	78	2	413.00	359.00	417.00	364.00
2	44		403.00	343.00	394.00	346.00
3	45		383.50	351.00	342.00	342.00
3	65		383.50	351.00	395.00	361.00
4	39		381.00	377.50	371.00	333.00
4	63		381.00	377.50	391.00	375.00
5	49		339.00	376.00	342.00	372.00
5	50		339.00	376.00	345.00	382.00
6	59		335.00	383.00	351.00	382.00
7	32		317.00	362.00	326.00	355.00
7	47		317.00	362.00	325.00	372.00
8	9		334.50	353.50	333.00	342.00
8	47		334.50	353.50	325.00	372.00
9	35		333.00	342.00	336.00	339.00

图 12-5 添加线号字段并对路线顺次编号(部分)

c. 以与 b 相同的方式添加点在线上序号的信息，如图 12—6 所示。

LineID	StartX	StartY	StartID	EndX	EndY	EndID
1	413.00	359.00	1	405.50	364.50	2
2	413.00	359.00	1	417.00	364.00	2
3	403.00	343.00	1	394.00	346.00	2
4	383.50	351.00	1	342.00	342.00	2
5	383.50	351.00	1	395.00	361.00	2
6	381.00	377.50	1	371.00	333.00	2
7	381.00	377.50	1	391.00	375.00	2
8	339.00	376.00	1	342.00	372.00	2
9	339.00	376.00	1	345.00	382.00	2
10	335.00	383.00	1	351.00	382.00	2
11	317.00	362.00	1	326.00	355.00	2
12	317.00	362.00	1	325.00	372.00	2
13	334.50	353.50	1	333.00	342.00	2
14	334.50	353.50	1	325.00	372.00	2
15	333.00	342.00	1	336.00	339.00	2
16	282.00	325.00	1	328.00	342.50	2
17	247.00	301.00	1	234.00	271.00	2
18	247.00	301.00	1	256.00	301.00	2
19	219.00	316.00	1	227.00	300.00	2
20	219.00	316.00	1	155.00	316.00	2
21	280.00	292.00	1	251.00	277.00	2
22	290.00	335.00	1	317.00	362.00	2
23	290.00	335.00	1	315.00	351.00	2
24	337.00	328.00	1	280.00	292.00	2

图 12—6　添加点在线上序号的信息（部分）

d. 把步骤 c 的结果整理为"线上的每个点（即起点和终点）作为一条记录（共 1856 条记录），同时每条记录带有该点是哪条线上的点和该点在线上的序号信息"的结果并保存表单名为"for_routes"，如图 12—7 所示。

LineID	X	Y	SortID
1	413.00	359.00	1
2	413.00	359.00	1
3	403.00	343.00	1
4	383.50	351.00	1
5	383.50	351.00	1
6	381.00	377.50	1
7	381.00	377.50	1
8	339.00	376.00	1
9	339.00	376.00	1
10	335.00	383.00	1
11	317.00	362.00	1
12	317.00	362.00	1
13	334.50	353.50	1
14	334.50	353.50	1
15	333.00	342.00	1
16	282.00	325.00	1
17	247.00	301.00	1
18	247.00	301.00	1
19	219.00	316.00	1

图 12—7　整理结果（部分）

③ 把步骤②的结果读取和存储为点要素，作为"Points To Line"工具的输入要素，按要求设置

其他参数完成路线的连接。

a. 添加"for_routes"表单到 ArcMap,通过读取 X,Y 坐标并保存为"for_Routes.shp"。

b. 从[ArcToolbox]—>[Data Management Tools]—>[Features]下启动"Points To Line"工具,并进行如图 12-8 设置,结果如图 12-9 所示。

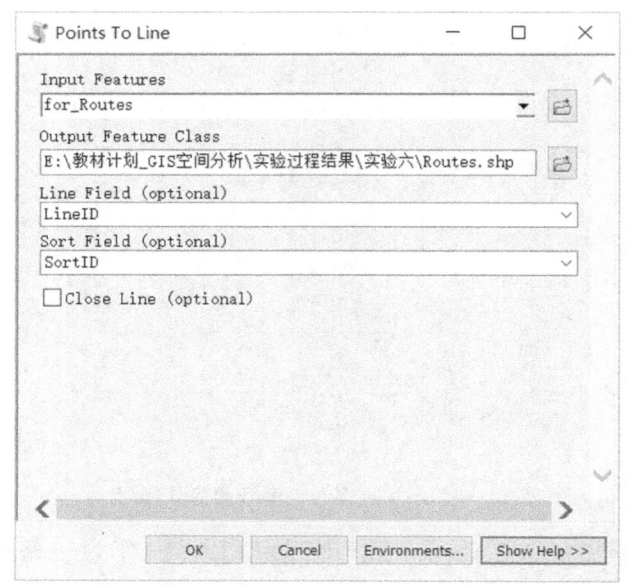

图 12-8 Points To Line 工具参数设置

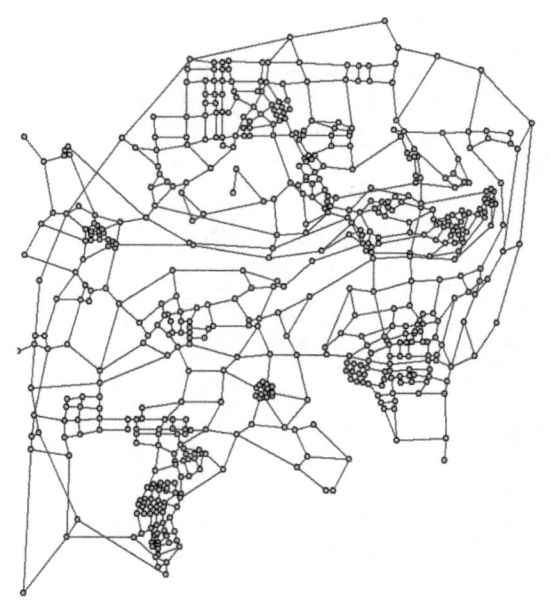

图 12-9 道路路线的连接结果

1.3 道路路线所属区的界定

按"路线起点和终点所属区相同,则该路线属于该区;若不同,则该路线为跨区道路"的规则,把连接好的路线分区信息添加到路线的属性表中。具体可通过任选属性查询和空间查询两种方案中的一种实现。属性查询的方式需要把起点所属区和终点所属区的信息以属性连接的方式首先追加到道路路线的属性表中,然后再通过属性查询对应赋值实现;空间查询则根据路口节点与路线之间的空间关系进行查询,然后对应赋值实现。以下以空间查询方式演示其主要实现过程,属性查询实现方式由读者自己思考完成。

(1) 在道路路线的属性表中添加文本型字段"Region"用于存储路线所属区的信息,如图12-10所示。

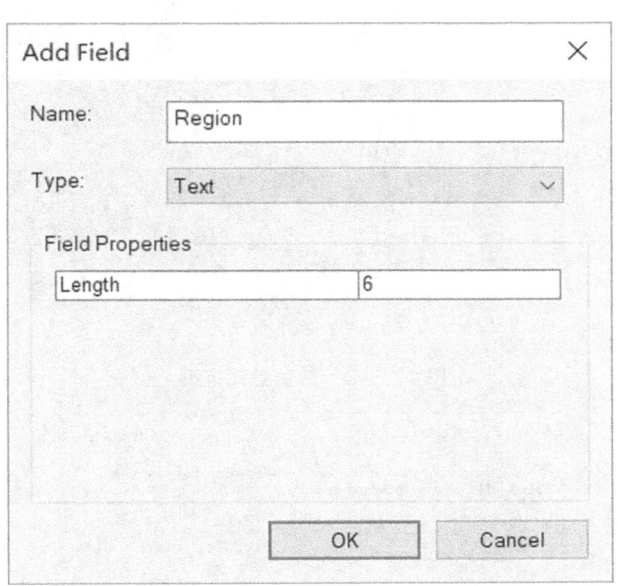

图12-10 字段添加

(2) 在路口节点层中,以属性查询的方式查找A区路口,如图12-11所示。

图12-11 查找A区的路口

(3) 从Selection菜单项下选择"Select By Location",如图12-12所示。在弹出的空间查询对话框中设置如图12-13所示。

GIS 软件实验案例精讲——基于 ArcGIS 10

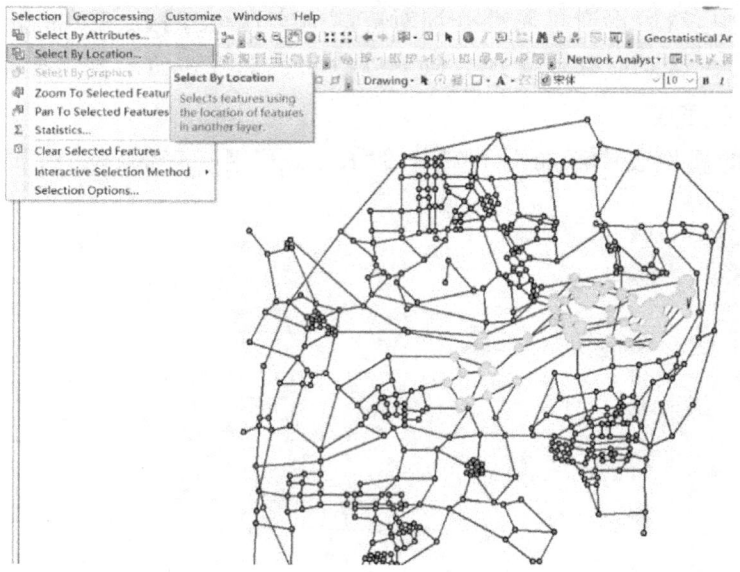

图 12-12 启动空间查询

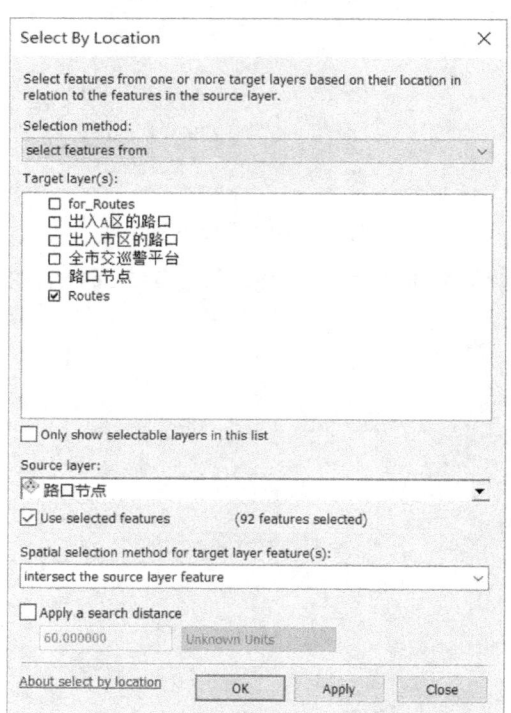

图 12-13 空间查询

（4）打开路口节点的属性表，点击[Table Options]按钮，然后选择[Switch Selection]。

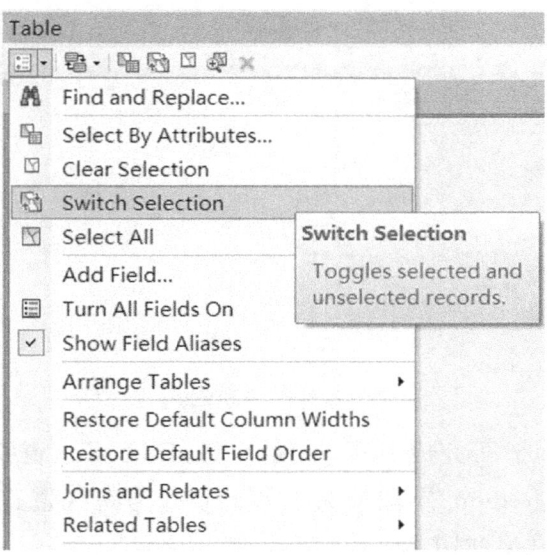

图 12－14 反向选择

（5）再次从 Selection 菜单项下选择[Select By Location]，在弹出的对话框中设置如图 12－15 所示后点击 OK。

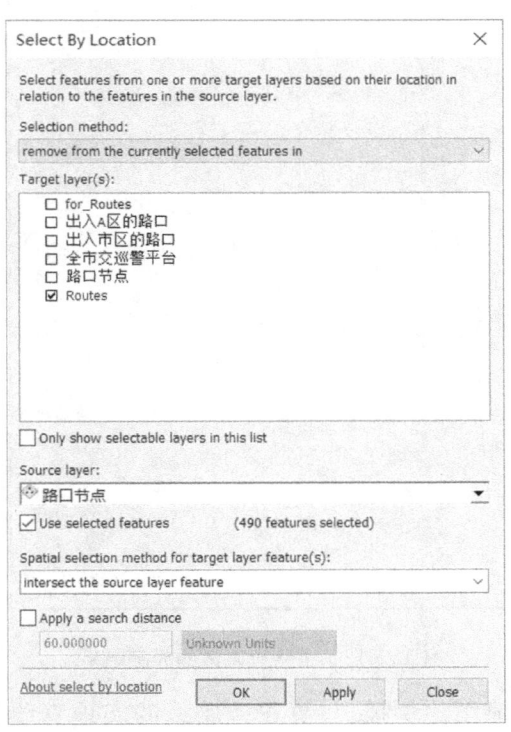

图 12－15 从与 A 区路口相交的道路路线中
移除与非 A 区路口相交的路线

（6）打开道路路线的属性表，对其字段"Region"赋值"A区"，如图12-16所示。

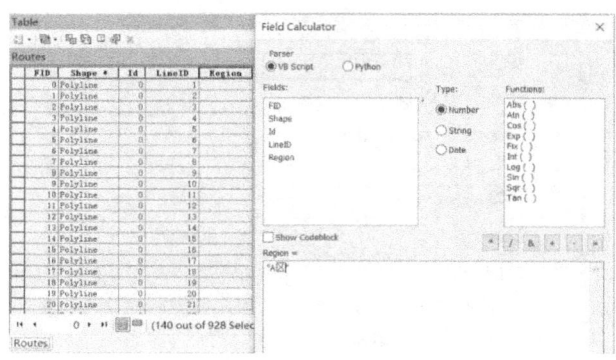

图12-16 字段赋值

（7）重复执行步骤（2）—（6）可完成B区、C区、D区、E区、F区道路路线所属区信息的添加。

（8）步骤（7）的结果中，"Region"字段值为空的记录即为跨区道路，赋值为"跨区"。界定道路路线所属区并符号化以后的结果如图12-17所示。

图12-17 道路所属区的界定结果

1.4 根据当前坐标单位和地图比例尺，计算每条路线的实地直线长度。根据设定的警车时速，计算每条路线上的行驶时间。

（1）添加两个浮点型字段"Length"和"Minutes"分别用于存储每条道路路线的长度和以分钟为单位的行驶时间。

（2）计算每条道路路线的长度。在字段"Length"上点击鼠标右键，在弹出的快捷菜单中选择

[Calculate Geometry…],如图 12-18 所示。

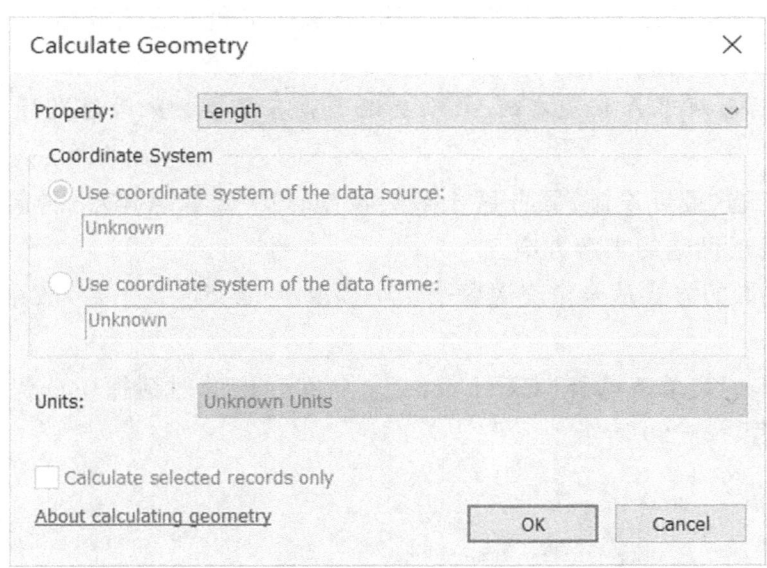

图 12-18 计算路段长度

(3) 计算每条路段上以分钟为单位的行驶时间。在字段"Minutes"上点击鼠标右键,在弹出的快捷菜单中选择[Field Calculator],如图 12-19 所示。

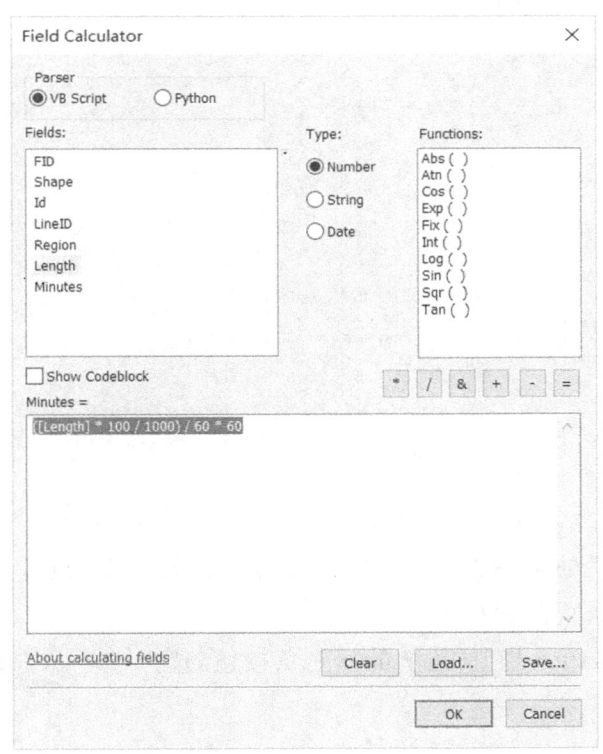

图 12-19 计算每条路段上的行驶时间(单位:分钟)

1.5 构建网络数据集

在道路路线层的基础上可按路线所属区提取各城区的道路路线,然后分别构建网络数据集,为后续的问题求解做准备。所有城区和整个城市网络数据集的构建过程相同,并应该采用相同的参数设置。构建网络数据集的过程请参考"基于 GIS 的交通空间可达性量算"实验的"网络数据集建立"节,此处不再赘述。

2. 按就近分配的原则为 A 区现有的 20 个交巡警服务平台分配管辖范围,出警时间尽量控制在 3 分钟内。

该问题可通过任选(最近设施;服务区+最近设施;OD 成本矩阵)三种解决方案中的一种求解。下面给出基于最近设施的求解方案。

(1) 基于属性查询的方式从全市交巡警平台中提取 A 区交巡警平台,从路口节点中提取 A 区路口节点。

(2) 从[Customize]菜单下选择[Extensions...],在弹出的对话框中确保[Network Analyst]扩展模块被勾选,如图 12—20 所示。

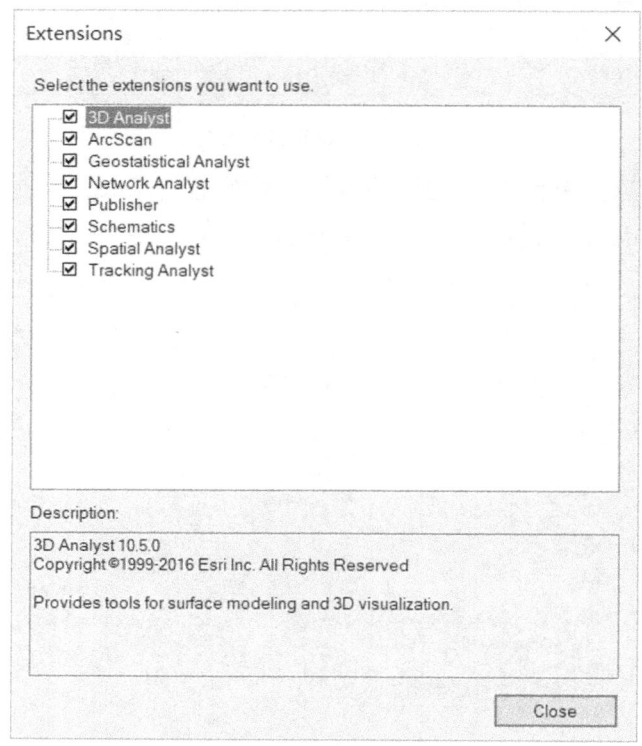

图 12—20 勾选 Network Analyst 扩展模块

(3) 在菜单栏或工具栏的空白处右击,在弹出的快捷菜单中勾选[Network Analyst],把网络分析工具条加载到 ArcMap 视图窗口中。

(4) 点击[Network Analyst]工具条上的下三角按钮,选择[New Closest Facility],如图 12—21所示。

实验十二 某城市交巡警服务平台的设置与调度

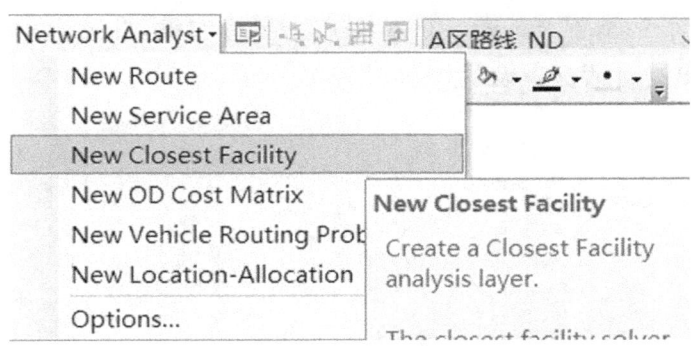

图 12—21　启动最近设施模块

(5) 点击[Network Analyst]工具条上的[网络分析窗口]按钮,出现"网络分析"对话框,如图 12—22 所示。

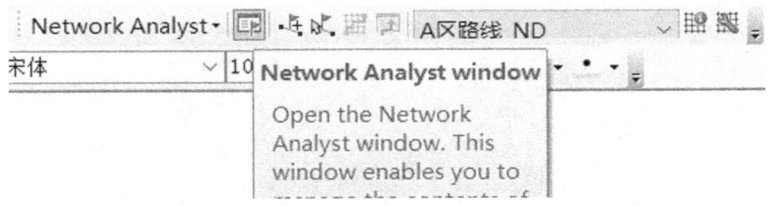

图 12—22　点击"网络分析窗口"按钮,启动"网络分析"对话框

(6) 在"网络分析"对话框的"Facilities(0)"上点击鼠标右键,在弹出的快捷菜单中选择[Load Locations...],再在弹出的对话框中设置如图 12—23 所示。

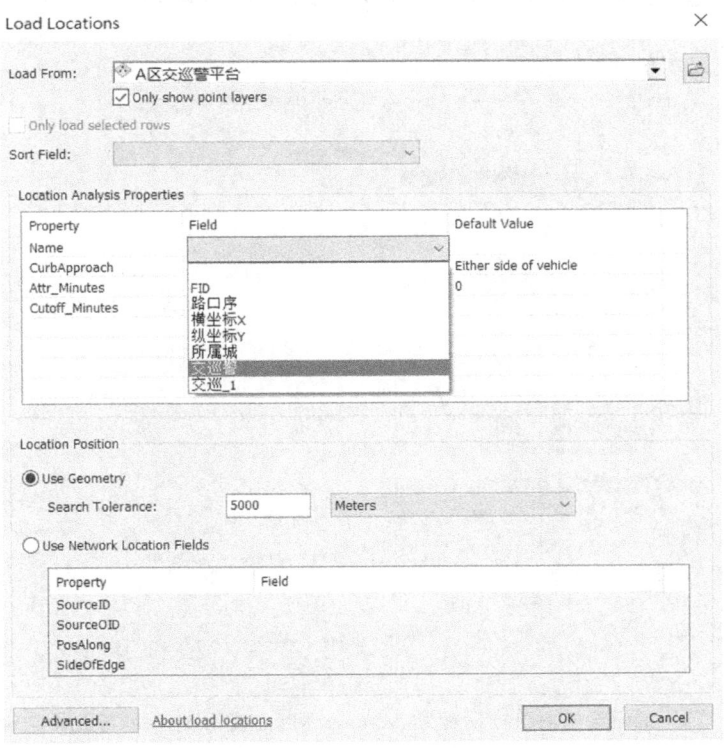

图 12—23　导入 A 区交巡警平台作为设施点,Name 属性设置为"交巡警"

(7) 在"网络分析"对话框的"Incidents(0)"上点击鼠标右键,在弹出的快捷菜单中选择[Load Locations...],再在弹出的对话框中设置如图12-24所示。

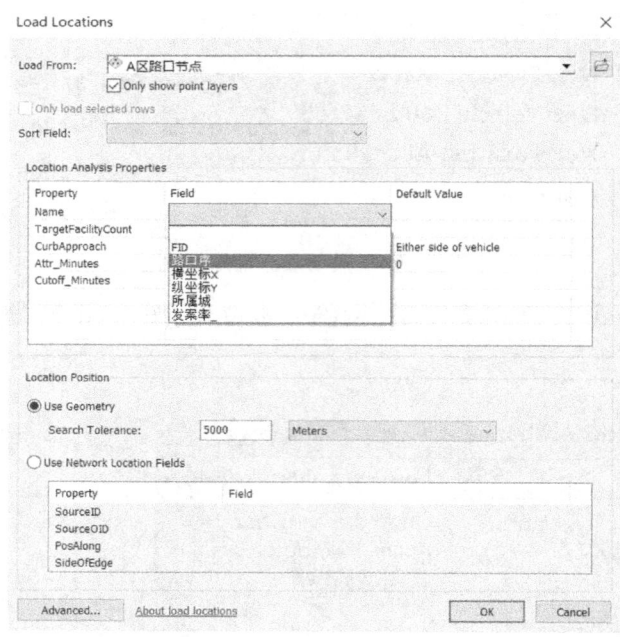

图12-24　导入A区路口节点作为事件点,Name属性设置为"路口序号"

(8) 点击"网络分析"对话框右上角的[最近设施属性 ▦]按钮,在弹出的"Layer Properties"对话框的"Analysis Settings"页中,做如图12-25所示的设置后确定。

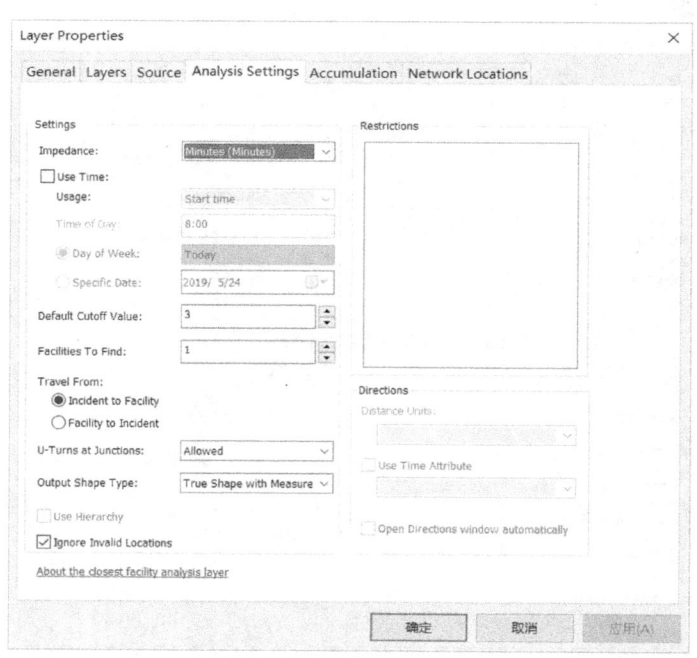

图12-25　最近设施的阻抗设置为"Minutes",断点值为3分钟,寻找1个设施点

(9) 点击"Network Analyst"工具条上的[Solve]按钮,弹出消息框如图12-26所示。

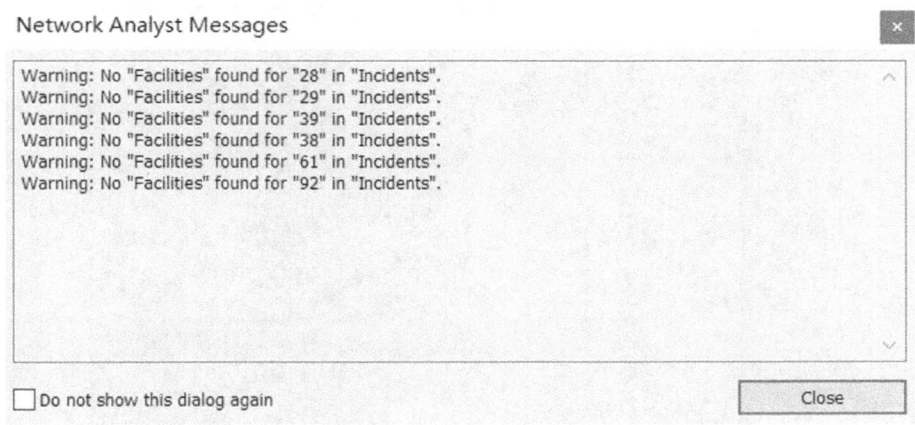

图 12—26　网络消息框

从弹出的消息框中给出的信息可知,在 3 分钟的阈值距离内,有 6 个路口节点不能由 A 区现有的 20 个交巡警平台提供服务。

(10) 在图 12—25 的对话框内去掉 3 分钟断点距离的限制,其他设置不变,重新点击"Network Analyst"工具条上的[Solve]按钮求解。

(11) 仅保留"网络分析"对话框中的"Routes(92)"表中的"Name"和"Total_Minutes"字段后导出保存为 scheme_A.shp,然后在其属性表中添加两个文本型的字段"Police"和"LK",分别以图 12—27 和 12—28 的表达式进行赋值。

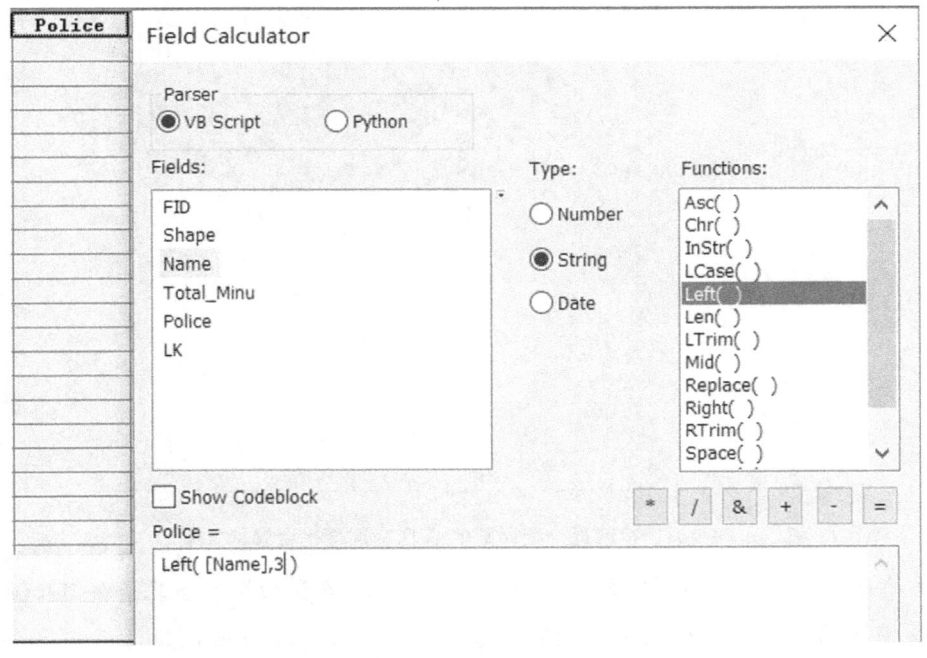

图 12—27　为字段"Police"赋值

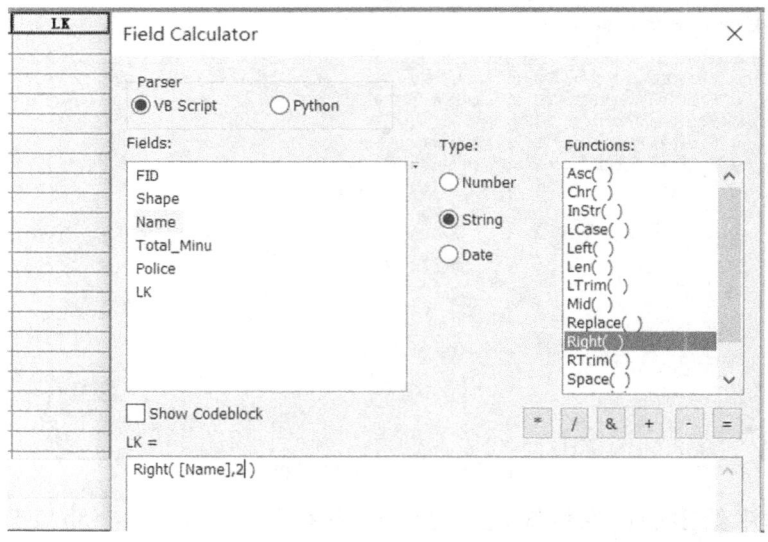

图 12-28 为字段"LK"赋值

（12）按照"Police"字段概要统计（Summarize..）并把其结果属性（Count）连接到交巡警平台的属性表中，交巡警平台按工作量在分母位置、平台名称在分子位置进行标注，以不同颜色连线的方式给出交巡警平台的管辖方案，以黑色小号字体标注路口序号。制图和渲染结果如图 12-29 所示。

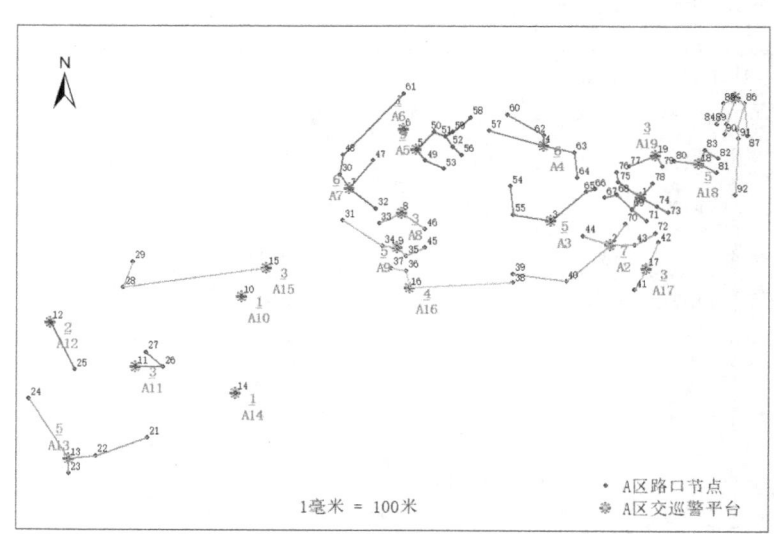

图 12-29 按就近分配原则的 A 区交巡警平台管辖方案

3. 在"一个平台最多封锁一个路口"和"全封锁的总时间最短"的约束条件下，调度 A 区的 20 个交巡警平台的警力资源，对出入 A 区的 13 个路口进行封锁，请给出调度方案。

根据问题分析，这个问题本质上是在设施点的服务能力有约束条件下的最大覆盖问题。因此，可以用 ArcGIS 网络分析扩展模块中的定位-分配模块的"Maximize Capacitated Coverage"模型进行求解。具体过程如下：

（1）在 A 区交巡警平台的属性表中添加一个短整型的字段"Capacity"，并均赋值为 1。

(2)点击"Network Analyst"工具条上的下三角按钮,选择[New Location]－[Allocation],如图 12－30 所示。

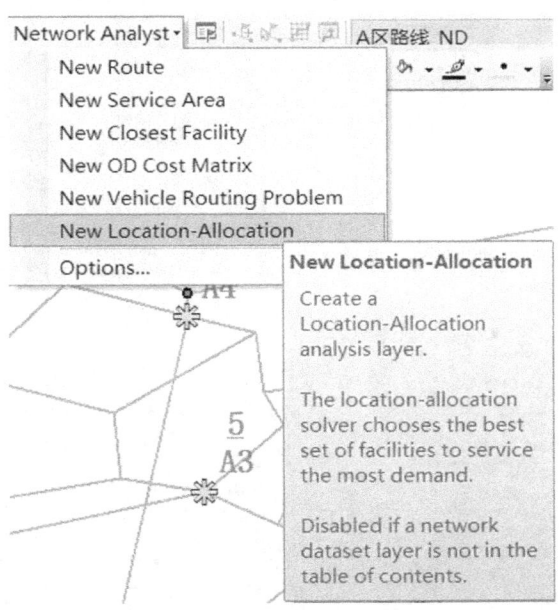

图 12－30　启动定位－分配模块

(3)点击"Network Analyst"工具条上的[网络分析窗口]按钮,出现"网络分析"对话框。在"网络分析"对话框的"Facilities(0)"上点击鼠标右键,在弹出的快捷菜单中选择[Load Locations...],再在弹出的对话框中设置如图 12－31 所示。

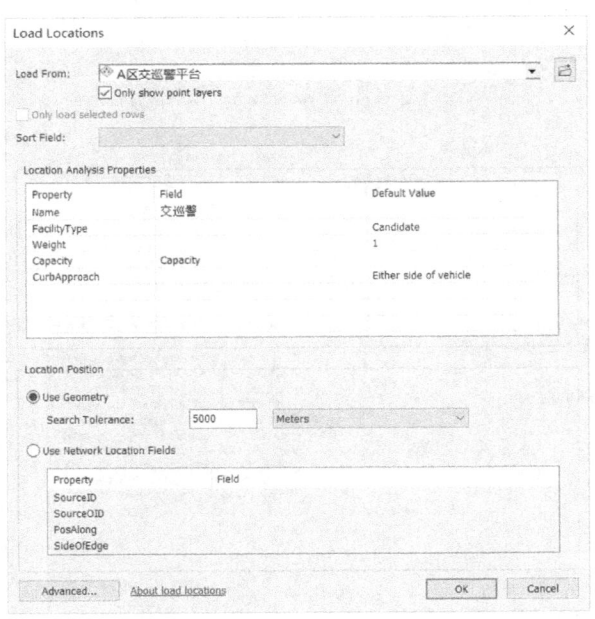

图 12－31　导入 A 区交巡警平台作为设施点,Name 属性为"交巡警",
Capacity 属性为"Capacity"

(4)在"网络分析"对话框的"Demand Points(0)"上点击鼠标右键,在弹出的快捷菜单中选择

[Load Locations...],再在弹出的对话框中设置如图12－32所示。

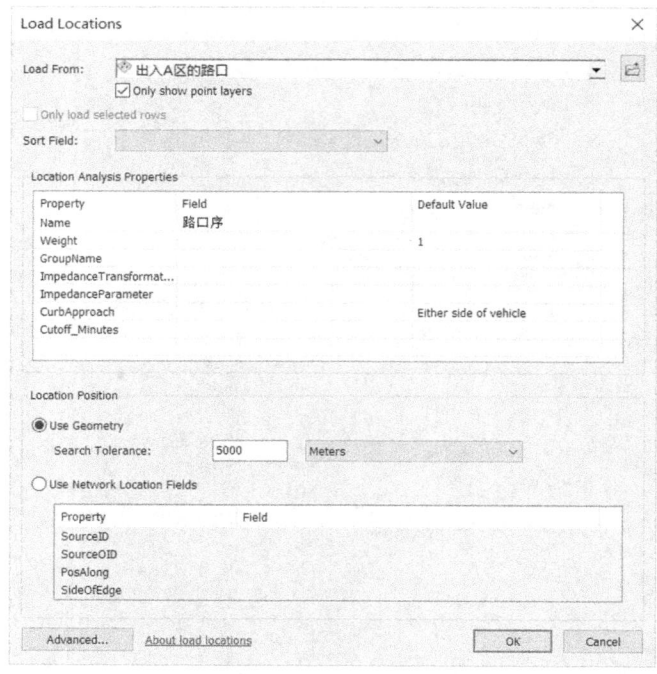

图12－32　导入出入A区的路口为需求点，Name属性为"路口序号"

（5）点击"网络分析"对话框右上角的[Location]－[Allocation Properties 🔲]按钮，在弹出的"Layer Properties"对话框的"Analysis Settings"页中确保阻抗设置为"Minutes"，在"Advanced Settings"选项页设置如图12－33后确定。

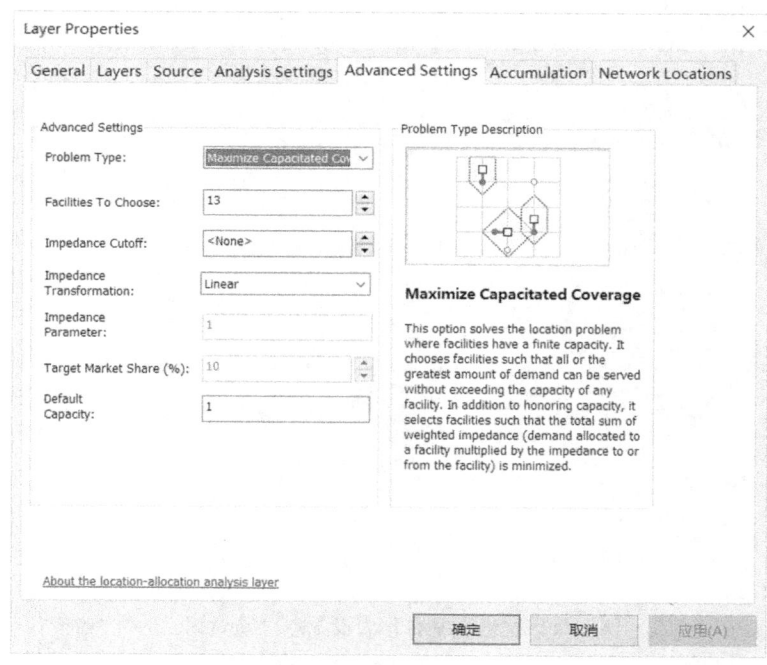

图12－33　定位－分配模块属性的高级设置选项页面的设置

(6) 点击"Network Analyst"工具条上的[Solve]按钮,可看到网络分析对话框中的"Lines"项后括号中的数字由原来的(0)变为(13)。

(7) 对步骤(6)中得到的方案,渲染和制图结果如图12-34所示。

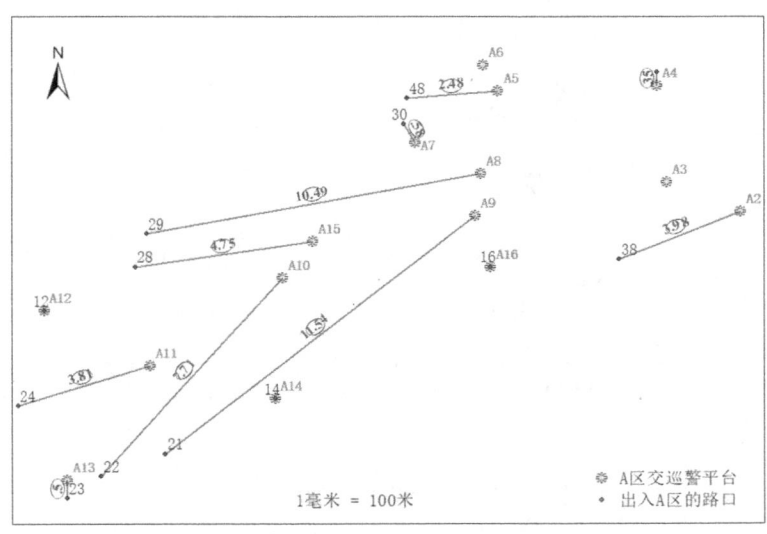

图12-34 网络分析制图结果

图12-34中的连线给出了调度方案,同时标注了交巡警平台名称和路口号但没有连线的表示该路口由布设在该路口上的平台封锁(封锁时间=0分钟),连线上封在椭圆内的数字是封锁时间(单位:分钟)。

4. 拟在A区内再增设2-5个交巡警服务平台,在"所有平台的出警时间控制在3分钟内"的约束条件下,请分析后确定增设平台的具体个数和位置。

该问题需要从A区当前没有布设交巡警服务平台的路口结点中选择2~5个路口节点作为增设平台位置,在所有交巡警平台的出警时间控制在3分钟内的约束条件下,让我们分析和确定应增设平台的个数和位置。该问题仍属于定位-分配问题中的定位问题,可采用定位-分配模块的"Minimize Facilities"模型求解。具体过程如下:

(1) 在A区交巡警平台的属性表中添加一个短整型、长度为2的字段"Faci_type"并赋值"1"。

(2) 从[Selection]菜单下点击[Select by Location...],在弹出的对话框中设置如图12-35后确定。

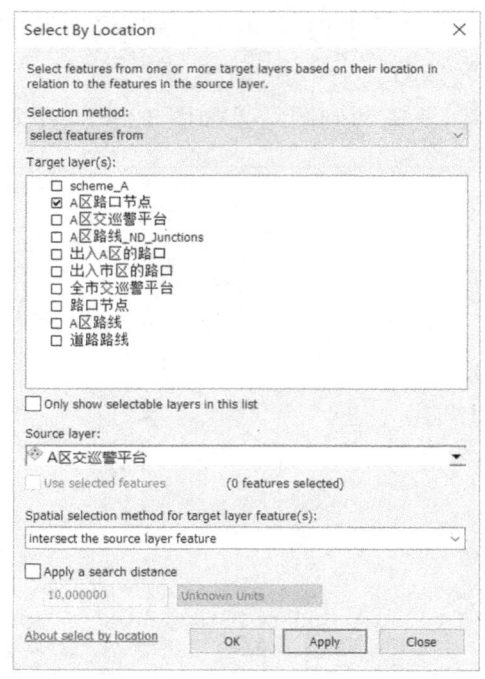

图 12-35　从 A 区路口节点中查找处布设交巡警服务平台的路口

(3) 打开 A 区路口节点的属性表，对当前选择集进行反选。

(4) 从[ArcToolbox]—>[Data Management Tools]—>[General]下，启动"Merge"工具，设置如图 12-36 所示。

图 12-36　A 区交巡警平台和非平台路口合并

图 12-36 的结果(Facility_A)中，可通过"Faci_type"字段的值区分设施类型，值"1"表示"必选"，值"0"表示"候选"类型。此处，原有的 20 个交巡警平台作为必选设施点，72 个非平台的路口作为候选设施点。在 Facility_A 中，通过属性查询然后赋值的方式，把 72 个非平台路口的路口序

号的值赋给交巡警平台名称字段,20个交巡警平台的名称字段的值保持不变。

(5) 点击"Network Analyst"工具条上的下三角按钮,选择[New Location]-[Allocation],启动定位-分配模块。

(6) 点击"Network Analyst"工具条上的"网络分析窗口"按钮,出现"网络分析"对话框。在"网络分析"对话框的"Facilities(0)"上点击鼠标右键,在弹出的快捷菜单中选择[Load Locations...],再在弹出的对话框中设置如图12-37所示。

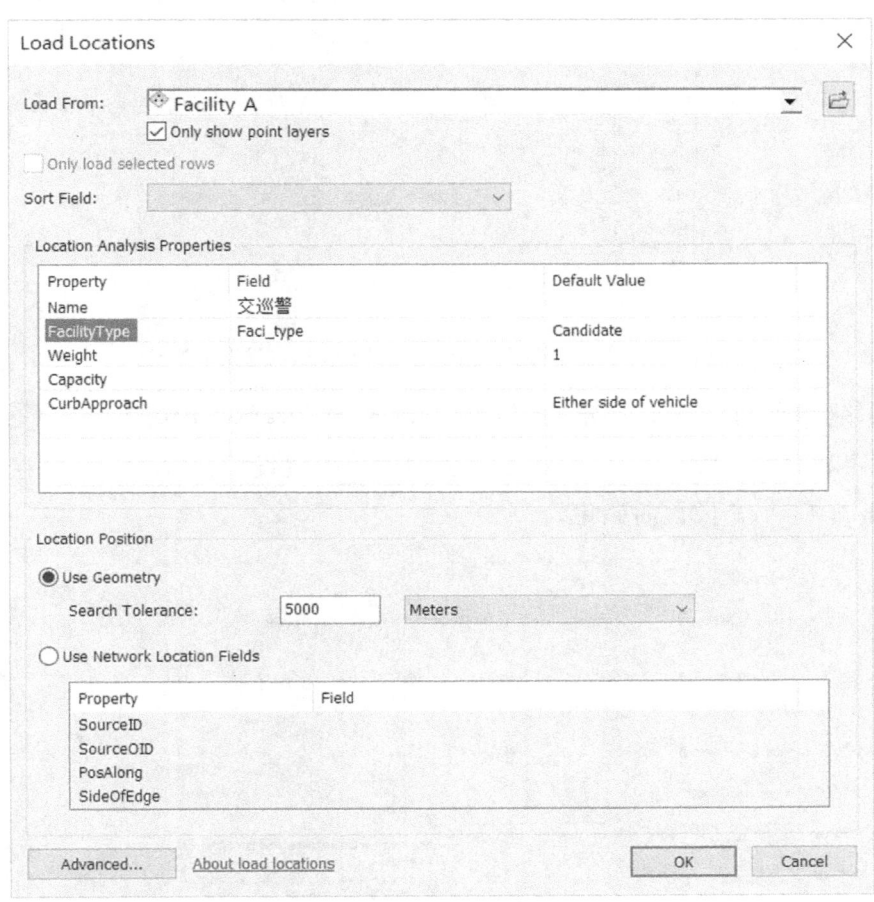

图12-37 导入所有A区路口为设施点
(当前20个交巡警平台为必选,其他72个路口为候选)

(7) 确保A区路口节点层中无记录被选择,在"网络分析"对话框的"Demand Points(0)"上点击鼠标右键,在弹出的快捷菜单中选择[Load Locations...],再在弹出的对话框中设置如图12-38所示。

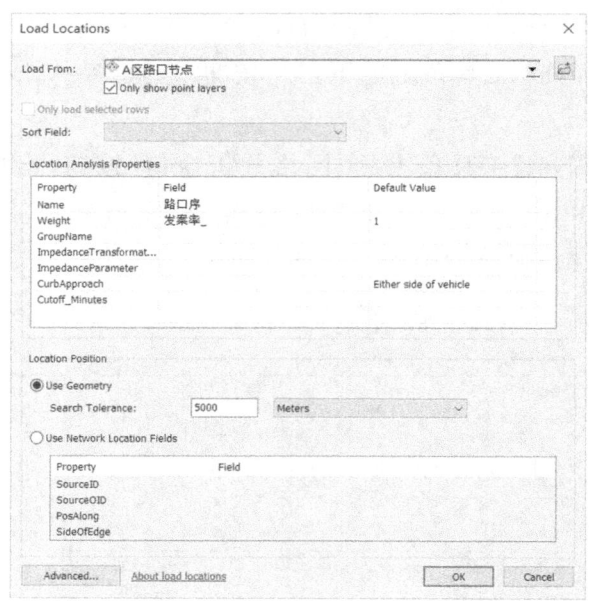

图 12-38　导入 A 区路口节点作为需求点，以发案率加权

(8) 点击"网络分析"对话框右上角的[Location]→[Allocation Properties ▦]按钮，在弹出的"Layer Properties"对话框的"Analysis Settings"页中确保阻抗设置为"Minutes"，在"Advanced Settings"选项页做如图 12-39 设置后确定。

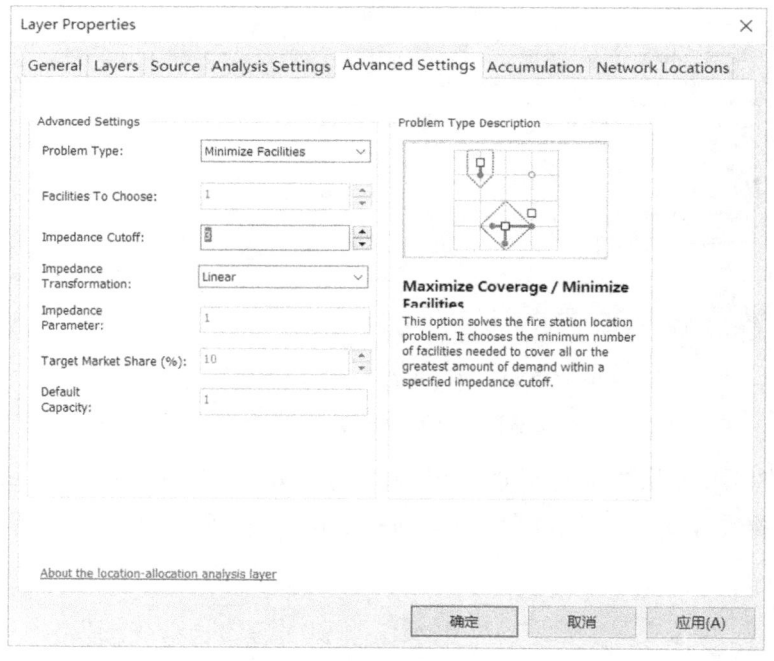

图 12-39　定位-分配模块属性的高级设置选项页面的设置

(9) 点击"Network Analyst"工具条上的"Solve"按钮，可看到网络分析对话框中的"Lines"项后括号中的数字由原来的(0)变为(92)。

(10) 仅保留步骤(9)结果的"Name"、"TotalWeighted_Minutes"和"Total_Minutes"字段后，导

出保存为"Solve.shp"。

(11) 在"Solve.shp"的属性表中添加文本型且长度为6的字段"Police"和"LK",分别以字符串处理函数取得交巡警平台名称和路口序号的值。

12) 按字段"Police"概要统计,设置如图12-40所示,表12-2为概要统计后的整理结果,图12-41为制图结果。

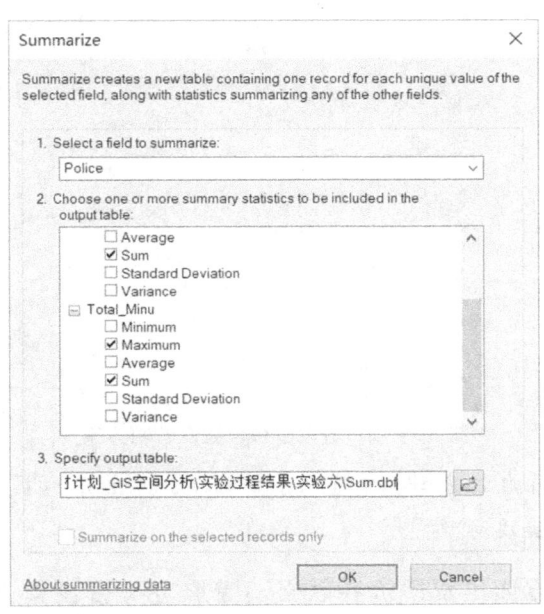

图12-40 概要统计

表12-2 平台工作量和出警时间统计

交巡警平台	管辖路口数	总工作量	最长出警时间	总出警时间	交巡警平台	管辖路口数	总工作量	最长出警时间	总出警时间
29	2	1.23	0.95	0.95	A17	3	2.57	0.98	1.83
39	3	3.37	1.77	2.07	A18	5	3.26	1.08	3.09
48	3	3.37	2.90	3.92	A19	3	1.15	0.98	1.43
88	7	4.51	2.31	4.88	A2	5	4.46	1.61	4.22
A1	10	8.47	1.62	8.98	A20	3	1.04	0.45	0.81
A10	1	0.00	0.00	0.00	A3	5	5.85	2.27	6.90
A11	3	2.39	1.64	2.54	A4	6	6.12	1.94	6.92
A12	2	2.86	1.79	1.79	A5	9	10.09	2.30	11.31
A13	5	8.88	2.71	6.50	A6	1	0.00	0.00	0.00
A14	1	0.00	0.00	0.00	A7	3	2.93	1.14	1.72
A15	1	0.00	0.00	0.00	A8	3	2.27	0.93	1.76
A16	3	0.78	1.12	1.73	A9	5	6.27	2.06	4.08

从表12-2可知,在"所有平台的出警时间控制在3分钟内"的约束条件下,最少应增设4个平台,平台位置分别为路口29,39,48,88。

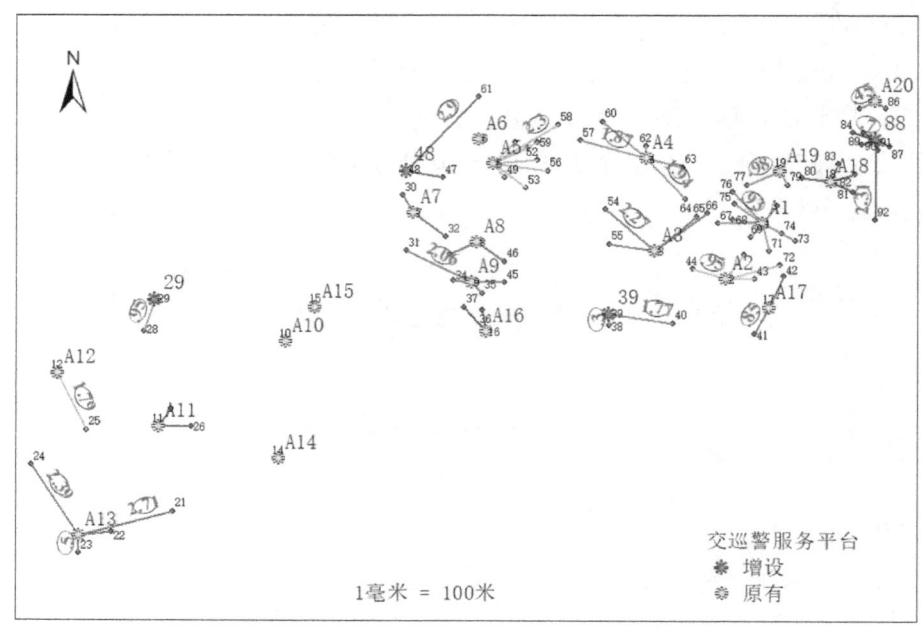

图12-41 增设平台位置及管辖方案

5. 在"限定最长出警时间为3分钟"的约束条件下,分析全市六区现有交巡警服务平台设置方案的合理性,若不合理,给出解决方案。

这个问题可从以下三个方面出发评价各区交巡警服务平台设置方案的合理性:1)3分钟出警时间内,当前交巡警平台可覆盖的路口数;2)由各区当前交巡警平台管辖各区所有路口,从出警时间长短、出警工作量均衡性等方面评估;3)限定3分钟出警时间全覆盖各区所有路口节点,至少需增设的平台个数及具体位置。具体实现思路如下:1)运行"Maximize Coverage"模块,计算3分钟阈值时间的路口覆盖率;2)运行"Minimize Impendance"模块,计算各区当前平台的最长出警时间(分钟)、总出警时间均值(分钟)、最大出警工作量(次/天)、总工作量均值(次/天)、总工作量标准差(次/天)等评价指标值;3)运行"Minimize Facilities"模块,计算"3分钟出警时间"约束条件下,至少需增设交巡警平台的个数及具体位置。

下面以城区F为例,演示整个计算过程,其他城区的计算过程类似,不再赘述。

(1)运行"Maximize Coverage"模块,计算F区3分钟阈值时间的路口覆盖率。

① 从路口节点中以属性查询方式提取F区路口节点(108个),从全市交巡警平台中以相同方式提取F区交巡警平台(11个)。

② 启动[New Location]→[Allocation]模块,在Network Analyst窗口中导入F区交巡警平台为设施点,导入F区路口节点为需求点,如图12-42和图12-43所示。

实验十二 某城市交巡警服务平台的设置与调度

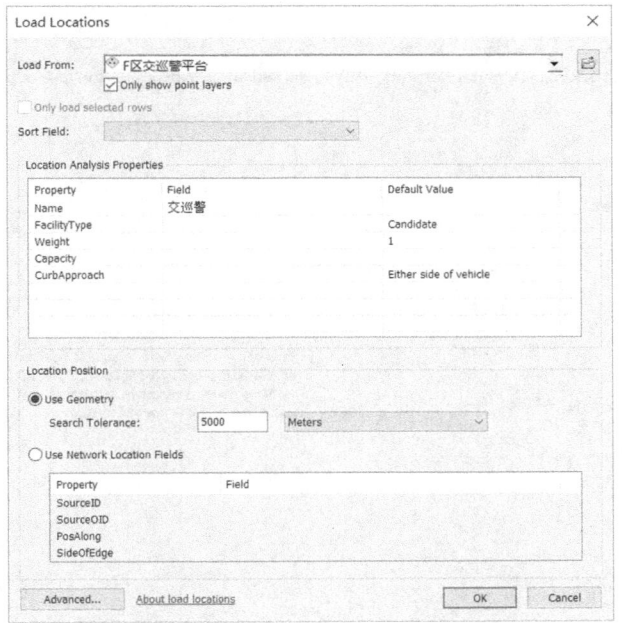

图 12-42 导入 F 区交巡警平台为设施点

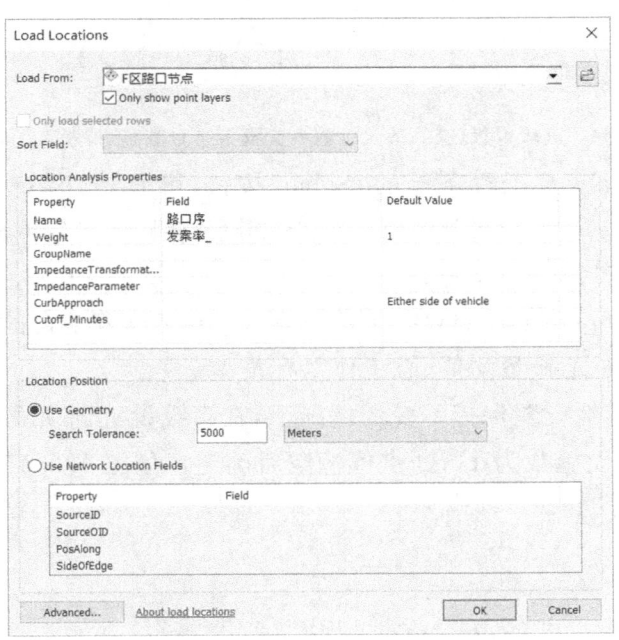

图 12-43 导入 F 区路口节点为需求点,发案率为权重

③ 点击[Location]→[Allocation Properties]按钮,在"Analysis Setting"选项页中确保"Impedance"设置为"Minutes",在"Advanced Settings"选项页中设置如图 12-44 后确定。

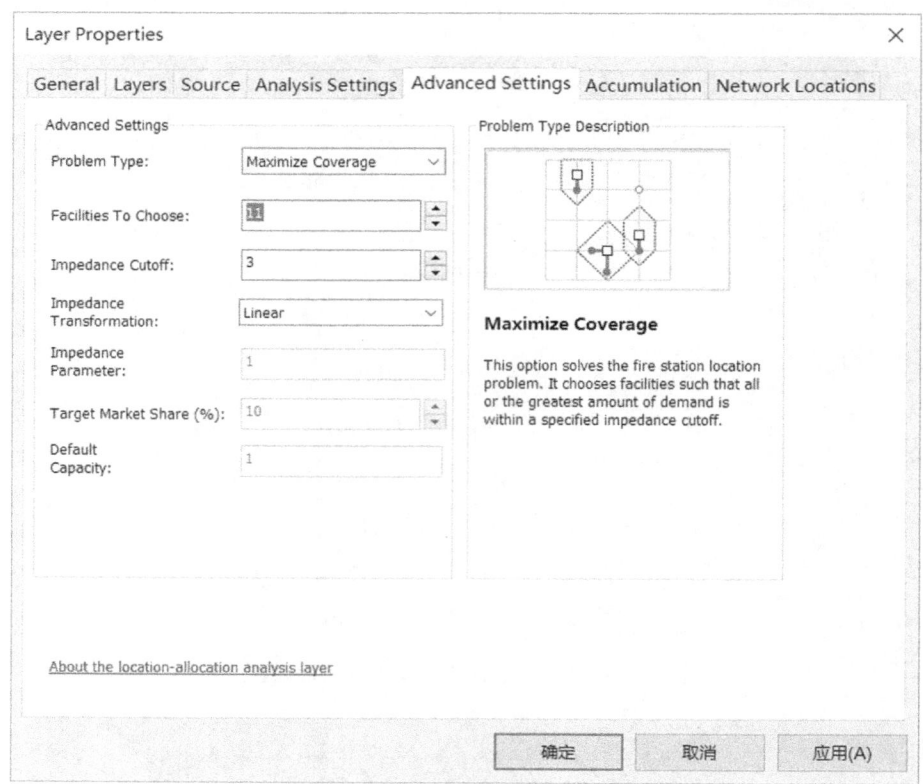

图 12-44　高级设置(查找的设施数＝交巡警平台数；阻抗断点＝3 分钟)

④ 点击"Network Analyst"工具条上的"Solve"按钮,可看到"Network Analyst"窗口对话框中,"Lines(0)"变成了"Lines(73)",即当前 11 个交巡警服务平台 3 分钟出警时间的最大覆盖路口数为 73 个,则覆盖率＝73/108＝67.59%。

(2) 运行"Minimize Impendance"模块,计算 F 区 11 个交巡警平台的最长出警时间、总出警时间均值、最大出警工作量、总工作量均值、总工作量标准差。

① 在该节的 1)部分其他设置保持不变的情况下,在高级设置选项页中调整问题类型为"Minimize Impendance",查找的设施数为 11,断点值清空后确定。如图 12-45 所示。

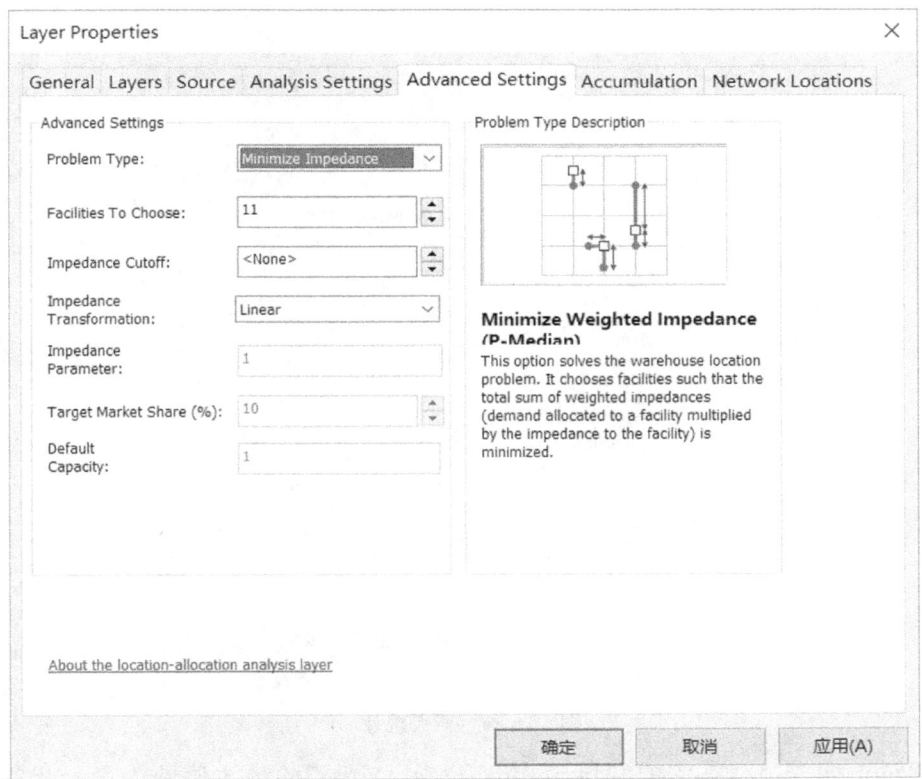

图 12-45　高级设置

② 点击"Network Analyst"工具条上的[Solve]按钮,可看到"Network Analyst"窗口对话框中,"Lines(0)"变成了"Lines(108)"。

③ 仅保留"Lines(108)"属性表中的"Name"、"TotalWeighted_Minutes"和"Total_Minutes"字段,导出保存为"Solve_F.shp"。

④ 在"Solve_F.shp"的属性表中,添加一个长度为 6 的文本型字段"Police",然后把"Name"字段从左起的 3 个字符赋值给"Police"字段。

⑤ 在"Solve_F.shp"的属性表中,按"Police"字段概要统计,如图 12-46 所示。

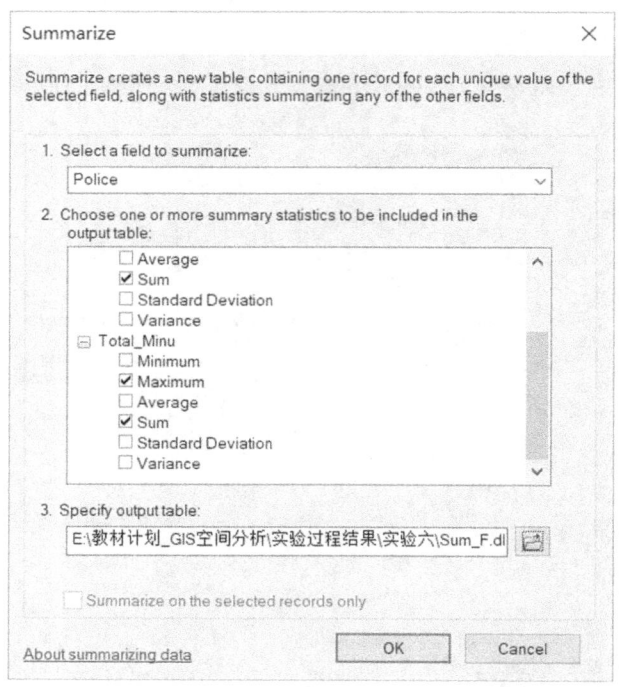

图 12-46 概要统计

⑥ 打开表"Sum_F.dbf",其中的"Maximum_Total_Minu"的最大值即为最长出警时间,"Sum_Total_Minu"的平均值即为总出警时间均值,"Sum_TotalWeigh"的最大值、平均值和标准差则分别为最大工作量、总工作量均值和总工作量标准差值。

(3) 运行"Minimize Facilities"模块,计算"3分钟出警时间"约束条件下,至少需增设交巡警平台的个数及具体位置。

本书相关节已讲过该部分内容的操作过程,此处不再赘述。

对整个城市的所有城区顺次执行上述程序,其统计结果如表 12-3 所示。

表 12-3 各城区的交巡警平台设置合理性评价表

城区	当前平台数	路口总数	3min覆盖率(%)	(min)			(次/天)		需增设平台数	增设平台位置
				最长出警时间	总出警时间均值	最大工作量	总工作量均值	总工作量标准差		
A	20	92	93.48	5.7	5.16	14.16	5.66	4.34	4	29,39,48,88
B	8	73	91.78	4.47	13.93	19.46	10.33	6.67	2	126,147
C	17	154	69.48	6.86	21.15	72.32	21.19	16.78	15	183,201,204,205,208,214,238,240,252,259,263,270,285,314,315
D	9	52	76.92	15.99	14.47	30.74	11.34	9.67	8	331,332,333,338,344,362,369,371
E	15	103	68.93	19.11	17.25	64.49	17.85	18.17	14	387,388,390,393,408,419,420,421,440,446,458,463,471,474
F	11	108	67.59	8.48	23.86	48.24	20.15	12.47	13	487,488,509,521,525,539,541,558,569,573,574,575,582
平均			74.94	10.10	15.97	41.57	14.42	11.35	9.33	

图 12-47 为表 12-3 转换的统计图结果。

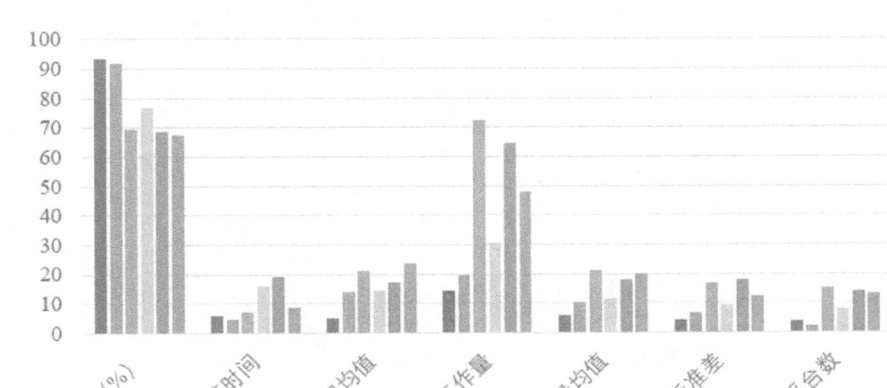

图 12-47　各城区交巡警平台设置合理性评价

从设计的统计指标看,3min 覆盖率越高越好,最长出警时间越短越好,总出警时间均值越短越好,最大工作量越少越好,总工作量均值越小越好,总工作量标准差越小越好,需增设平台数越小越好。从图 12-47 可明显看出,所有统计指标均一致显示城区 A、B、D 交巡警平台设置相对合理,C、E、F 则欠合理。若必须满足 3 分钟全覆盖的条件,则所有城区均需增设平台,增设平台的具体位置见表 12-3。

假定位置 P(路口 32)发生了交通事故,罪犯已驾车逃跑,在"一个平台最多封锁一个路口"和"指派平台到待封锁路口所需时间≤位置 P 到待封锁路口所需时间减去 3 分钟"的约束条件下,研究和制定调度全市交巡警平台警力的最佳围堵方案。

事实上,选择封锁的区域越大,区域内所包含的路口节点就越多,实际要进行搜捕的工作量就会越大、实现封锁的时间可能就会越长,而时间越长,犯罪嫌疑人逃跑的范围可能就越大;反之,选择封锁的区域越小,实现封锁的时间可能要短,但犯罪嫌疑人可能会跑出封锁范围。怎么合理地选择封锁范围,既保证全封锁住,又使得所需要的封锁时间尽量短。封锁方案应该是以区域最小(需要封锁区域的路口数最小)、全封锁的时间最短为目标的方案。这里,我们没有设计严格意义上的最优化算法,只是给出一种基于 ArcGIS 桌面平台的满足上述两个约束条件的围堵方案。取得围堵方案的具体过程如下:

(1) 从路口节点中提取事故点 P(路口序号=32),并添加"Name"字段,赋值"P"。

(2) 做 P 点 3 分钟的服务区,得到报警时逃逸的可能最远范围。

① 首先,点击"Network Analyst"工具条上的[New Service Area]项,然后点击"Network Analyst"工具条上的[Network Analyst Window]按钮。

② 在弹出的"Network Analyst"对话框的"Facilities(0)"上右击,在弹出的快捷菜单中选择[Load Location...],在出现的对话框中设置如图 12-48 所示。

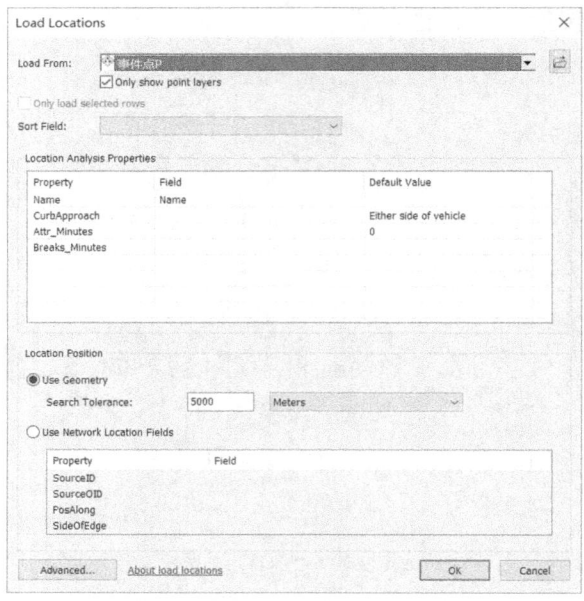

图12-48 导入32号路口节点作为设施点

③ 点击[Network Analyst Properties]按钮,在弹出对话框的"Analysis Settings"选项页中,设置如图12-49所示。

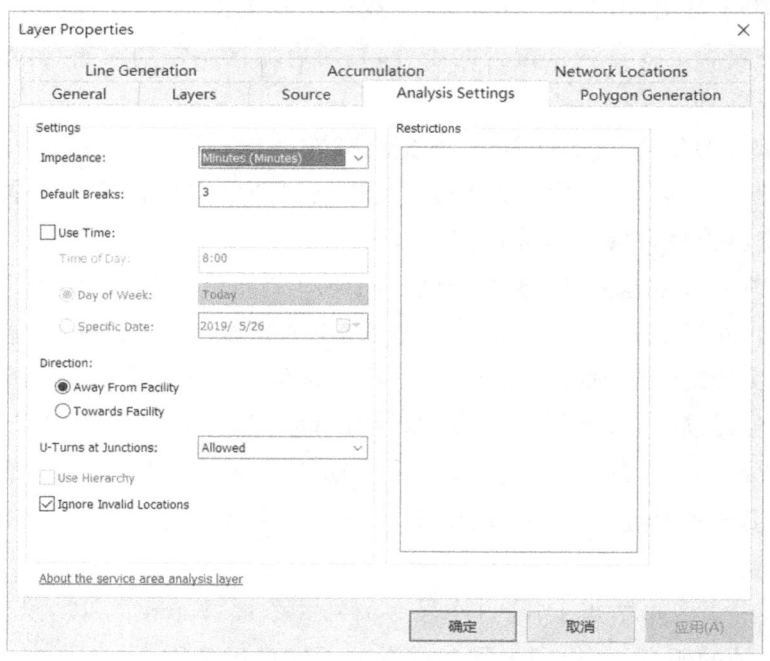

图12-49 建立P点3分钟的服务区

④ 点击"Network Analyst"工具条上的[Solve]按钮,可看到"Network Analyst"对话框中,"Polygon(0)"变成了"Polygon(1)",此多边形的边界即为得到报警时罪犯逃逸的可能最远范围。

(3) 找出与3分钟服务区相交路段的外节点作为初始围堵的节点集。

① 从[Selection]菜单下启动[Select by Location...],在弹出的对话框中设置如图12-50所

示,得到与 P 点 3 分钟服务区多边形边界相交的路线。

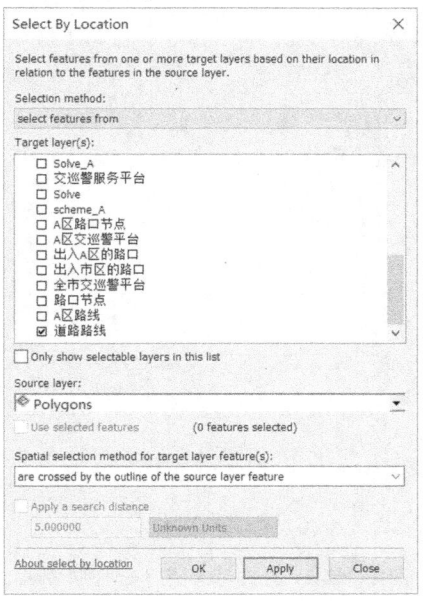

图 12-50　查找与 P 点 3 分钟服务区多边形边界相交的路线

② 再次从[Selection]菜单下启动[Select by Location...],在弹出的对话框中设置如图 12-51 所示,得到与 P 点 3 分钟服务区多边形边界相交的路线上的路口节点。

图 12-51　查找与 P 点 3 分钟服务区
多边形边界相交的路线上的路口节点

③ 再次从[Selection]菜单下启动[Select by Location...],在弹出的对话框中设置如图 12-52 所示,得到与 P 点 3 分钟服务区多边形边界相交路段的外节点,保存为"初始围堵的路口集.shp"。

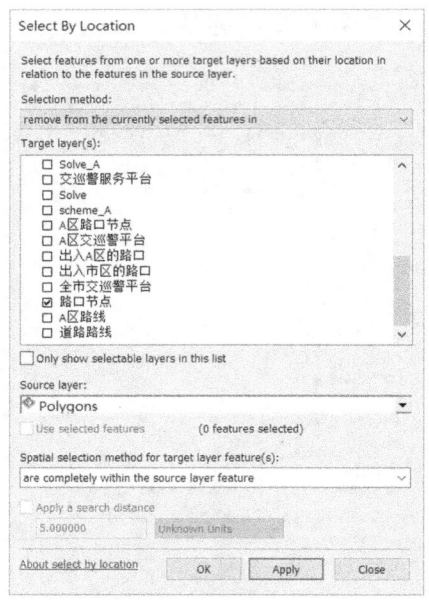

图12-52 查找与P点3分钟服务区
多边形边界相交路段的外节点

（4）利用"Maximize Capacitated Coverage"模块做出围堵初始围堵路口集的围堵方案。

① 在全市交巡警平台的属性表中添加一个长度为2的短整型字段"Capacity"，并把所有记录该字段的值都赋为1。

② 启动［New Location］→［Allocation］模块，点击［Network Analyst Window］，在"Network Analyst"对话框的"Facilities(0)"上右击选择［Load Locations...］，在弹出的对话框中设置如图12－53所示。

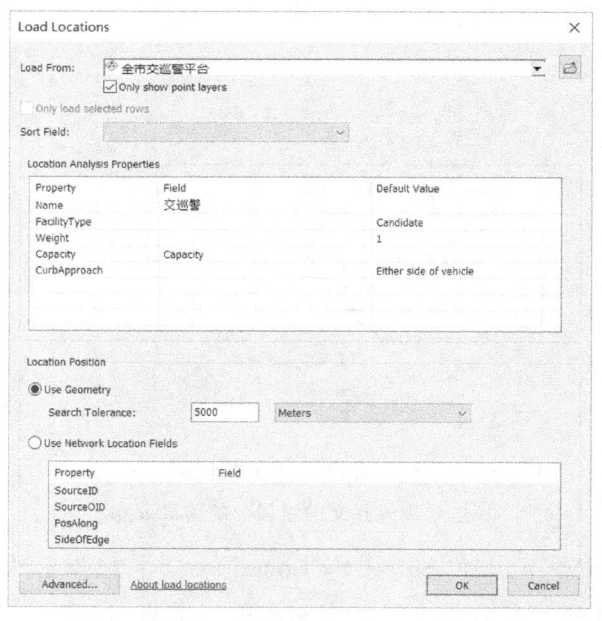

图12-53 导入全市交巡警平台作为设施点

③ 导入初始围堵的路口集作为需求点，设置如图 12-54 所示。

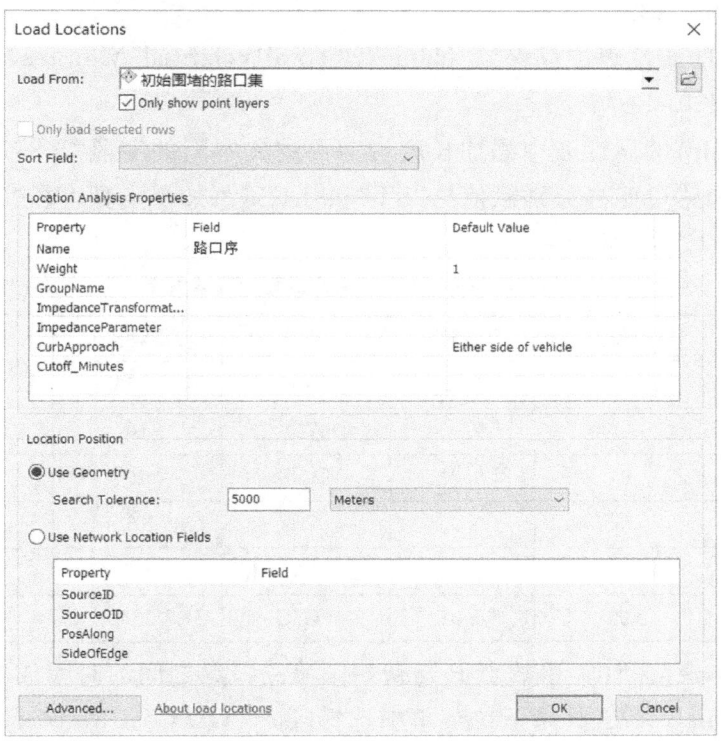

图 12-54　导入初始围堵的路口集作为需求点

④ 点击[Location]→[Allocation Properties]按钮，在弹出对话框的"Analysis Settings"选项页中确保"Impedance"设置为"Minutes"，在"Advanced Settings"选项页中设置如图 12-55 所示。

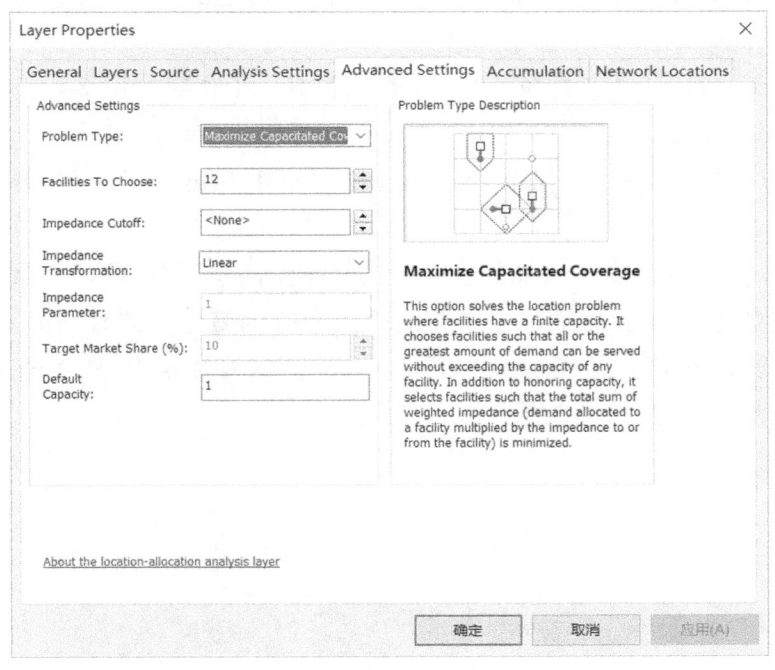

图 12-55　高级设置选项

⑤ 点击"Network Analyst"工具条上的[Solve]按钮,可看到"Network Analyst"对话框中,"Lines(0)"变成了"Lines(12)"。

⑥ 在"Lines(12)"的属性表中仅保留"Name"、"TotalWeighted_Minutes"和"Total_Minutes"字段,导出保存为"PT_LK1.shp"。

⑦ 在"PT_LK1.shp"的属性表中添加长度均为6的文本型的字段"PT"、"LK",从 Name 字段中提取交巡警平台名和路口序号分别赋值给"PT"和"LK",添加浮点型字段"T_PT_to"并赋围堵时间值,结果整理后如表12－4所示。

表12－4 围堵初始围堵路口集的围堵方案

交巡警平台	待围堵路口	围堵时间	交巡警平台	待围堵路口	围堵时间
A2	39	3.68	A8	55	3.87
A3	3	0.00	A10	10	0.00
A4	61	5.21	A15	15	0.00
A5	5	0.00	A16	16	0.00
A6	6	0.00	C6	237	4.10
A7	29	8.02	C8	235	0.53

(5) 利用"OD 成本矩阵"计算事故点 P 与初始围堵路口集之间的时间成本矩阵。

① 从"Network Analyst"工具条下拉菜单中选择[New OD Cost Matrix],点击"Network Analyst Window",在"Network Analyst"对话框的"Origins(0)"上右击选择[Load Locations...],导入事件点 P 作为源,在"Destination(0)"上右击选择[Load Locations...],导入初始围堵路口集作为目的点。

② 点击[Network Analyst Properties]按钮,在弹出对话框的"Analysis Settings"选项页中,确保"Impedance"为"Minutes"。

③ 点击"Network Analyst"工具条上的[Solve]按钮,可看到"Network Analyst"对话框中,"Lines(0)"变成了"Lines(12)"。

④ 在"Lines(12)"的属性表中仅保留"Name"、和"Total_Minutes"字段,导出保存为"P_LK1.shp"。

⑤ 在"P_LK1.shp"的属性表中添加长度为6的文本型的字段"LK",从 Name 字段中提取路口序号赋值给"LK",添加浮点型字段"T_P_to"并赋 P 点到待围堵路口的时间值。

⑥ 基于"LK"字段把表 P_LK1 连接到"PT_LK1.shp"的属性表中,做如图12－56 的属性查询判定围堵是否可行,结果如图12－57 所示。

实验十二 某城市交巡警服务平台的设置与调度

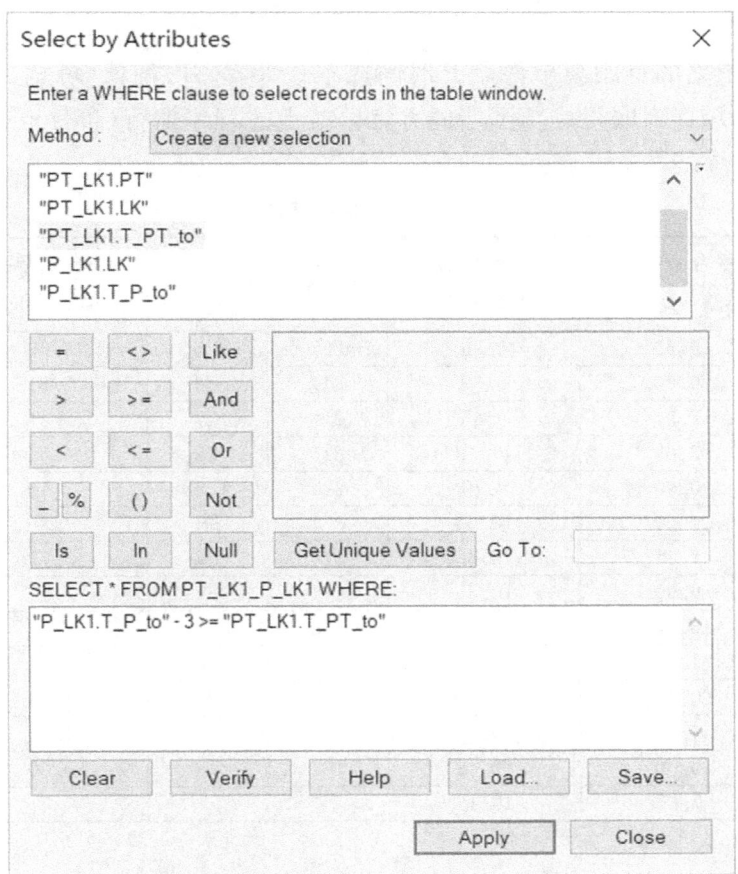

图 12-56 以"指派平台到待封锁路口所需时间≤位置 P 到待封锁路口所需时间减去 3 分钟"判定围堵可行性

PT	LK	T_PT_to	T_P_to
A2	39	3.68219	6.19473
A3	3	0	6.47629
A4	61	5.21055	5.33038
A5	5	0	3.87682
A6	6	0	3.90741
A7	29	8.01546	9.15563
A8	55	3.87284	5.21039
A10	10	0	6.18818
A15	15	0	4.13863
A16	16	0	3.30157
C6	237	4.09956	3.59142
C8	235	.531507	4.12817

图 12-57 围堵是否成功判定结果

从图 12-57 可知,没有被高亮显示的记录对应的路口节点不能成功围堵,因此,围堵当前这些路口节点集是不可行的。

（6）以不能成功围堵的且距离事件点 P 时间成本最大者的时间值（可稍加增量，如 0.05 分）为断点，重复步骤 1)～5)，直到取得成功围堵的方案。按上述程序执行（事件点 P 9.2 分的服务区）得到的成功围堵方案如表 12－5 所示。

表 12－5　围堵方案

待围路口	围堵平台	平台到待围路口时间	P 到待围路口时间	待围路口	围堵平台	平台到待围路口时间	P 到待围路口时间
69	A1	0.50	9.86	227	C5	2.59	9.22
43	A2	0.80	9.39	217	C6	2.21	9.84
70	A3	2.97	9.45	218	C7	0.47	9.45
190	A4	2.65	11.43	215	C9	4.86	11.25
26	A11	0.90	9.73	273	C17	2.10	12.81
14	A14	0.00	10.04	371	D1	7.36	15.89
41	A16	7.41	10.50	370	D2	8.79	16.34
17	A17	0.00	10.65	487	E7	7.59	14.64
76	A18	3.13	9.24	558	F1	2.05	11.10
75	A19	1.79	9.59	559	F2	4.97	12.58
85	A20	0.45	14.62	562	F6	1.94	11.40
248	C2	3.68	20.52	549	F7	1.84	10.72
168	C3	0.00	12.48	482	F8	0.00	11.17
240	C4	7.05	10.15				

四、实验总结

本实验内容由数据预处理和 5 个问题的求解两部分组成，数据预处理内容一览和求解 5 个问题的内容一览分别如表 12－6 和表 12－7 所示。

表 12－6　数据预处理内容一览

数据处理子项目	内容	主要工具或功能模块
位置数据的提取	路口、交巡警平台、出入市区的路口、出入 A 区的路口	Add XY Data；Join Field
道路路线的连接	根据表单②中提供的信息连线	Points To Line
道路路线所属区的界定	界定每条路线所属的城区	属性连接；属性查询；字段赋值；空间查询
计算路线长度、行驶时间	计算长度和时间成本	计算几何；字段计算器
网络数据集的构建	全市和城区 A、B、C、D、E、F 网络数据集的构建	New Network Dataset

表 12－7 问题求解方案的内容一览

问题	功能模块或主要工具
问题 1	①最近设施分析；或②服务区＋最近设施(服务区分析；空间查询；最近设施分析；相交叠加或空间连接；要素合并等)；或③OD 成本矩阵＋服务区分析(OD 成本矩阵；服务区分析；相交叠加等)。
问题 2	Maximize Capacitated Coverage(属性项操作；Maximize Capacitated Coverage；属性连接或字符串处理等)
问题 3	MinimizeFacilities(属性连接或空间查询；字段添加；属性赋值；Minimize Facilities；概要统计等)
问题 4	Maximize Coverage＋ Minimize Impedance ＋ Minimize Facilities(Maximize Coverage；Minimize Impedance；属性操作；概要统计；属性连接或空间查询；要素合并；Minimize Facilities；数值统计等)
问题 5	服务区 ＋ Maximize Capacitated Coverage＋OD 成本矩阵(服务区分析；空间查询；Maximize Capacitated Coverage；字符串处理；OD 成本矩阵；属性连接；属性查询等)

为了巩固学习效果,以下问题供读者思考,有兴趣的读者可结合软件解决之。

(1) 以属性查询方式界定道路路线所属区。

(2) 问题 1 求解方案中的"服务区＋最近设施"和"OD 成本矩阵"的实现过程。

(3) 如果问题 1 的约束条件修改为①各平台到所管辖路口的总时间最短；②各平台管辖路口发案率之和尽量均衡呢？

(4) 如果问题 2 添加"全封锁可能方案的最长时间最短"这个约束条件呢？

(5) 如果问题 3 添加"各平台管辖路口发案率之和尽量均衡"这个约束条件呢？

参考文献

1. 牟乃夏,刘文宝,王海银,等. GIS 10 地理信息系统教程——从初学到精通[M]. 北京:测绘出版社,2012.
2. 邬伦,刘瑜,张晶,等. 地理信息系统:原理、方法和应用[M]. 北京:科学出版社,2001.
3. 陈述彭. 地理信息科学[M]. 北京:高等教育出版社,2007.
4. 龚健雅. 地理信息系统基础[M]. 北京:科学出版社,2001.
5. 汤国安,杨昕. ArcGIS 地理信息系统空间分析实验教程[M]. 北京:科学出版社,2012.
6. 汤国安,钱柯健,熊礼阳. 地理信息系统基础实验操作100例[M]. 北京:科学出版社,2017.
7. 李发源,汤国安,晏实江,等. 数字高程模型实验教程[M]. 北京:科学出版社,2016.
8. 黄杏元,马劲松. 地理信息系统概论(第三版)[M]. 北京:科学出版社,2007.
9. DE SMITH M J, GOODCHILD M F, LONGLEY P A. Geospatial Analysis—A Comprehensive Guide to Principles Techniques and Software Tools (sixth edition)[M]. East Sussex:Winchelsea Press,2018.
10. 刘美玲,卢浩. GIS 空间分析实验教程[M]. 北京:科学出版社,2016.
11. 尹海伟,孔繁花. 城市与区域规划空间分析实验教程(第三版)[M]. 南京:东南大学出版社,2018.
12. 普赖斯. ArcGIS 地理信息系统教程(第四版)[M]. 李玉龙,闫卫东,王杨刚,译. 北京:电子工业出版社,2009.
13. 刘湘南,王平,关丽,等. GIS 空间分析(第三版)[M]. 北京:科学出版社,2017.
14. 周成虎,裴韬,等. 地理信息系统空间分析原理[M]. 北京:科学出版社,2011.
15. Wang, Fahui. Quantitative Methods and Socio-Economic Applications in GIS (2nd ed.). CRC Press,2014.
16. 陈洁,陆锋,程昌秀. 可达性度量方法及应用研究进展评述[J]. 地理科学进展,2007,26(5):100-110.
17. 李思维. 基于城市流强度空间权重矩阵的构建与应用[J]. 统计与决策,2017,(24):70-73.
18. Michael Law. Getting to Know Arcgis Desktop[M]. ESRI Press, 2018.
19. Michael Kennedy. Introducing Geographic Information Systems with ArcGIS (Third Edition)— A Workbook Approach to Learning GIS[M]. John Wiley & Sons, Inc, 2013.
20. Bivand Roger S, Pebesma Edzer. Applied Spatial Data Analysis with R (Second Edition)

[M]. New York:Springer,2013.

21. 孟德友,魏凌,樊新生,等.河南"米"字形高铁网构建对可达性及城市空间格局影响[J].地理科学,2017,37(6):850—858.

22. 韩中庚,但琦.交巡警服务平台的设置与调度问题解析[J].数学建模及其应用,2012,1(1):67—72.

23. 郭德龙,杨正清,阳顺才,等.交巡警服务平台的评价及重大刑事案件的围堵方案[J].广西科学院学报,2013,29(1):66—68.

24. 付诗禄,方玲,王春林,等.交巡警服务平台的设置与调度[J].后勤工程学院学报,2012,28(4):79—84.

25. 张海军.基于ArcGIS Desktop的"GIS空间分析"课程实习框架设计[J].南阳师范学院学报,2013,12(6):67—70.

26. 姜菲菲,孙丹峰,李红,等.北京市农业土壤重金属污染环境风险等级评价[J].农业工程学报,2011,27(8):330—337.

27. 李军辉,卢瑛,张朝,等.广州石化工业区周边农业土壤重金属污染现状与潜在生态风险评价[J].土壤通报,2011,42(5):1242—1246.

28. 张海军,白景锋."网络分析"综合型实验教学方案的设计与实施[J].南阳师范学院学报,2020,19(3):66—70.

29. Hou Q, Li S M. Transport infrastructure development and changing spatial accessibility in the Greater Pearl River Delta, China, 1990 - 2020[J]. Journal of Transport Geography, 2011, 19(6): 1350—1360.

30. Rokicki B, Stępniak M. Major transport infrastructure investment and regional economic development—An accessibility-based approach[J]. Journal of Transport Geography, 2018, 72: 36—49.

31. Kum, Donghyuk Choi, Jaewan Kim, Ik Jae, et al. Development of Automatic Extraction Model of Soil Erosion Management Area using ArcGIS Model Builder[J]. Journal of the Korean Society of Agricultural Engineers, 2011, 53(1): 71—81.

32. Li Jin, Heap Andrew D. A review of comparative studies of spatial interpolation methods in environmental sciences: Performance and impact factors[J]. Ecological Informatics, 2011, (6): 228—241.

33. Stein Michael L. Interpolation of spatial data:some theory for kriging[M]. New York:Springer,1999.